U0099172
Photoshop
×
Illustrator
就是i設計
第二版
適用版本CS6、CC

設計實作

RECOMMEND

推薦 感謝各界知名人士 / 設計總監 / 設計師 / 學校院長 / 系主任 / 老師 / 學生的好評推薦

【業界】郭煜杰
台灣工商企業經營發展協會 理事長 / 創鑫生機集團 總裁

【業界】吳永輝
嘉聯益科技董事 ・ 合夥創辦人 / 台灣電路板協會 榮譽理事長 / 財團法人電路板環境公益基金會 副董事長

【業界】許立昇
中華民國觀光工廠促進協會 教授兼學群長 /
台中市產業故事館促進協會 創會理事長

【業界】宋苡瑋
瑋氏傳播事業有限公司 阿瑪酒業股份有限公司 瑪奇商務旅店 負責人 / 國民黨卓越青工總會 榮譽總會長

【業界】朱炫吉
紫青商會 總會長

【業界】Andy Chiang
OOPS 創潮玩圈 / 星宴文創娛樂股份有限公司 CEO

【業界】李威毅 Mark
國際扶輪 3490 地區扶輪公益網 前執行長

【業界】戴忠仁
國寶檔案 主持人 / 藝術生活新聞網 執行長

【業界】朱漢光
有戲娛樂 董事長

【業界】蔡雅雯
米菲多媒體 副總經理

【業界】劉國良
美萃思電商 執行長

【業界】Merlin
月亮制作 攝影師

【業界】劉沐洋
艾斯牧羊人 主理人 / 天昴星行銷 創辦人 /
穆富教育科技 策略長

【業界】林筱玫
十大傑出女青年 執行長

【業界】竺宥璋
表達力 教練

【業界】許政淳
光陰影像 負責人

【業界】彭鈺兒
茶思維藝術文化事業有限公司 執行長

【業界】楊文豪
富邦人壽富漾通訊處 業務襄理

【業界】湯弘達

【業界】鄒孟格
三把刷子油畫教室創辦人
「發現創意」不靠天賦或運氣，而是「觀察技術」的累積。本書透過商業實例解說，從基礎概念到進階運用，簡單卻效果超群的培養設計之眼！

【業界】張柏瑞
松菇村人文事業股份有限公司 志氣電影 導演
多媒體新世代，你知道媒體包裝有多重要嗎？舉凡字體、顏色、構圖，甚至合成、P 圖等等…漂漂老師的新書一次幫您解決，這本新書絕對是您居家必備最好的工具書。

【業界】陳立凡

《CIAO 潮旅雜誌》主編

深入淺出，按部就班，涵蓋視覺設計的各種面向，為每一個畫面與構圖增添美感。

【業界】Zoe Chen

《TaipeiWalker》主編

Jing 的作品，總給人一股如微風吹拂般的舒心。透過 Jing 的繪圖軟體技能，從中探出她藏在作品裡的那絲絲暖意。

【業界】張芸

《旅讀》總編輯

感謝 Jing 不藏私分享電腦影像繪製、編修軟體的技巧，讓創作者的作品也能如她的畫一般，滿溢出光線與色彩！

【業界】王孝璿

李奧國際 董事長

今年最值得收藏學習的設計指南！

所有需要使用 Photoshop、Illustrator 並且熱愛設計的你，一定要拜讀漂漂老師最新的大作。

【業界】李黃薇

創博匯雙創服務有限公司 負責人

Photoshop 的工具軟體這些年一直深受大家的重視，漂漂老師對專業及對教學的熱忱非常令人敬佩。

透過漂漂老師的作品 Photoshop X Illustrator 就是 i 設計，能讓讀者更快掌握操作軟體的技巧，有效增加自己的能力與自信。

【業界】黃煒

大漢酵素生物科技 (上海) 總經理 / 台灣保健聯盟協會 理事長

開放的心，加上謙卑的態度，才能引發創意之神的降臨。

漂漂老師是這個創意方程式最佳的親證者。

這幾年的各領域變化，打破了各行各業原先運作的邏輯，不論是在產業層面、媒體層面、通路層面皆受其影響，多數人身處其中被潮流推著走而不自知，唯有保持的敏銳觀察細細品味其中奧意，也才能體會到時間的拐點又到了。漂漂老師有貓般的好奇心、也有女王般的執行力，貫徹創意寫作教學十餘年持續的推動，更重要是不吝分享的愛心，以清晰的邏輯表達，讓受教者心領神會漂漂老師創意的種子。欣喜漂漂老師新書的出版，能惠嘉更多對設計有熱誠的讀者大眾。

【業界】林忠志 Steve

靖天集團 執行長

一位認真、執著於數位教學的成功教育家，追求的不是財富、權力及職位，而是日以繼夜的帶領著無數年輕學子激發創意、觀察力及美學眼光，產出多元、有個性的作品，這位有愛的陽光女孩就是我所認識的漂漂老師。

常看到漂漂老師分享她與學子們的互動及成果，小女孩般的她不僅維持著一赤子之心、更藉由數位教材及工具了解每一學員們的特性及需求，永遠帶著笑容的她保持著那份初衷及熱情，讓廣大的受教學員願意親近她、接受她，這是當今教育界最難能可貴的氛圍。

此次受邀寫序、推薦給好友們，我以真、善、美為標題來勉勵、鼓勵她，祝福新書發行成功、圓滿！這是一本被祝福、有創造力的教學書籍，值得大家深入了解、用心體會。

【業界】唐聖瀚
中華設計創作學會 理事長 / Pace Design 負責人
設計是有商業目的的創作，我們不知道何時能達到用設計改變世界的境界，但是可以從現在就開始學習，這是看一本就能立刻上線的設計創作技巧書，推薦給你。

【業界】楊佳燊 Jason
傑思．愛德威集團 創辦人暨執行長
漂漂有強大的專業知識背景及豐富經歷，也一直在設計領域深耕，這本書濃縮了她這些年的努力心血，讓對設計有興趣的人從淺顯易懂的說明快速入門，絕對收穫滿滿。

【業界】劉怡伶 Elynn
傑思．愛德威集團 營運長
自媒體的時代來臨，人人都可以從 KOC 著手。

透過漂漂的新書除了可以快速學習 Photoshop、Illustrator 等，也能學到如何設計個人特色的 YouTube 封面，甚至 LINE 貼圖製作。

本書教你擁有專業技能並成為全方位的 KOL、YouTuber！

【業界】蔣豐蔚 Wilson
中華 I 創客國際交流協會 理事長
親愛的讀者：

我很榮幸為您推薦漂漂老師的書籍。時間過得真快，與漂漂老師認識也超過七年了！漂漂老師是一位在設計領域中具有卓越成就的專家，尤其在自媒體和商業設計方面經驗豐富。她的作品展示了優秀的設計感、專業的技術和無限的創意。對於在新創產業的我來說，漂漂老師的教學是受用無窮！

在這本書中，漂漂老師結合自己的豐富經驗和深刻見解，為讀者提供了一個全面的指南，介紹了設計中最重要的原則和技巧。這本書的內容非常豐富，從基礎的設計概念到最新的設計趨勢，漂漂老師都做了深入淺出的講解。讀者不僅可以學到設計的理論知識，還可以學到如何將這些知識應用於實際設計中。

對於那些想要在自媒體和商業設計領域中取得成功的讀者來說，這本書是必讀的！漂漂老師的經驗和洞察力將幫助讀者建立一個成功的設計方案，並將其轉化為現實。無論您是新手還是資深設計師，這本書將成為您的必備參考書。

我強烈推薦這本書，因為漂漂老師的專業知識和豐富經驗將為您帶來不可估量的價值。我相信這本書將成為您在設計領域中的指南和良師益友。

祝您學習愉快！

【業界】呂宜蓁
電腦技能基金會資訊 教育推廣專員
非常推薦這本好書，漂漂老師有滿滿的教學經驗與專業，正在探索學習的初學者不僅可以從中得到收穫，正從事相關領域的設計工作者也能從中獲得寶貴的實務技能經驗。本書納入了豐富的最新設計實務知識，也貼心的幫大家歸納了各種不同設計需求，感謝這本書帶給我們無限的創造力與靈感，這是一本可以帶著你不斷成長進步且愉快學習的好書。

【業界】徐明偉

新北市國際生命線協會 現任理事長 /
新北市客屬青年產經協會 創會理事長

這是一本著重技術應用面且符合數位化趨勢的軟體教學書籍，透過漂漂老師淺而易懂的範例描述，將常用到的美編技巧一次完美呈現，適合全方位學習者，值得推薦的一本書！

【業界】林采霖

台灣形象策略聯盟執行長

三合一相乘效益，創造設計無限的可能性！

【業界】黃欣

布克文化 行銷

所有行銷人必備，不可錯過的最佳工具書！

【業界】陳封平

亞洲虛擬人協會 創會理事

在 AI 創作為媒體過度追捧的時節，我們特別需要一本能為人類設計傳承能量與火花的創作者用書！

【業界】程湘如

頑石文創開發顧問股份有限公司 創意總監、創辦人 / 中華文化促進會 - 文化名鎮協作體特聘專家

漂漂老師讓你無師自通！

2017 年在澳亞衛遇見一位台灣來的女孩，擔任設計部主管，負責電視台的設計及動畫，那時直覺如此年輕的她應該很厲害。

返台後的 2012 年雅琦就出書了，她結合設計與電腦軟體的專業，融合成自學教材，是設計師身份出版電腦教材的先行者！

現在她成為網路知名的漂漂老師，《就是 i 設計》4.0 版接軌網路新環境，從平面到數位廣告，包羅各種新媒體應用技術，帶領老師們及 Y 世代飛天遁地成為贏家！

我極力推薦這本讓你法力無邊的～《就是 i 設計》。

【業界】王祚胤

勞動部 勞動力發展署中彰投分署 創業顧問 / 先行共享經濟有限公司 總經理

這本由漂漂老師撰寫的《Photoshop X Illustrator 就是 i 設計》，融合了海報、名片、包裝、品牌形象、媒體頻道…等商業視覺設計教學與案例，為一本理論與實務操作的設計書。

書中內容深入淺出，易於理解，讀者可以循序漸進地學習各項技巧，從而快速掌握商業設計技巧，將理論轉化為實踐。本書具有極高的實用性和操作性，能夠滿足初學者和設計師們的學習需求。

綜上所述，如果你是一位設計師或者創業者，或者對商業設計感興趣，那麼漂漂老師的新書《Photoshop X Illustrator 就是 i 設計》一定不容錯過！

【業界】陳國榮

尚京奇數位整合有限公司 總監

作為一名設計師或美編人員，您知道創造出獨特而有吸引力的設計作品是一件需要付出極大心力的事情。因此，我誠摯地向您推薦這本精美的書籍，這本書籍不僅可以幫助您提升設計技能，還可以啟發您的創造力。

我認為這本書籍是任何一位設計師或美編人員都值得擁有的一本書。它可以幫助您提升設計技能，啟發創造力。我希望您也可以像我一樣愛上這本書籍，並從中獲得豐富的啟示和靈感。

【業界】高金村

台灣智慧人居產業促進會 副理事長

狂賀！！！

預祝洛陽紙貴一刷再刷！！！

【業界】朱騏

慧元數位媒體公司 總經理

從不同的設計主題切入，讓讀者可以快速的找到解決問題的方法，是本不可多得的實用設計寶典。

【業界】鄭緯筌

「Vista 寫作陪伴計畫」主理人 /
《經濟日報》數位行銷 專欄作家

後疫情時代，無論企業或個人都在尋求致勝突圍之道。唯有學好設計，才能打造閃亮的個人品牌，進而被這個世界所看見！誠摯推薦漂漂老師的最新力作《Photoshop X Illustrator 就是 i 設計》，讓我們一起精進設計力！

https://www.vista.tw

https://www.content.tw

【業界】陶翼煌

台灣文化創意學會 理事長

視覺，尤其是具有美感的視覺，是發揮創意，展示、傳播文化的重要媒介。漂漂老師在文化傳播領域中具有豐富的經驗，而她的創意表現更是驚艷。

此書利用電腦軟體，引導社會青年大眾進入文創與傳播的領域！

【業界】趙善意

鳳凰藝能 總經理

學習 Ps、Ai 往往受限於創意實踐技巧，漂漂老師的影像教學書，獨樹一格的讓我們簡潔快速實現創意與執行，聰明實現腦海中的想法，不用死背功能表與技巧套招。心中巧思如願呈現，就是設計者的最愛！

【業界】張仕賢

易飛網集團 營運長 / 飛買家股份有限公司 董事總經理

雅琦（漂漂老師）過去十餘年來致力於設計和多媒體運用的教學及推廣，造福了諸多在學和已就業人士，不僅提升了他們的競爭力，還把新時代應具備的軟體技能運用觀念和技能廣植民間，大幅厚實國家軟實力；期間的毅力和熱忱投入，讓人印象深刻與敬佩。很是榮幸樂意向社會公眾推薦此本好書。

【業界】許文彥（司徒長卿）

在此先恭喜漂漂老師又出版新書了～

與漂漂老師熟識多年，本名蔡雅琦的漂漂老師出身電視台，有著電視台設計規劃的豐富經驗並在影音及品牌 IP 領域上擁有非常紮實的實戰經驗同時也是位多斜槓的才女。

漂漂老師長年投入學校及公機關培訓人才，在工作生涯當中，漂漂老師認為最為成就感之事，便是運用多年積累的專業技能經過自己系統化後引導學員們創作出令人驚豔的作品。

非常榮幸，有機會推薦漂漂老師的新書，漂漂老師不僅專業及精力令人非常敬佩外，近年更積極參與 ESG（環境保護（**E**nvironment）、社會責任（**S**ocial）和公司治理（**G**overnance）。運用本身技能並投入 ESG 的公益活動。

她不僅是位專業培育人才的優秀老師，更是位豐富自己人生的實踐家。文彥依舊就（記）得漂漂老師說過～『我最開心的事情，就是可以將自己在專業領域的知識投入教育，最美好的事情，就是接觸更多熱愛生活創意的朋友，用創作豐富大家的生命！」

【業界】李大華
資深新聞主播 / 人力銀行 總經理 / 醒吾科技大學 教授

這是一部在元宇宙數位交流時代，不但可做為專業教科書，更是極好上手超級實用，每人必備的個性化設計寶典。

【業界】吳介民
藍本設計顧問有限公司 執行長

學習可以是主動或被動，但一本好書會讓你學習全自動！

【業界】廖以容
貴群峰威有限公司

自媒體時代！自己的舞台，自己打造。過去非得要請專業人士製作，或是要花大把鈔票才能取得的內容，現在在家自學，通通可以搞定！強力推薦！

【業界】陳秀宜
微生活知識科技股份有限公司 董事長

推薦您一本由美麗集智慧於一身的漂漂老師蔡雅琦最新暢銷書——《Photoshop X Illustrator 就是 i 設計》。

從自媒體的設計插畫 line 貼圖及 GIF 圖創作的小白教學到專業的商業設計，讓大家在漸進式的教學中學到一身好本領！

祝願漂漂老師

設計書旗開得勝，業績長紅！

【業界】杜奇璁
爽爆新聞網暨商傳媒新聞網 特派記者兼媒體召集人 / 中華工商資源整合策進會 網路媒體部總監

數位世代設計界必備兩大工具，為自己職場與業餘加滿分！

設計不只是設想與計畫而已，更重要的是創作行為與過程，將其落地的而創生，是具有創意的智慧與財產，設計即是創造生產，可直接商品化且具備可變現及獨特的商業價值。

數位時代的進程，如急駛而行駛的列車，特別在行動網路與社群媒體傳播快速普及的現在，視覺設計扮演著傳遞特定訊息的一種方式與技能，更是吸睛奪目的首要，並與各類商業活動與行為緊密相連，應用層面無遠弗屆，幾乎各行各業甚至協槓與創業者都需要商業設計專才。

「設計產生視覺，視覺傳達設計」。設計可產生視覺訊息資訊與溝通，設計亦是媒體傳遞，除了在過去傳統產業需要外，網路數位資訊時代更是重要的一門專業。

而平面設計軟體中 Photoshop 與 Illustrator 更是其中兩大重要電腦繪圖軟體，就如我從事多年平面報紙媒體與網路新聞職涯中，職場上也需要基本攝影照片修編等技能與實務。

漂漂老師 (蔡雅琦) 過去就曾出版過多本 Photoshop X Illustrator 相關專業書籍，更透過軟體應用教學課程等方式，專注於設計領域，更培訓出一群 LINE 貼圖創作家，然而軟體功能與時俱進，能喜迎此書問世，相信能幫助更多讀者在自我進修上，或是業餘充實技能，幫自己在職場上加分，業餘學習繪圖創作也可額外為自己加薪，透過本書深入淺出，涵蓋多元軟體平面設計內容與應用範圍，就算設計新手也可逐步學會基礎，但卻也相當重要的專業知識與技巧。

最後，也祝福各位讀者，在職場與業餘都能透過本書幫自己快速充電，在數位世代隨時滿分百分百。

【業界】陳志恆
梁絮皮藝 主理人
設計無所不在，美感是需要努力堆疊而成的技能，不用擔心沒有天份，透過好的工具能夠引導自己在喜歡的事物中找到天份之所在，透過漂漂老師的《Photoshop X Illustrator 就是 i 設計》這本書，能夠淺顯易懂的把設計融入生活中，更能夠將腦中想要表達的美透過好的工具來呈現於平面上，讓更多人能夠一起共享美的事物。

【業界】龔俊逸
新平溪煤礦博物園區董事長
俊逸極力推薦最精彩實用的工具書。

【業界】Jack Li
神奕科技有限公司 業務經理
時尚與設計的結合，感受到滿滿的美學能量，行銷人必備的一本書。

【業界】張容彰
微生活知識科技 NFTBoard 共同創辦人
視覺插畫是未來元宇宙環境設計最基礎的技能，漂漂老師的這本書真的是需要人手一冊的重要工具書。

【業界】Yalin
管理師
本書透過作品，以終為始的方式，讓學習者可以很容易學到作品如何堆疊及設計的技巧，增加學習者的成就感及讓學習感覺比較容易。

【業界】卓世鐸（卓哥）
亞洲大學數位媒體設計研究所 碩博士校友會會長 / 台灣樹林國際青年商會 第 19 屆會長 / 香港國際美術家協會 名譽會長
知道漂漂老師要出新書了，個人覺得對於在這個領域裡的企劃、行銷、設計、美編、電子商務、社群媒體的從業人員，或者是相關科系的老師、學生們無疑是一種福報。

讀過漂漂老師所出的書、上過漂漂老師課程的人都知道，漂漂老師的授課內容，淺顯易懂且容易上手，重點是內容都能抓住時代潮流，貼住社會脈動，符合目前的社會現況及職場所需，所以說不論還在學校求學的學生，或者正在職場打拼的相關從業人員，能夠讀到漂漂老師的書，真的是一種福氣啦！

新書出刊將至，祝福美麗的漂漂老師，新的一年開門見喜，新書發表順利成功！

【業界】蔡志堅
雅比斯國際創意策略股份有限公司 行銷總監
與漂漂老師結緣於做地方產業的社群行銷的課程培力，以及地方產業業者的社群行銷輔導，漂漂老師總是用淺顯易懂，實際操作教導業者如何使用社群軟體與行銷作法，是一位充滿豐富經驗與熱情的專業顧問老師。

漂漂老師從 2012、2019 出版兩本專業的平面設計書籍，從導入簡單手法，以及主題切入，透過點子、範例出發告訴如何使用 Photoshop 與 Illustrator 的實用技法，提供給初學者以及業者可以更容易透過設計如何在社群行銷達到更好的效益。

今年漂漂老師將出版最新版本的 Photoshop 與 Illustrator 的軟體技能教學書，透過最新的範例的教學，不同主題的示範與教學，讓一般使用者可以快速瞭解與學習到最新的實用技法，是一本對初學者、以及自主學習設計者非常實用的技術教學書。誠摯推薦此書給從事地方產業經營者，可以更快速以及充滿美感的設計方案，在產品與產業的社群行銷給予更好的助力。

【業界】方筱菁
傳統工藝文創設計老師
對於忙碌時間有限的我，藉由教學書籍處理創作，省去溝通設計時間來自學做圖來行銷自己也是特別的樂趣。我從漂漂老師的著作，獲益良多。

【業界】劉琦馨
易耳思媒體科技 營運長
大多數的設計書都讓人覺得步驟繁多、望之卻步，漂漂老師就是擅長將困難的步驟簡化成淺顯易懂的技巧，讓人覺得可以一學就上手！

當有機會看到漂漂老師的新書目錄時，立即就眼前一亮～看到這麼多元、豐富的應用內容，讓人忍不住敲碗出書，期待能實際操作一番了！

【業界】賴世若
藝術創生基金會 董事 / 微光書旅 主理人
如同以三原色調出色彩，此書帶你進入設計的領域，掌握生活的顏色。創造屬於自己的元宇宙。

【業界】鍾婷
中華自媒體暨部落客協會 理事長
儘管 AI 當道，彈指就能幻化出各式圖案設計，但深厚功底和美學素養，是無法速成的。

漂漂老師從 2012 經歷 2019 到如今 2023，11 年的打磨，將 Photoshop X Illustrator 發揮到淋漓盡致，絕對能為自媒體工作者們的設計創意加值。

【業界】孫瑩寶
大風堂張大千第三代入室弟子
書畫創作者
漂漂老師細心編著的新作出版了，漂漂老師的著作，給視覺創作者很好的指引。舉凡概念的想定、軟體的使用等，都給了很明確的說明，這是一部很實用的著作。

【業界】洪季佳
沃克影像科技有限公司 總經理
在這個自媒體及網路行銷的主流世代，如何簡單快速利用抓眼球的視覺印象引起注意，漂漂老師用清楚的分類，簡易的圖解方式，讓人人都有好設計 ~

這絕對是一本不可錯過的必備工具書！

【業界】李溪泉
新北市私立紫蓮慈善事業基金會 董事長
本書引領改變傳統創業思維，面對巨變快速的世界，用更有效率的方式，在超級專業化的商旅中，獲取和培養跨界能力。改變你的人生，從書本裡找「改變」。改變思考方式，接觸不同的領域、學習不同的知識技巧、嘗試不同的方法、往未知的領域前進，改變才會發生。

用更少資源創造更多成功，破框思考衝擊，突破專業框架，成為一個更好的自己。

【業界】林宜標
時藝多媒體總經理 / 中華展演文創發展協會理事長
以終為始的方式預設各種常見的設計需求，讓學習 PS 及 AI 可以單刀直入，快速解決當下的痛點，還能學會各種實用設計，是初學者不容錯過的一本工具書。

【業界】廖敏淳

峰辰行銷 總監

將實體課程轉譯至書本上，尤如親臨課堂，加上實戰案例的應用，最適合時間不夠，想無痛學習的現代人。

【業界】陳文新

翔宇文化傳媒股份有限公司 董事長

是您
領航的翅膀
成就
飛騰的駿馬
激發
創意好點子
掌握
職場好技能

【業界】江秉承

台灣 IP 發展協會 秘書長

不論世代怎麼發展，得人目光就得天下！

漂漂老師的教學讓所有人都能夠輕鬆擁有這樣的超能力！這就是設計的終極價值！很開心能跟大家推薦這本實用的經典。

【業界】楊宗龍

員榮體系科技副院長

智慧醫療落地的四個重要指標是：

更好的醫療照護

更好的就醫體驗

更好的操作效能

同時降低醫護過勞！

漂漂老師的新書讓「就醫體驗」的感受昇華到另一個不同境界，是數位醫療與智慧醫療的專家們不可或缺的工具書，建議先睹為快！

【業界】陳麒仁（檸檬大叔）

青田農業股份有限公司 經理

商業設計與行銷的工具隨著時間不斷進化，漂漂老師與時俱進，用最淺顯易懂的方式，讓讀者於 i 設計猶如沙漠遇綠洲，久旱逢甘霖般引人入勝。

【業界】劉盈盈

吃貨主播

你不用愛設計，但一定要會設計！

從自拍，到工作履歷、公司宣傳，每一項都需要「設計」，一本《就是 i 設計》在手，全天下我有！

【業界】kiwi

青菜園餐廳第三代

認識漂漂老師這麼久以來，知道她總是非常認真投入心血在工作裡頭。這本商業設計必讀作品，內含許多實務操作精華，更貼近設計學習者的實際需求容易上手。很開心能為即將出版的新書寫推薦，祝福漂漂新書大賣，造福更多優秀的設計人才！

【業界】陳進東

麥傑廣告 創意總監 / 中華平面設計協會 榮譽理事長 /
國立台灣藝術大學視覺傳達 兼任助理教授

想做出好作品，要懂得欣賞好作品，但在執行好設計前，必須找到好的工具，「工欲善其事，必先利其器」，漂漂老師的新書，是設計練功的葵花寶典，打通你的任督二脈，是成為設計師通往好設計的捷徑。

【業界】林筱梅

欣台保險經紀人 PD

與漂漂老師相識 10 年，很高興聽到老師在 2023 年發表 ADOBE 新書，這本書工作書很推薦給讓無論是初進領域，或在業界打滾多年的您，都能找到讓專業能力更上一層樓的選擇。

【業界】Norman

超豐富的實務操作課程受用良多，由簡入深的內容設計超好理解的範例內容。

好書值得真心推薦，而且有注意到每個版本都會更新調整內容，實惠的價格滿滿收穫。

【業界】小葉老師

看過漂漂老師的書之後，

讓初學者容易入手；

讓基礎者變為高手；

讓專業者成高高手！

【業界】Angela Lin

Datavideo 洋銘科技 Marketing Director

簡單易懂的 Photoshop 和 Illustrator 不藏私工具書，想要自己設計東西，選這本就對了！

【業界】Jane

非常實用與直覺

貼近學習者的需求

不管是正在學習的初學者

還是已經進入商業市場的設計者

都能有相當豐富的實務技能經驗收穫

真的是超讚的一本好書 👍👍

【業界】Wyler Peng

漂漂老師是個人從業生涯中遇過最逆天的人，兼具知識、感性、美貌、執行力於一身的才女。果不其然，說著說著，新書又問世了，全書編撰將以實戰技巧為出發，從商業視覺、海報、名片、包裝案例等實用面向作解說，實為 2023 年強推工具書，沒有之一。

【業界】追音小姐姐

恭喜漂漂、謝謝漂漂，老朋友一定要站台一下，真的榮幸之至有機會參與 😀

朝向多媒體整合必備的好書。

【學界】連嘉宏
黎明技術學院 演藝影視學群 教授兼學群長

【學界】彭家亮
銘傳大學產學暨推廣處 專案經理 /
勞動力發展署北分署創客基地 經理

【學界】黃正熙
黎明技術學院 通識中心主任 / 創意產品設計系 副主任

【學界】侯皓之
中國文化大學數位媒體 學士學位學程主任

【學界】劉維公
東吳大學文舍明日聚場 文化長

【學界】廖崇政
德明財經科技大學多媒體設計系 副教授兼系主任

【學界】林金祥
明志科技大學 設計服務中心主任

【學界】孫儷芳
明志科技大學 數位行銷設計學士學位學程主任

【學界】曹筱玥
國立臺北科技大學互動設計系所 專任教授兼主任所長 /
元宇宙 XR 研發中心 主任
真電繪的領航者❤

【學界】魏啟鵬
東海大學推廣部多媒體 講師 / 台積電特聘 講師 /
3ds Max 國際 AAI 認證 講師
主題應用明確、工具介紹詳細、關鍵技巧的展現，初學者可由實作中獲得 PS 和 AI 軟體的正規技術，進階者可由範例窺探 PS 和 AI 軟體的精彩靈活運用；藉此可以幫助平面設計者最重要的指標 - 整合應用，大力推薦。

【學界】李國豪
醒吾科技大學商管學院 副院長 / 行銷與流通管理系 主任
商業應用與設計實務的完美呈現！

【學界】紀宗衡
真理大學觀光數位知識學系 系主任
畢業於師大設計所的漂漂老師，擁有豐富的著作與教學經驗，同時橫跨傳統與數位媒體，獨特的實務經驗已然自成一格，著書立說，實至名歸。

平面設計是服務設計中相當重要的一環，更是觀光產業數位轉型的基礎。

身為觀數系的系主任，藉此要特別感謝漂漂老師不吝多次撥冗到系上協助授課，成效卓越！熱情、專業的漂漂老師又一新作，實為今日學子之福。

【學界】陳佑華
臺北市立南門國中 生物科教師
在北分署創客基地參加漂漂老師的第一堂課程時，觸發我許多跨域思維的課程設計與教學內容。機緣巧合來到南門科技中心服務，當需安排臺北市科技領域教師研習課程，第一時間就想到漂漂老師。

課堂上，老師循序漸進帶領大家，透過軟體完成圖片，再進入 LINE 貼圖的製作，紛紛讓學員們收穫滿滿！

緣分真的妙不可言！平凡的我遇上不平凡的漂漂老師，激盪出不一樣的人生新火花。

沒來得及參加老師課程，別擔心！老師的這本書，就能手把手教大家如何成為視覺藝術高手，完成自己的漂漂創作！

【學界】李麐堅
龍華科技大學電子工程系 教授
漂漂老師的教學安排和作品展示都能直接切入設計主題，可讓讀者快速學習到各項實用技巧，推薦給有設計需求的人士參考使用。

【學界】馮冠超
輔仁大學藝術學院前院長、應美系教授
認真的女人最美麗，從這本書可以看到漂漂老師的勤懇與用心！

【學界】陳恩航
國立臺北商業大學數位多媒體設計系 副教授
該書編排精美、實用，對於商務或個人工作上有很大的幫助，書中所選定的主題都是日常會接觸到的功能，值得收藏。

【學界】黃榮順
中國科技大學視覺傳達設計系 助理教授
漂漂老師透過影像邊修實用化插畫繪製個人化細心解說，將設計軟體靈活學習運用在多媒體設計上，是非常實用的工具書！

【學界】洪忠聖
台北海洋科技大學 視傳系老師
好看不藏私，一次看懂：兩套設計業界最熱門、最好用的軟體。

【學界】王冠茗
黎明技術學院數位多媒體系 助理教授
從教學者的角度，一本好的教學教材對於學生的學習是有很大的助益，可以讓學生更能紮實的學習到專業。

這本漂漂老師的新作《Photoshop X Illustrator 就是 i 設計》，從平面到自媒體的視覺設計，透過由淺入深的範例説明一步步帶領讀者紮實的學習邁向專業，真心推薦值得學習。

【學界】董澤平
國立中興大學創新產業暨國際學院 院長
新聞最有創意的設計名師漂漂老師，能以豐富的專業功力整合兩大知名軟體：Photoshop X Illustrator，深入淺出的教導由創意發想到商業創作的完整設計流程，並且應用多元實用教學個案，帶領讀者深刻領悟創作與設計的驚喜，成就一本高價值的設計專書！

【學界】蔡燿隆
真理大學觀光數位知識學系 副教授
本書整合兩大平面設計神器 Photoshop、Illustrator，並契合當代網際網路與數位浪潮，加入社群媒體、數位動態設計、LINE 原創貼圖創作等主題。漂漂老師以她多年來的教學、實務設計經驗，分享了她的創意思維、設計心得與實踐技巧，並詳細介紹了 Photoshop 和 Illustrator 這兩款設計軟體的使用技術。

這本書的文字清晰易懂、內容豐富而有深度！加上大量的實例和圖片，讓讀者可以輕鬆上手，並快速地提升自己的美編設計功力。書中從影像編修到插畫繪製設計，有別於一般以技術導向為出發點的書籍，而是以「創意美感」為經、「技術應用」為緯、「實務案例」為導向的方式，逐步幫助讀者了解設計的基本原理和實踐技巧，並融合時下新興社群媒體的美編包裝設計應用。這本書涵蓋了創作設計過程中的各個環節，讓讀者可以全面掌握、整合 Photoshop、Illustrator 的技能，並落實於實務應用中。

因此，無論您是剛入門的新手，還是有一定經驗的設計師，這本書都可以啟發您的創意、設計構想，並進一步掌握創造出優秀設計作品的方法與技巧。若您此刻正在學習，或想要進一步提升自己的設計能力，亦或正要找一本實用的參考工具書，這本書將為您的創作之路帶來莫大的助益。

【學界】黃昭穎

科技大學資訊管理系助理教授

工欲善其事必先利其器，這是漂漂老師又一極具系統化的商業設計工具書，誠摯推薦給有心學習的學子們。

【學界】李健儀

玄奘大學藝術設計學院院長 / 美術創作館館長

恭喜

百尺竿頭更進一步。

【學界】陳秀真

世新大學 圖傳系 / 公廣系 助理教授 / 中華民國美術設計協會 秘書長

漂漂老師以實作實戰的豐富經驗，透過範例拆解步驟帶入工具使用，目標性的學習強化工具適用性的記憶載點，絕對是落實學以致用的技術必備工具書。

【學界】余柏頡

慈濟科技大學數位教學組 專案助理

創意，就像是一隻不被拘束的青鳥；

設計，就像畫出這隻青鳥的畫筆。

當收到漂漂老師邀約，希望我能為她這本新作《Photoshop X Illustrator 就是 i 設計》寫一篇推薦序時，我其實非常的惶恐。不僅因為老師的資歷厚實，在整個媒體圈有著極大的影響力，更因為我非常尊敬老師，讓我有著「我真的能勝任嗎？」懷疑自己的感覺。然而翻開目錄，各種風格設計的教學映入我眼簾的那一瞬間，我竟像找到寶藏一樣！也就在那一刻，我突然懂了為什麼漂漂老師要邀請我寫序。

因為在老師的心目中，我是一個很誠心誠意交流的晚輩，我將用我的誠意推薦此書給大家。

我和老師都從事傳播相關的工作。我們都是別人眼中的媒體人，設計、搞創意都是吃飯的工具，然而為了增加養分，我們不斷的去學習新的風格，不斷的挑戰自己，當一個「視覺魔術師」。

其實在設計這一個領域很廣泛，同時，也很需要創意，每當要設計一份全新的海報或是封面，往往都在測試風格上，花上不少時間，同時也擔心自己的技術還沒到標準，也擔心作品產出時，不被老闆們接受，我相信在看這本書的你一定也有這種感觸。

不誇張，記得有一天，老闆要我們設計一份成果展的主視覺，請我自由發揮，元素很不明，讓我不知道該用什麼風格來呈現，找遍了所有範例，還是找不到想要的，當時真的祈禱有個人能來提供我一個方向，為我指點迷津，經過無數次的構圖、修改、刪除、新增等等，就如同寫作文，不斷的擦掉重寫，直到順眼為止。

大家或許有跟我一樣的煩惱，或是擔心對軟體不熟悉，但對我這個長期接觸設計軟體的工作者而言，真心感謝老師寫出這本《Photoshop X Illustrator 就是 i 設計》，讓許多新手跟設計師們能從這本教學書上解決煩惱，提供一些方向跟靈感。因為在設計的第一步，就是要不斷的去練習，但我們往往在設計時容易「不知所措」，透過老師的這本教學書籍，我們從簡單出發、從主題切入，不講艱澀的設計手法，學的功能一定可以用在設計上。簡單不複雜，學習反而更有效，就像 Apple 的設計，簡簡單單卻賦有質感與吸引力！

這本書一次綜合二大平面設計軟體，你會驚訝發現：原來使用這些軟體並不難，因為這本書用業界最常使用的二大設計軟體示範，是一本為擁有十足創意，結合兩大軟體的實用技法，從風格設計、影像處理、插畫繪製、到 LINE 貼圖製作、GIF 設計等。書中由淺入深介紹二大軟體的應用技巧，進而學會商業設計實例，領略創作與設計的驚喜。無論是影像處理初學者、初入門的設計師或是想學會設計平面作品，宣傳自己、行銷產品的人，都能隨著本書在軟體技術及設計美感上向前邁進，實現作品的創意。

與其苦惱半天，不如跟我一起閱讀本書，解除你的煩惱，讓你的創意不再只是憑空想像，設計出有靈魂的青鳥。

【學界】蔡政言

淡江大學 EMBA 執行長

作者深入淺出地介紹應用 AI 在 Photoshop 這個主流圖形軟體的使用方法和技巧，它是針對圖形設計師的實用指南。書中將結合了設計實例和案例，讓讀者能夠從實際的案例中學習並且掌握 AI 應用在 Photoshop 這軟體的使用技巧。

在本書中，作者以易懂的方式講解各種基本功能和進階技巧，並且穿插了一些實用的設計技巧和經驗分享，讓讀者能夠更好地理解如何應用這些功能來創作出精美的設計作品，全書範例設計以商業視覺海報、名片、包裝案例進行等等，這些技巧將幫助讀者更好地發揮軟體的應用價值。

總之，它是一本非常實用且豐富的設計指南，不僅適合初學者學習這兩款軟體的基本技巧，也適合有一定基礎的設計師進一步提高自己的設計能力。如果你是一位設計師，或者是想要學習這兩款軟體的人，那麼這本絕對是你不容錯過的好書。

PREFACE 序

漂漂老師蔡雅琦

本書是繼 2012 年《Photoshop X Illustrator X InDesign 就是 i 設計》，2019 年修正第二版《Photoshop X Illustrator 就是 i 設計》，最新全新版本的 PS 與 AI 的軟體技能教學工具書。猶記 2012 年當時主動向碁峰資訊提案，將已經頗獲學生好評的「就是 i 設計」60 小時三套設計軟體課程，各種設計案實作的案例撰寫成書，就是希望將本身在業界使用設計軟體的經驗，融合範例以商業視覺海報、名片、包裝製作作品進行，讓學生、創作者、老師、有志朝設計之路的專業工作者⋯，都能夠實際了解設計製作在業界是如何透過軟體完成。

本次改版與具商業設計實務經驗的藝術家 MAGIC.JING 共同完成，希望以由淺入深、不同視角切入的範例設計，以及搭配軟體最新功能的差異說明，讓讀者無論使用哪一個版本的 Photoshop 或 Illustrator，都能藉由此書，學會真正的實作技巧，俾能完成專業工作與設計的各種接案！

漂漂老師蔡雅琦
於 2023/2/24

PREFACE
序

MAGIC.JING 林珊如
美感如何培養？答案是來自一次次的實戰！

MAGIC.JING 以美感創作者的角度跨足設計與繪畫領域，將圖像美感貫穿商業操作，結合業界實務經驗，Photoshop x Illustrator 範例全新企劃！結合學員學習進度，深入淺出帶入單元重點，不論初學者或是在職設計師都能適用，期許學員透過此書習得實用技能，培養自己的設計風格。

美感將賦予商業新的價值，並為品牌加值，推薦給正在設計路上的你！

設計實作

CONTENTS 目錄

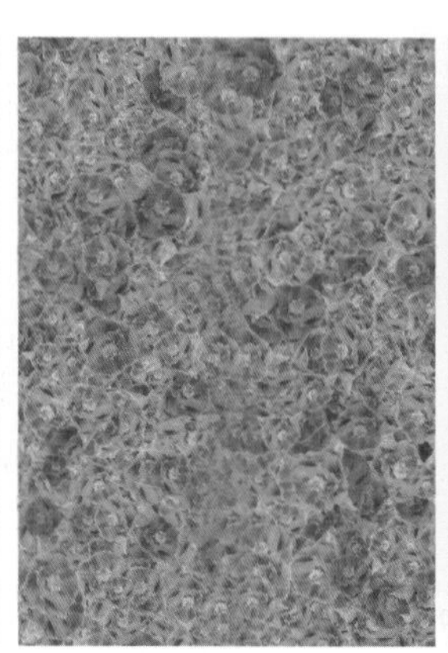
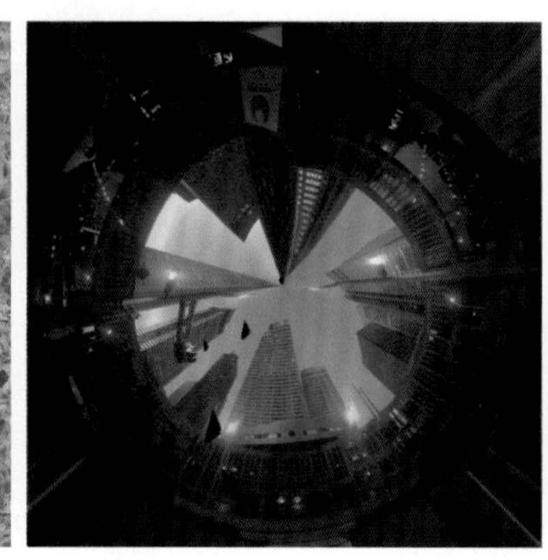
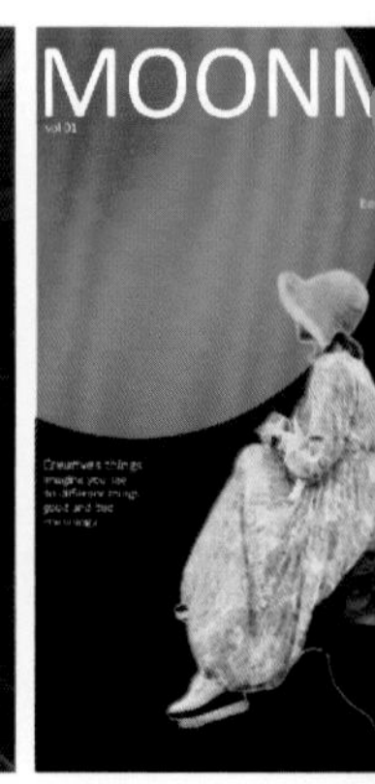

1-6
旅遊照片封面設計
鋼筆、仿製印章去背合成

1-7
YouTube 頻道封面設計
去背與結合特效功能

1-8
視覺引導
色板、影像調整與圖層遮色片

1-9
數位廣告 GIF 動態設計
時間軸、影格設定與儲存給網頁用

PART II
Illustrator 插畫繪製與設計

2-1
品牌形象 LOGO 設計
變形、基本工具與路徑管理員

2-2
吉祥物公仔插畫
鋼筆與路徑製作

2-3
個人商務形象名片
圖片置入、解析度與字符、圖樣功能

2-4
節慶活動文宣設計
剪裁遮色片與素材繪製

2-5
3D 立體瓶繪製
符號、路徑與文字結合

2-6
包裝設計
筆刷功能與包裝細節

2-7
電子展示牆透明立體圖像
遮色片、網格與圖層設定

2-8
LINE 原創貼圖創作
圖層、工作區域與筆刷

線上下載 | 本書範例素材與完成檔請至 http://books.gotop.com.tw/download/AEU017200 下載，檔案為 ZIP 格式，請讀者自行解壓縮即可。
其內容僅供合法持有本書的讀者使用，未經授權不得抄襲、轉載或任意散佈。

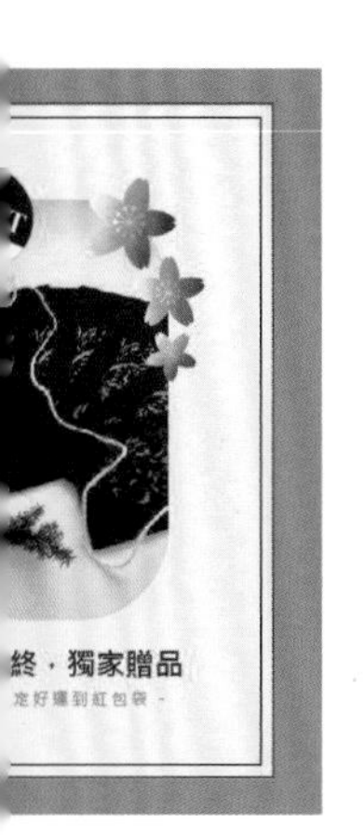

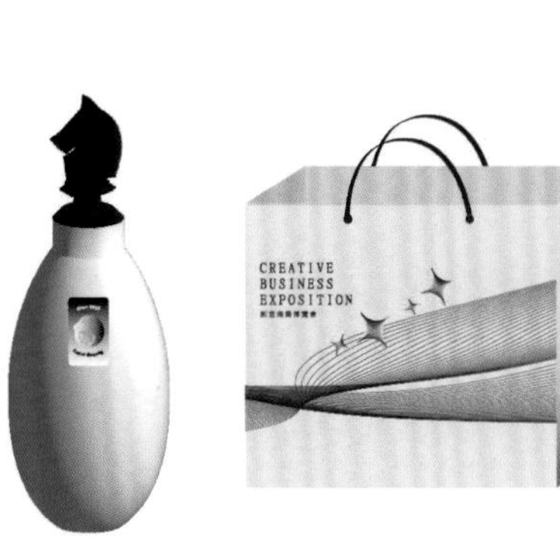

PART I

Photoshop

❖ 影像編修與設計

PART I

PHOTOSHOP

ILLUSTRATOR

安迪沃荷大師風格設計 影像調整

1-1

從色版瞭解影像的原理：Photoshop 最重要的是，影像調整與色版功能熟練後，對於影像的色彩表現可以作最佳的掌握，熟練本範例中的色階與筆刷功能，可自行設計出風格獨特的作品。

▼ 原始素材

▼ 關鍵技巧

1 檔案的色彩組成 > 色版

2 影像調整 > 色階

3 自由的繪製圖案 > 定義筆刷

線上下載

CH01-1 > CH01-01.jpg、CH01-01.psd、CH01-0101.psd

本範例模特兒影像相片提供
Instagram：郭芭比

1. 調整影像

1 開啟檔案 CH01-01.jpg。

2 點選背景圖層兩下，在新增圖層面板上按下「確定」，將背景圖層轉換成一般圖層。

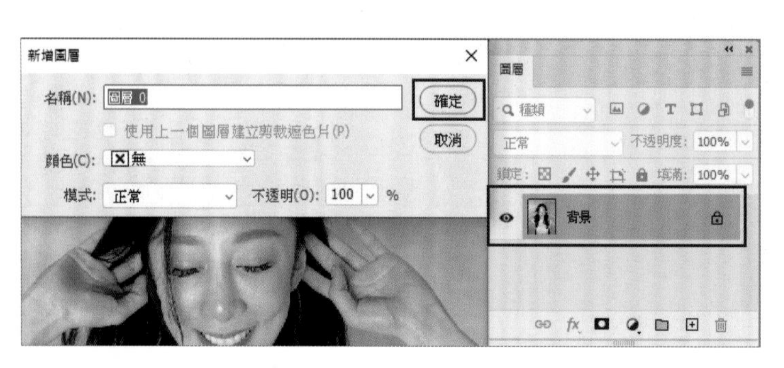

3 點選「影像 > 調整 > 色調分離」，調整影像效果。

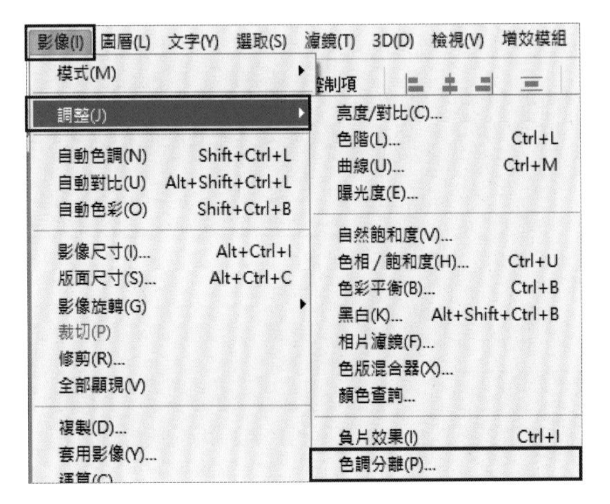

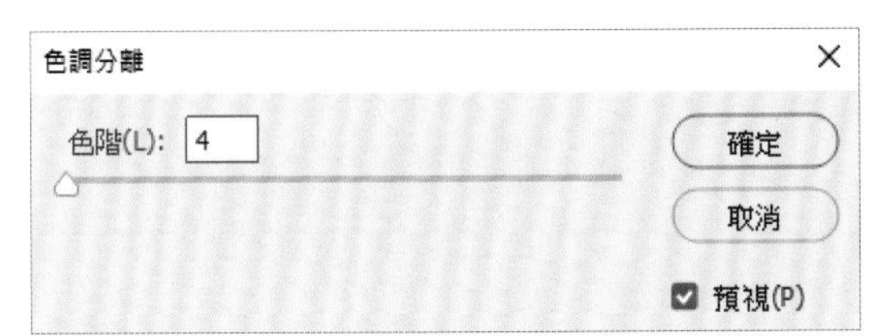

TIPS ▶

色調分離是根據影像色階進行設定，每張影像的色彩階層分為 0~255，共 256 個層次，因此當色調分離的參數設定為 4，是代表影像僅用 4 個亮暗深淺的層次表現。

4 點選「視窗 > 色版」，開啟色版視窗，點選「綠色」色版，編輯綠色色版影像，進行複製。

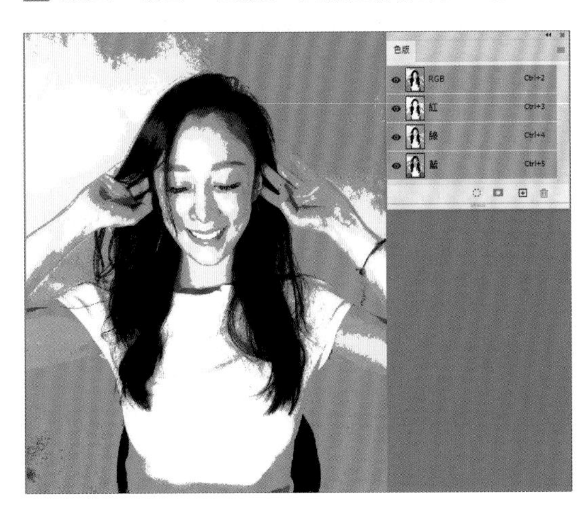

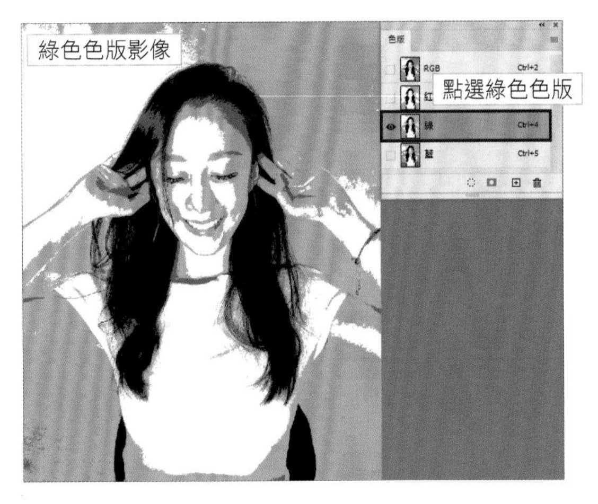

5 點選「選取>全部」，再點選「編輯 >拷貝」，複製綠色色板的影像。

選取(S) 濾鏡(T) 3D(D) 檢視(V)
全部(A) Ctrl+A
取消選取(D) Ctrl+D
重新選取(E) Shift+Ctrl+D
反轉(I) Shift+Ctrl+I

編輯(E) 影像(I) 圖層(L) 文字(Y) 選
還原色調分離(O) Ctrl+Z
重做(O) Shift+Ctrl+Z
切換最後狀態 Alt+Ctrl+Z
淡化(D)... Shift+Ctrl+F
剪下(T) Ctrl+X
拷貝(C) Ctrl+C

6 用滑鼠點選 RGB 色版。(此操作會顯示 RGB 色板組合成的影像，並以此影像進行編輯)

TIPS ▶

本範例選擇綠色色板作為後續筆刷的定義設定，主要原因在於黑色是筆刷應用時，顏色最深的部分，白色則是透明，因此以綠色色板的影像的層次最符合設計想要的呈現效果，讀者可依據個人設計需求，選取不同色板進行複製製作。

TIPS ▶ Photoshop 影像三原色

在 Photoshop 中，圖層、色版、路徑為主要三大功能，所有影像都是由三原色組成，因此每張照片都會有 RGB 三原色的色版。

傳統相片沖印時是在暗房中由底片曝光到相紙上，所以紅、綠、藍色版單獨開啟時並不是紅、綠、藍色，而是以黑、白、灰階的方式表現色彩在此色版上呈現的區塊。白色代表光線完全透過，因此色彩濃度最高；黑色則是完全阻斷，代表沒有對應的色板色彩在黑色的部位上；灰色則依深淺代表此色彩的深淺，如紅蘋果的照片，紅色的色版，在表現蘋果的位置，幾乎趨近於白色，藍、綠色的色版則依當時光線的構成，以深灰甚至黑色呈現，此一觀念，亦應用至 Photoshop 遮色片的觀念及製作表現。

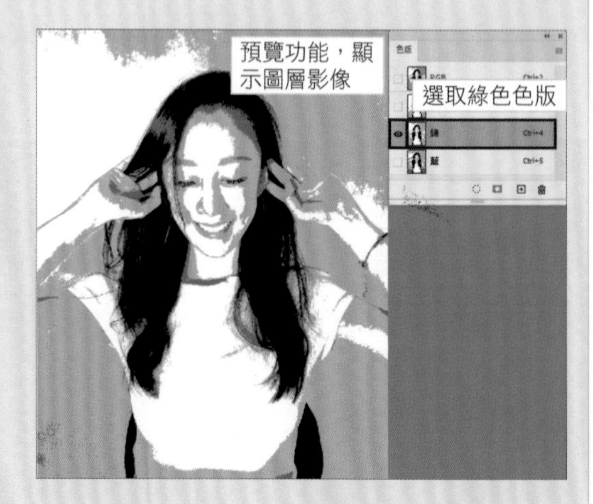

色板可依照設計需求，單獨檢視預覽。

滑鼠點選綠色色版，影像顯示為綠色在此圖片所佔的百分比，比重越重影像顏色越濃，比重越少影像顏色越淡。

TIPS ▶

選取紅色色版，影像顯示為紅色在此圖片所佔的百分比，比重越重影像顏色越濃，比重越少影像顏色越淡。

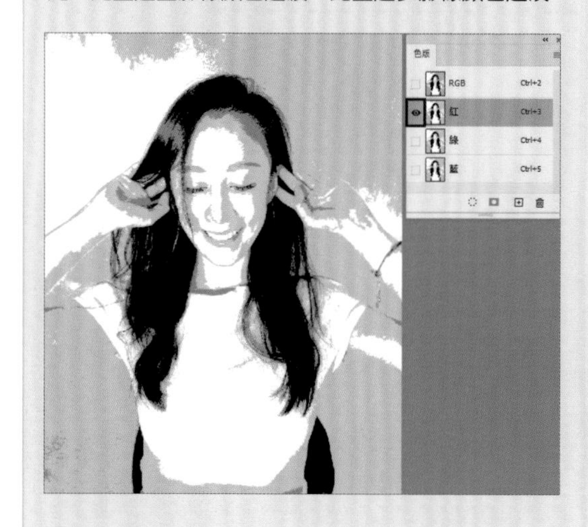

選取藍色色版，影像顯示為藍色在此圖片所佔的百分比，比重越重影像顏色越濃，比重越少影像顏色越淡。

7 點選「編輯＞貼上」，此時圖層視窗中會自動新增圖層貼上「綠色色版影像」。

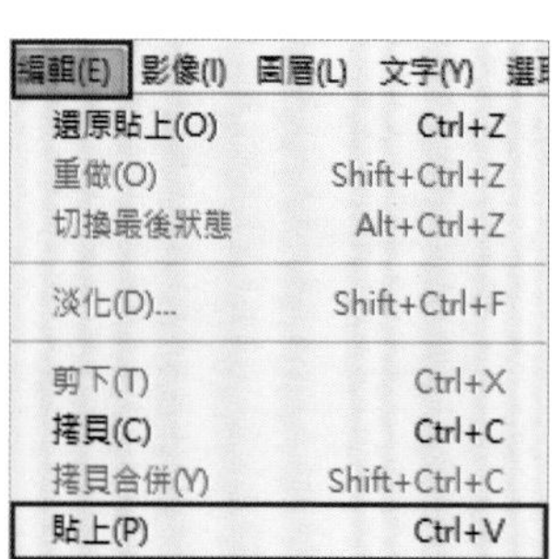

8 點選「影像＞調整＞色階」，將影像調整成黑白分明的對比效果。

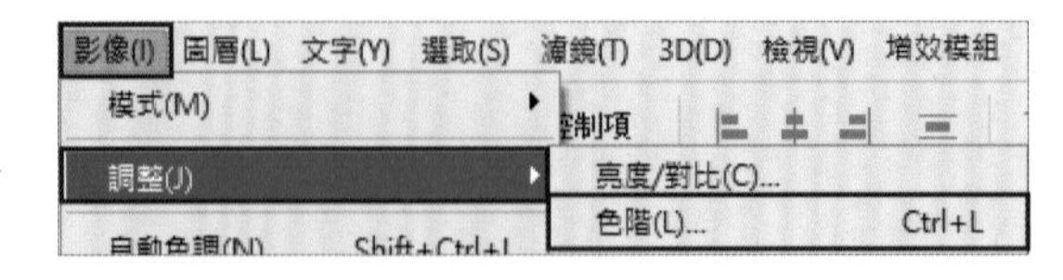

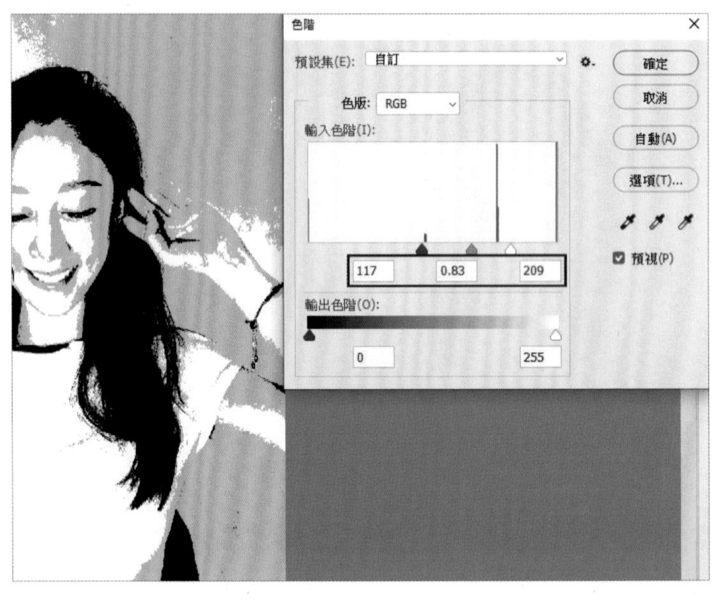

TIPS ▶ 色階

色階在 Photoshop 中是影像調整上非常有彈性的工具，整張照片影像在明暗的表現由輸入色階以圖形的方式呈現照片中資訊的多寡。如下圖，標記 1 表示為表現圖片最暗部定義的位置，標記 3 表示為表現圖片最亮部定義的位置，而標記 2 則為表現圖片中間調的位置，當圖片屬於較亮的照片，在輸入色階中則會看到大量的資訊集中在右方，若圖片中缺乏某一明暗的資訊，則輸入色階圖上則會以較無圖形的方式表現。

調整時，可直接調整標記的箭頭，移動標記的箭頭代表重新定義最亮部、最暗部與中間調的表現，如把標記 2 往左方移，整張圖片會偏亮，這是因為中間調到最亮部的表現區域變多而產生的結果，如把標記 1 或 3 往中間調整，則照片中原本亮部與暗部的細節則會不見，代表標記以外的區域都定義為最亮或最暗。

輸出色階則是整張圖片調亮或調暗，亦可直接調整箭頭標記 4 或 5。RGB 色版欄位若切換為單一色版進行調整，則會對原本圖片呈現的色調產生作用，這是由於影響到單一色版顏色在影像中亮暗的表現結果，也可以選取預設集的選項設定作為調整上的參考。

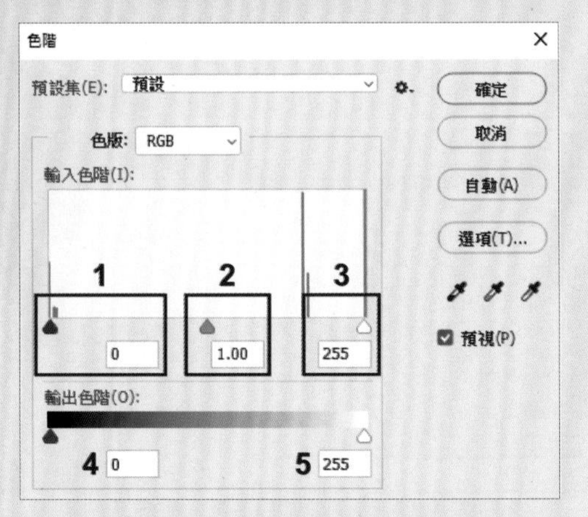

2. 定義筆刷

1 使用選取工具，按住鍵盤上的「Shift」鍵，進行等比例範圍的影像選取。

2 點選「編輯 > 定義筆刷預設集」，將筆刷名稱取為「Barbie brush」。

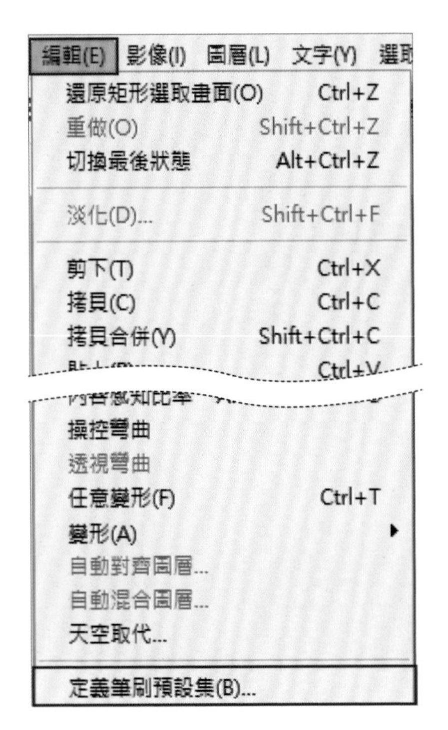

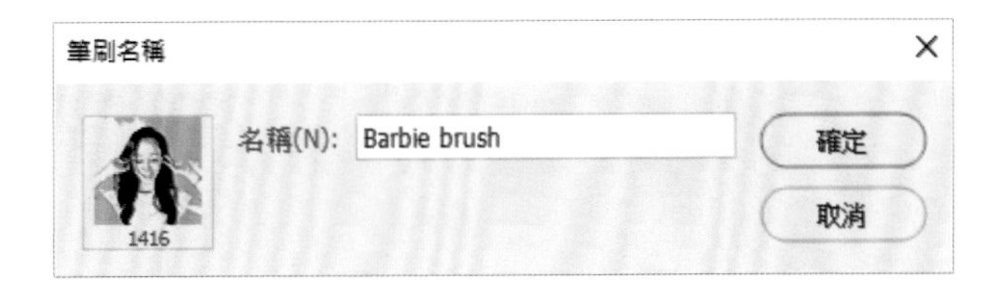

TIPS ▶ 筆刷

筆刷英文為 Brushes，定義筆刷時，建議以黑、白、灰階的影像進行製作，黑色的影像代表將來筆刷會繪製出的圖像，白色區域則為空白。網路上亦有許多已經製作完成的筆刷分享，搜尋 “Photoshop brush” 關鍵字，可下載副檔名為 .abr 的檔案後，再到筆刷預設集載入即可使用。筆刷預設集反白無法操作時，將工具箱的工具切換為筆刷即能正常運作。

由於 Photoshop 是處理影像的軟體，因此筆刷同樣要注意到像素資訊，如下圖範例中定義筆刷時，所出現的 1200，即代表筆刷最大尺寸為 1200 像素，若使用時，筆刷尺寸調整超過此像素值，則會有筆刷繪圖出的影像失真的狀態。

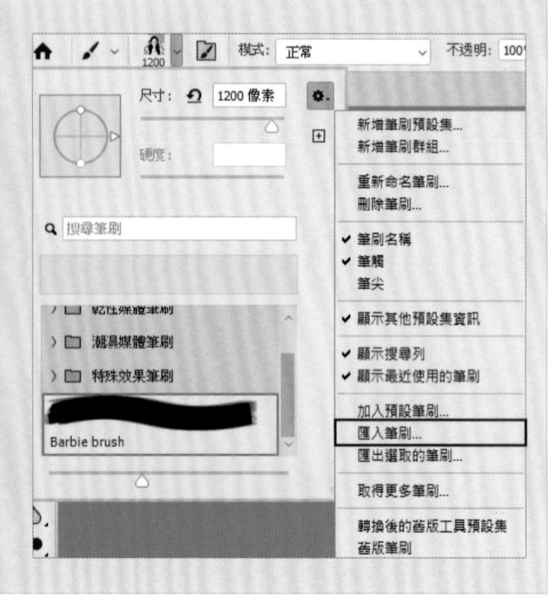

3. 繪製安迪沃荷風格海報

1 點選「檔案＞開新檔案」，設定檔案為 1800x1800 像素大小，按下「建立」鈕。

2 選取工具箱中筆刷工具，至選項列之筆刷內容選取「Barbie brush」，並設定尺寸為 600 像素。

3 點選「圖層 > 新增圖層」，並至工具箱設定不同的前景色重複在圖層上進行繪製。

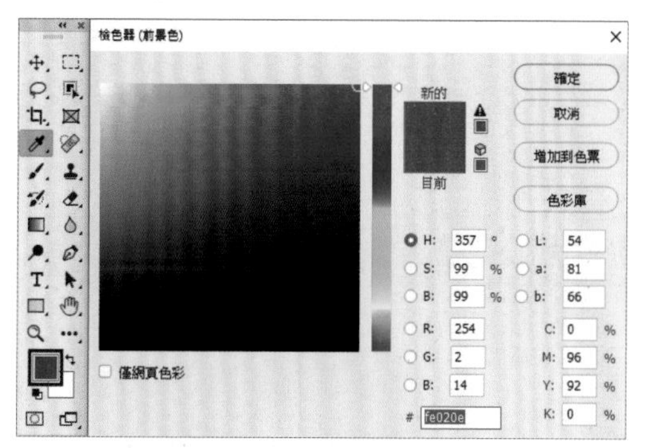

4 新增一個圖層並置於圖層 1 下方為圖層 2，並至工具箱使用矩形選取工具，按住「Shift」鍵，根據圖層 1 上筆刷繪製出的九個影像，選取等比例的矩形選取範圍，點選「編輯＞填滿」，使用「顏色」方式設定不同顏色，作為每一個筆刷繪製影像後的背景，重複在背景圖層上進行顏色填滿。

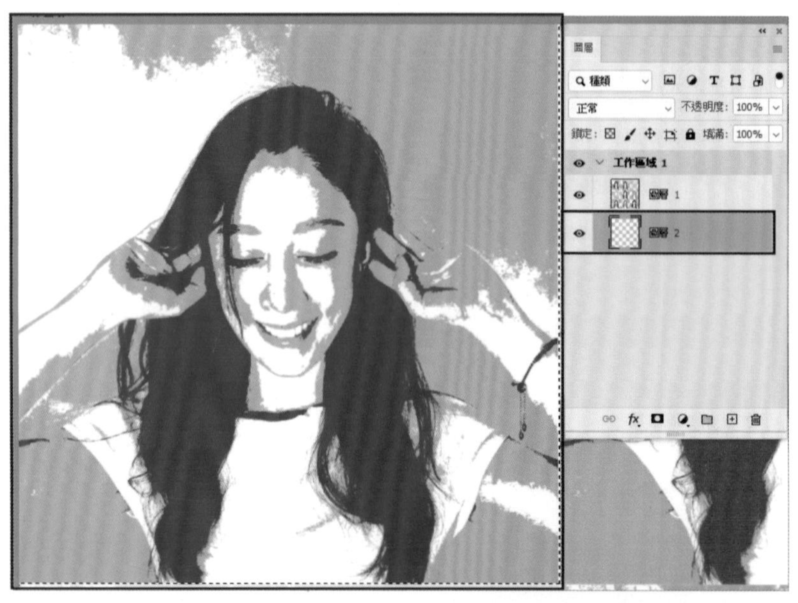

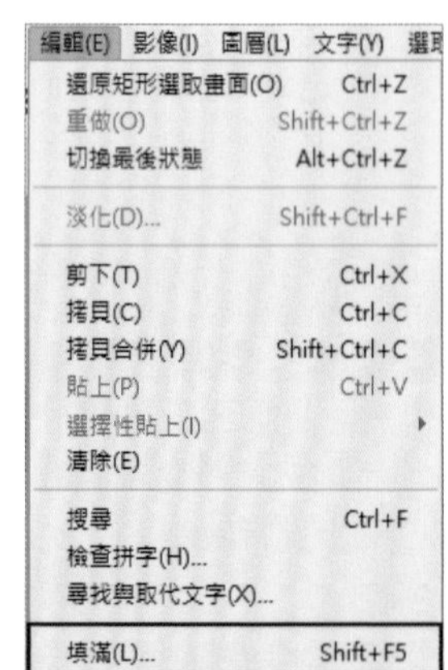

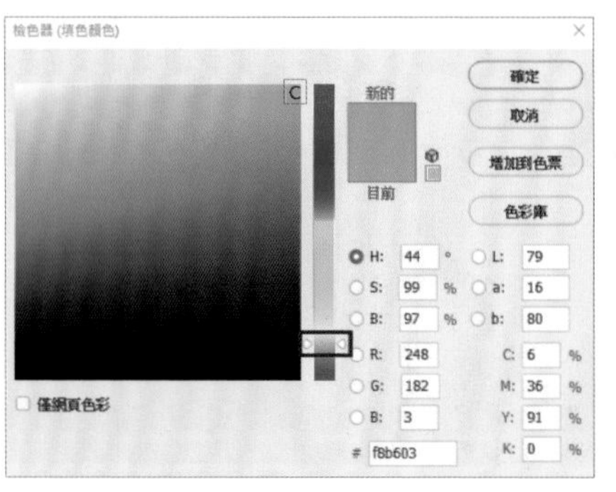

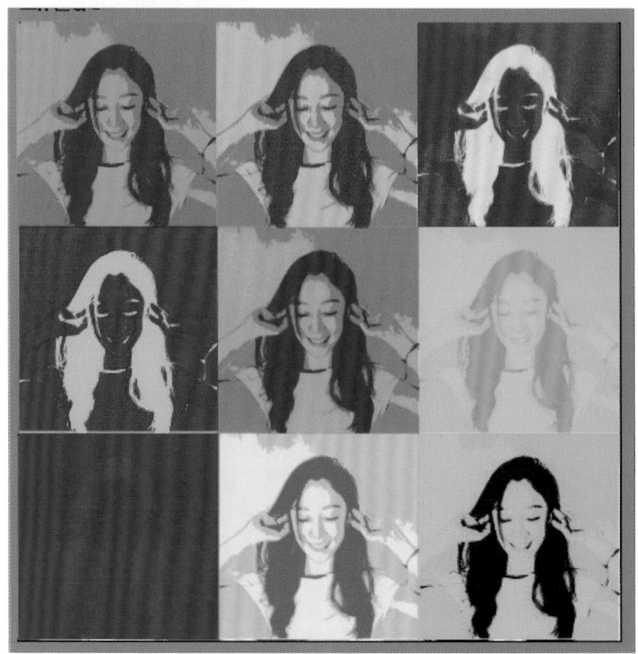

5 點選「檔案＞儲存」，儲存檔案，檔案製作完成。

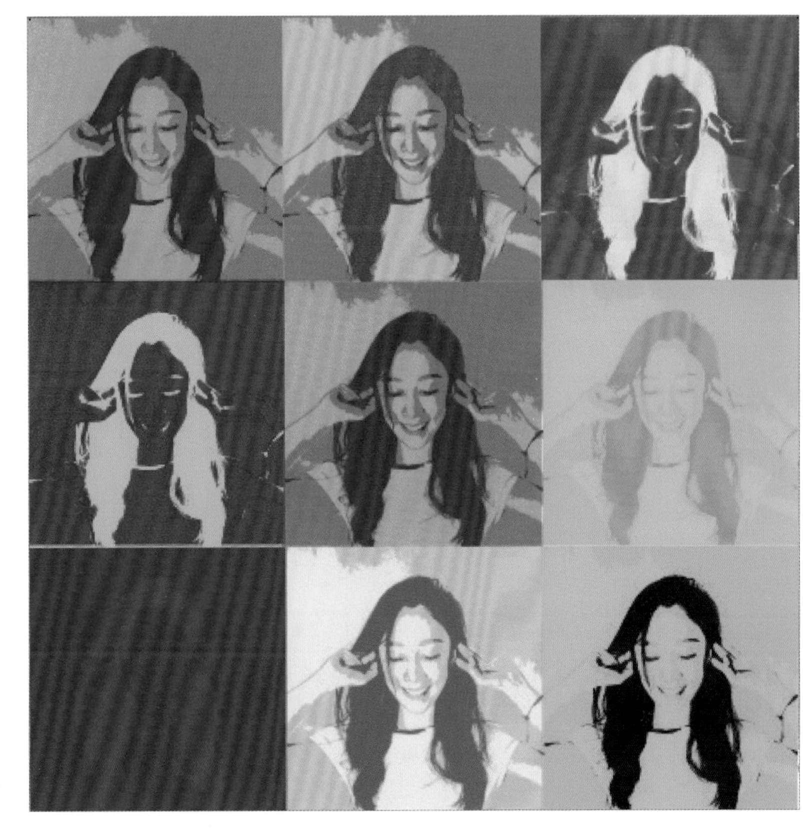

檔案(F)　編輯(E)　影像(I)　圖層(L)　文字(Y)
開新檔案(N)...　Ctrl+N
開啟舊檔(O)...　Ctrl+O
在 Bridge 中瀏覽(B)...　Alt+Ctrl+O
開啟為...　Alt+Shift+Ctrl+O
開啟為智慧型物件...
最近使用的檔案(T)
關閉檔案(C)　Ctrl+W
全部關閉　Alt+Ctrl+W
關閉其他項目　Alt+Ctrl+P
關閉並跳至 Bridge...　Shift+Ctrl+W
儲存檔案(S)　Ctrl+S

延伸練習

請以特寫照片進行色彩的調整，並定義為筆刷進行海報設計。

CH01-1 ＞ CH01 延伸練習.jpg

為影像增加色彩

影像處理

1-2

瞭解影像色彩模式與照片之間的關係，透過圖層合成與調整圖層上色的方式，掌握影像色彩風格的表現，並可以藉由遮色片的運用，提升影像調整的自由度。熟練本範例中的色相 / 飽和度與調整圖層功能，在調整影像作品時可以有很好的表現。

▼ 原始素材

▼ 關鍵技巧

1 認識影像模式＞影像色彩模式切換
2 圖層功能＞新增圖層並在圖層上繪製色彩
3 調整圖層與遮色片的應用＞使用選取範圍新增調整圖層，並以筆刷在調整圖層遮色片上作畫
4 基本文字工具＞字元面板選項設定

線上下載 CH01-2  ＞CH01-02.jpg、CH01-02.psd

本範例模特兒影像相片提供
Instagram：郭芭比

設計實作

1. 影像模式切換與調整

1 開啟範例圖檔，點選「影像 > 模式 > RGB 色彩」。

TIPS ▶ 色彩模式

照片經常使用的色彩模式有灰階、RGB 色彩與 CMYK 色彩。灰階模式只有一個色版組成，RGB 模式有 RGB 三個色版組成，而 CMYK 模式則是由四個色版組成。

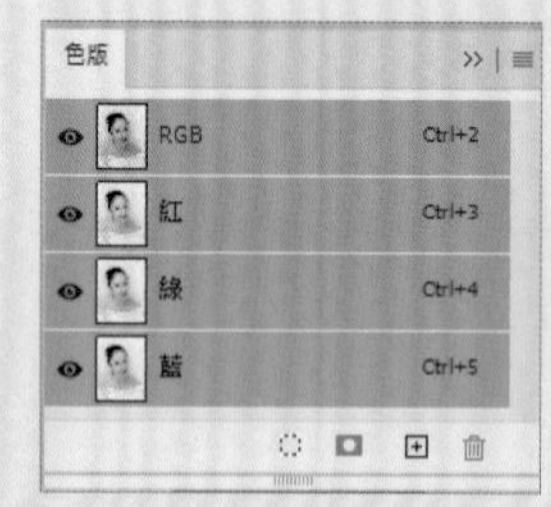

黑白的影像應以灰階模式進行儲存，當色彩模式為 RGB 時，則是三個色板以相同的方式表現影像組成後的黑灰白，由於一個色版便儲存了一份檔案的資訊，因此檔案大小會為灰階模式的三倍。

另外，在 Photoshop 中的特效與影像調整是以 RGB 色光模式進行調整，因此照片若為 CMYK 模式，某些功能無法進行調整，因此在影像製作過程中，建議將圖片轉為 RGB 模式進行；若完成的檔案要進行印刷，由於 RGB 色光模式與印刷對應的問題，可以先以 RGB 模式的方式儲存檔案，再將圖片轉為 CMYK 模式，並進行色彩亮度與鮮艷度的微調，再另存檔案，這樣可以避免後續如果要調整影像時，CMYK 色料模式無法返回 RGB 色光模式，在影像上表現光影變化的原始效果。

2 點選「影像 > 調整 > 色相 / 飽和度」，勾選「上色」選項，讓整張照片可以依據色相調整表現方式。

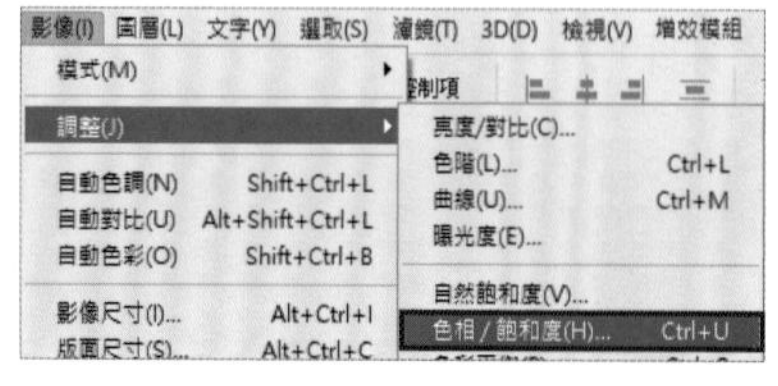

TIPS ▶ 色相 / 飽和度

是在影像調整上非常重要的工具，處於非上色的模式下，調整影像色相，會讓整張照片的色彩進行色相上的偏移，飽和度則會加強或減低色彩的鮮艷表現，而明亮則是針對整張照片進行調亮或調暗的修改。

若在面板上的「主檔案」按鈕切換色版，則會針對切換的色版顏色進行調整，例如風景照片中，選取藍色色版，則調整色相時，藍天便可以進行不同顏色的變化，但不影響照片中的其他影像。

在處於「上色」的模式時，整張照片會以同色調的方式進行調整，可製作單色調的圖片，或是老照片的效果。

2. 新增圖層與上色

1 點選「視窗 > 圖層」，開啟圖層面板並新增「圖層 2」進行繪製。

2 至工具箱選擇筆刷工具，並在選項列設定柔性筆刷與筆刷尺寸為「6 像素」，設定前景色為「紅色」後，在圖片上的嘴唇處進行塗抹。

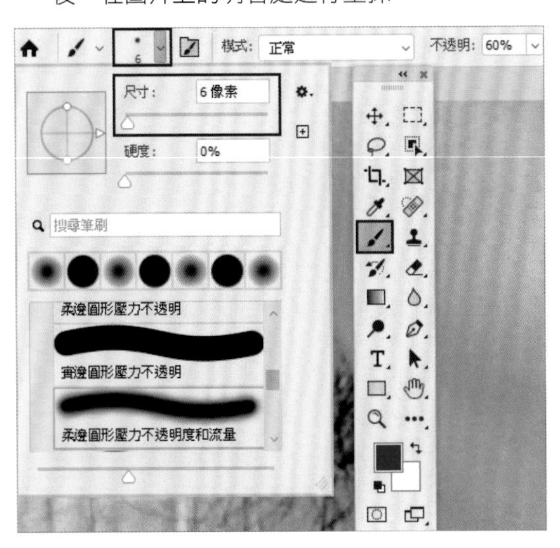

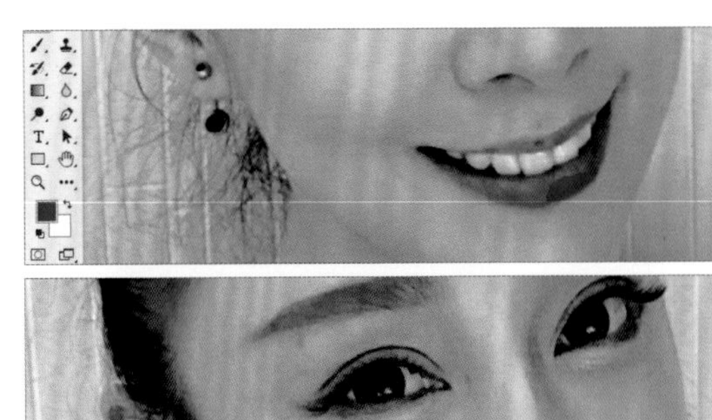

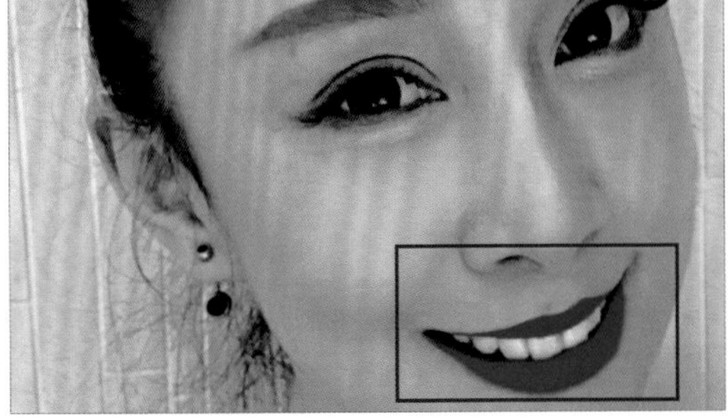

3 設定圖層透明度為 60%。

TIPS ▶ 圖層混合模式

圖層模式與透明度是合成時的好幫手，原理是應用色光混合的觀念，將影像疊在一起時，設定不同的混合模式而產生不同的混色狀態。

混色模式的選項依類型分區塊方式間隔，下圖中標記 1 的區塊作用為加深變暗，選取標記 2 區塊的選項作用為加光變亮，標記 3、標記 4 與標記 5 區塊皆為特殊相加作用效果，建議可以試試看疊加相同影像的圖層，或是不同影像的圖層，切換上層圖層的混合模式，檢視影像表現的狀態。

3. 善用調整圖層與上色

1 至工具箱選擇磁性套索工具，切換到「圖層 1」，沿著臉部與肩膀的邊緣進行範圍的選取。

> **TIPS ▶ 鍵盤按鍵搭配**
>
> 操作各種選取工具時，可使用鍵盤的「Shift」鍵進行加選模式的切換，「Ctrl」鍵進行減選模式切換，或至選項列切換選取模式。

2 點選「選取＞修改＞羽化」，設定選取範圍邊緣為柔化的狀態，設定羽化強度為 10 像素，按下「確定」。

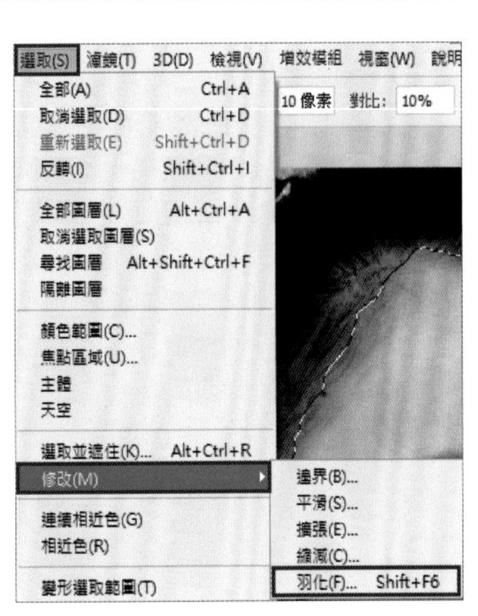

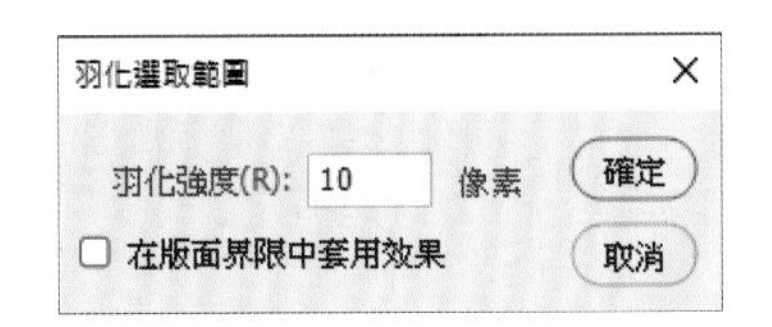

3 點選「圖層 > 新增調整圖層 > 色相 / 飽和度」，按下「確定」鈕後，自動開啟調整圖層之色彩 / 飽和度內容面板進行顏色修正。

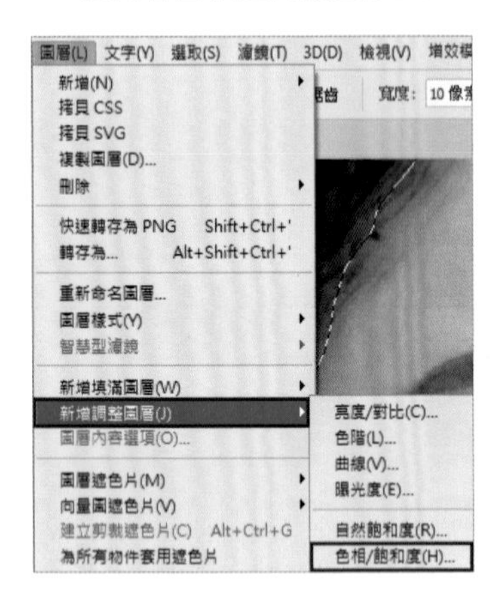

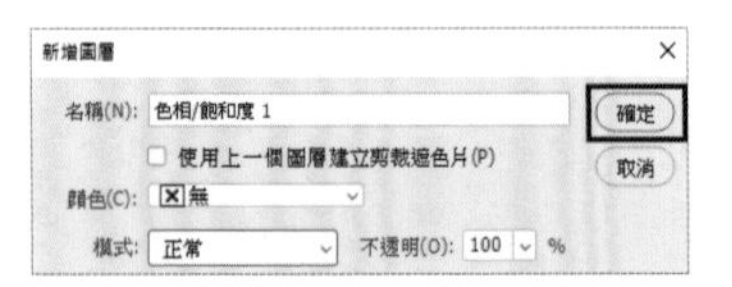

TIPS ▶ 調整圖層（圖層的產生與調整）

調整圖層可在不影響原始圖片的狀態下進行色彩的調整，其調整功能與「影像 > 調整」內的功能相同，差異為「影像 > 調整」進行的是破壞性的調整，使用調整圖層會自動產生帶遮色片的調整圖層，可為影像進行部分區域且非破壞性的調整，大大增加影像調整的自由度與方便性。

此外，使用圖層遮色片也可針對要修改的範圍進行修正。在圖片上先選取範圍，新增調整圖層時，就會自動將選取的範圍製作成遮色片設定要作用的範圍；若沒有先選取範圍，會新增一個帶全白的遮色片調整圖層。調整圖層的遮色片皆可使用筆刷相關工具進行遮色片的修改。另外，圖層前方的眼睛開關與圖層不透明度的調整，可使調整作用在影像上有不同濃淡的表現。

4 使用磁性套索工具選取衣服，以前面步驟 1 到步驟 3 的方式為衣服上色，調整為淡紫色。

5 再使用磁性套索工具選取頭髮位置，重複步驟 1 到步驟 3 的方式為女主角的頭髮上色。

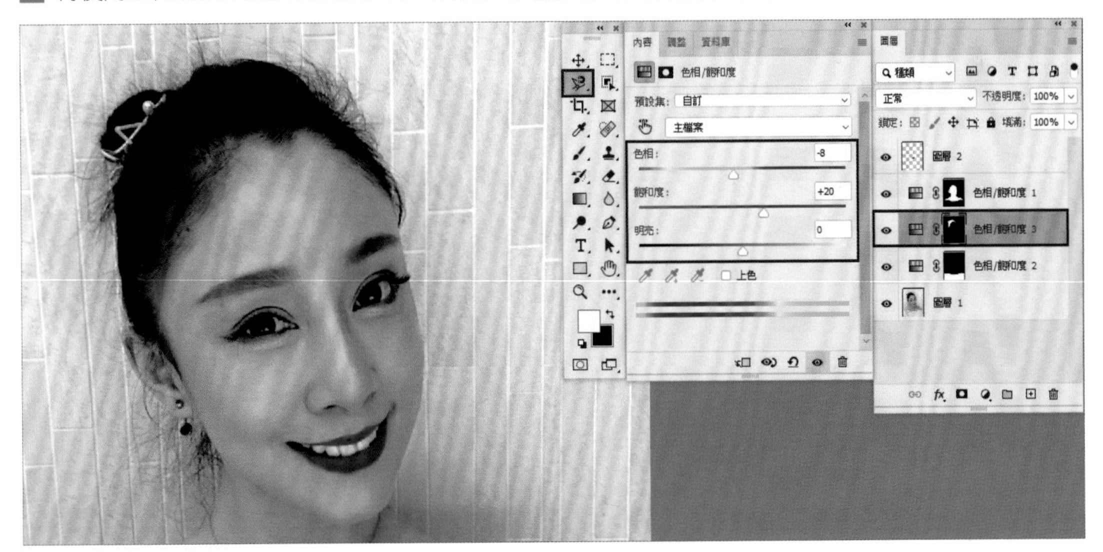

6 切換圖層的遮色片，使用柔性筆刷將前景色改為白色，塗抹女主角頭髮未上色的位置（若塗抹超過範圍可設定前景色為黑色，調整筆刷大小，再進行塗抹即可修正）。

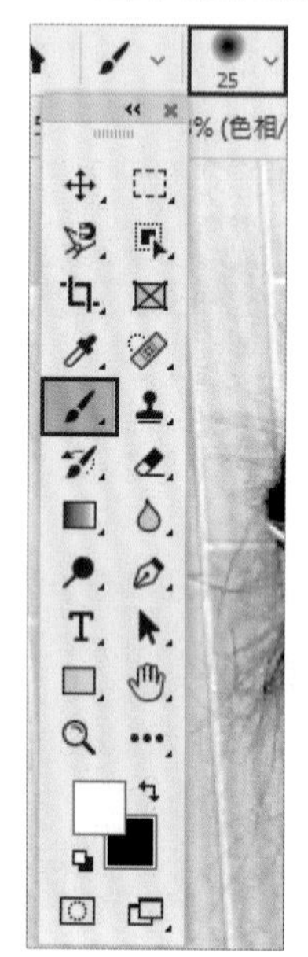

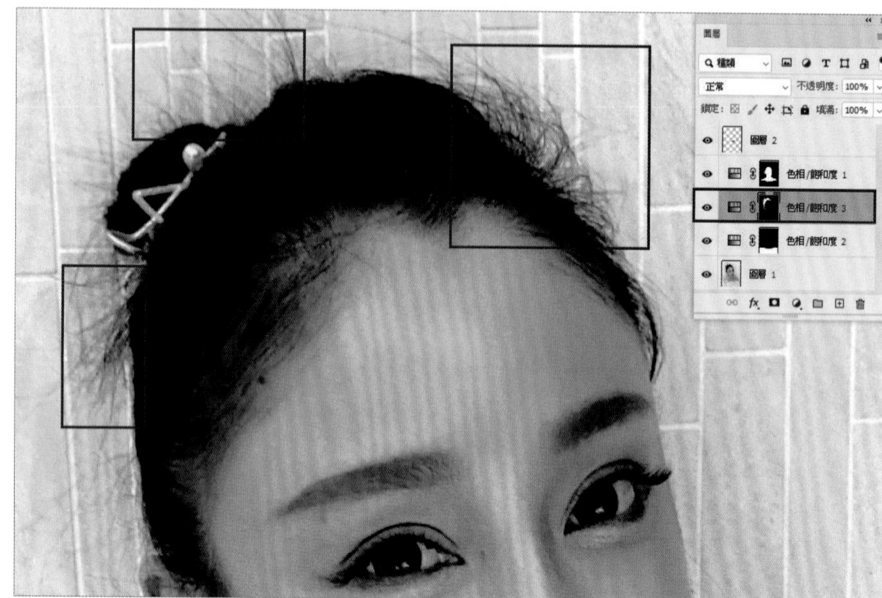

7 點選「視窗＞圖層」，開啟圖層面板並新增一個「圖層 3」進行眼白的繪製。

8 至工具箱選擇筆刷工具，並在選項列設定柔性筆刷與筆刷尺寸為 17 像素，設定前景色為白色後，在圖層 3 上眼白處進行塗抹。

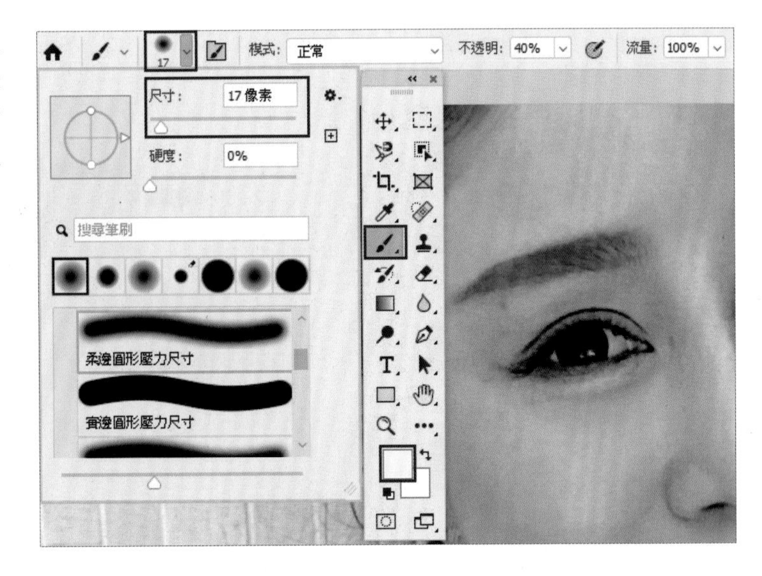

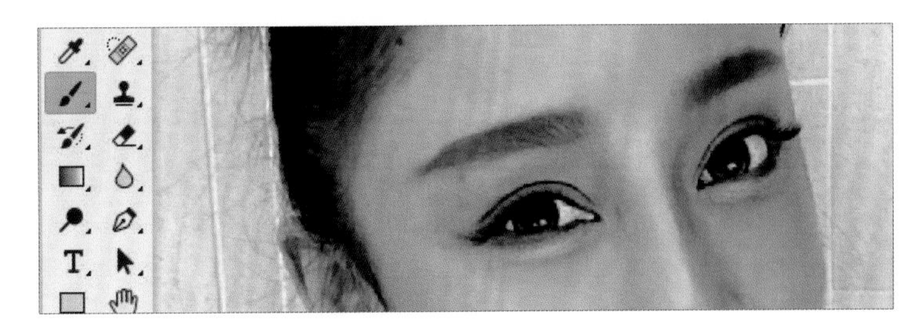

9 至圖層面板，設定圖層不透明度 50%。

設計實作

10 使用文字工具在圖片右上角輸入「BARBIE」文字，並在文字面板中進行字體與字級的設置。

11 檔案製作完成，可將檔案進行儲存與輸出。

延伸練習

請找一張黑白圖片進行色彩的調整，或是將圖片色彩模式改為黑白後，再改成 RGB 模式進行上色。

線上下載 CH01-2 > CH01-2 延伸練習.jpg

連續圖樣設計

影像調整

1-3

去背並設計圖樣元素，應用填滿功能、畫面錯位濾鏡與仿製印章工具，設計連續性圖樣，無縫拼接創作獨一無二的影像風格，並舉一反三將技巧應用在服裝、包裝等領域設計。

▼ 原始素材

▼ 關鍵技巧

1 魔術棒工具去背＞使用魔術棒工具，選取背景像素進行去背

2 設計圖樣＞利用圖像元素定義圖樣，連續圖樣設計

3 畫面錯位濾鏡＞使用濾鏡功能進行畫面錯位編排圖樣

4 仿製印章工具＞使用仿製印章工具修補圖像細節

線上下載 CH01-3  > CJH01-0301.jpg、CJH01-03.psd

設計實作

1. 魔術棒工具去背

1 開啟 CH01-0301.jpg 圖檔。

2 在圖層面板上，點選「背景」圖層兩下，將其轉為一般圖層。

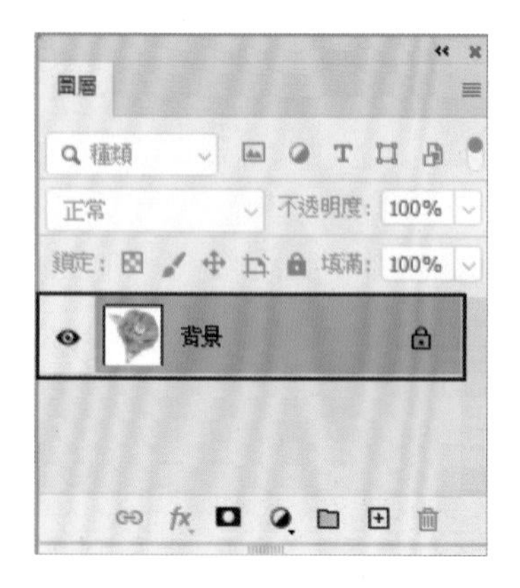

3 選取魔術棒工具。

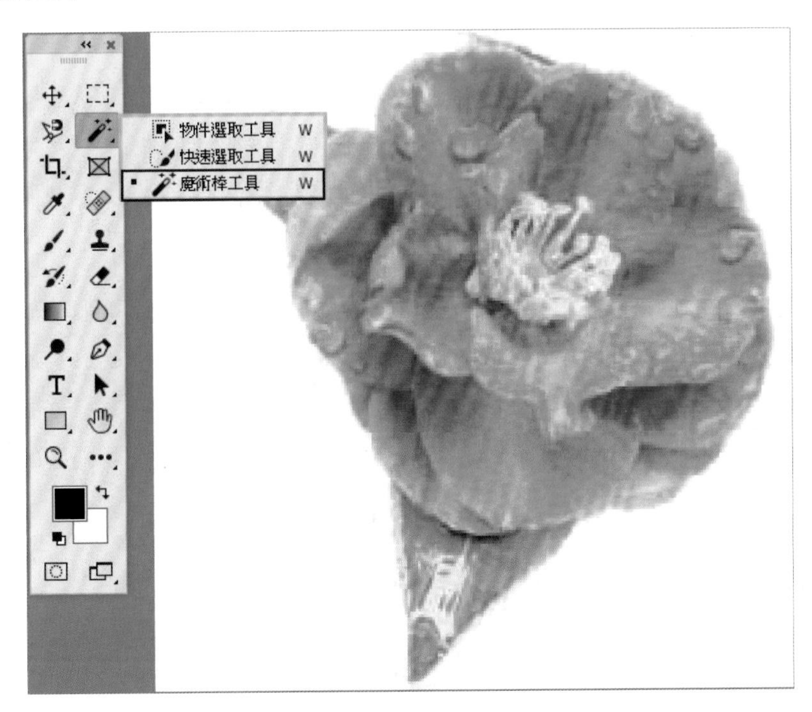

4 將魔術棒的預設集「容許度」項目數值設為「6」，在白色背景點選一下，進行背景像素的選取。

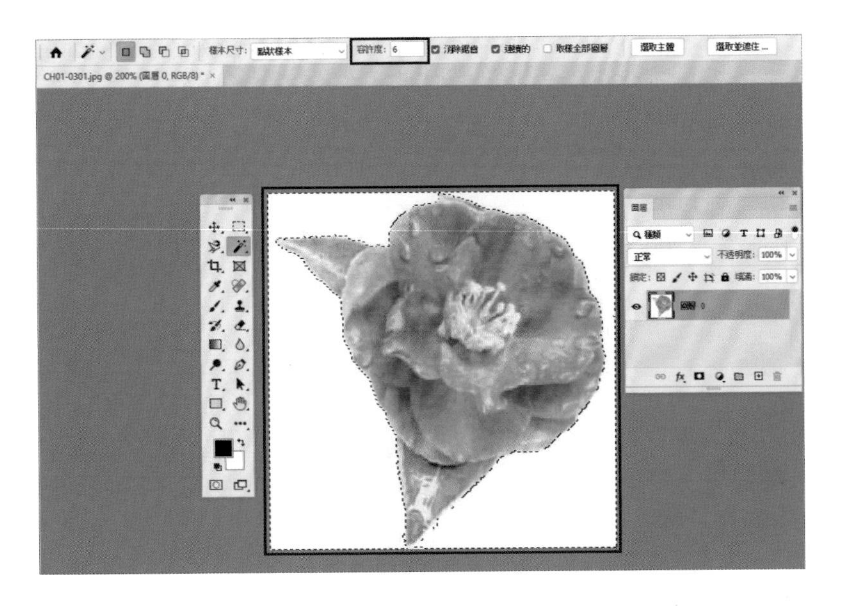

TIPS ▶ 魔術棒工具

選取工具，無須描繪路徑，魔術棒工具就能直接選取同一顏色容許度設定範圍之像素（如白色背景），進一步進行去背或顏色修改之用途，調整魔術棒的容許度能增加或減少選取的顏色範圍。

魔術棒點選紅花，設定容許度數值越低，選取顏色範圍愈要與點選的位置同色彩才會被選取到。

魔術棒點選紅花，設定容許度數值越高，選取顏色範圍越廣泛。

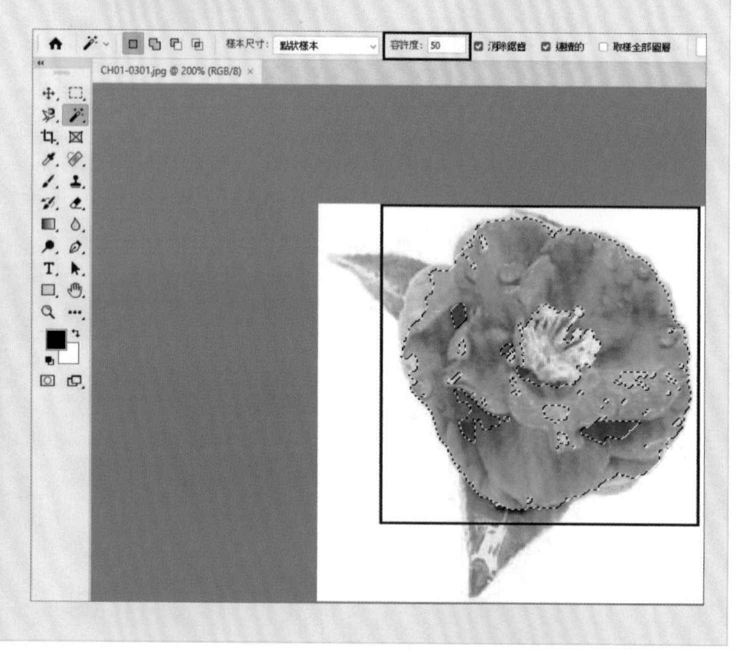

5 按下「Delete」鍵，刪除選取的白色背景像素，花朵去背完成。

6 點選「選取 > 取消選取」，取消選取背景像素。

選取(S)　濾鏡(T)　3D(D)　檢視(V)
全部(A)　Ctrl+A
取消選取(D)　Ctrl+D

2. 設計圖樣

1 選取「圖層 0」圖層，接著點選「編輯 > 定義圖樣」，新增花朵圖樣。

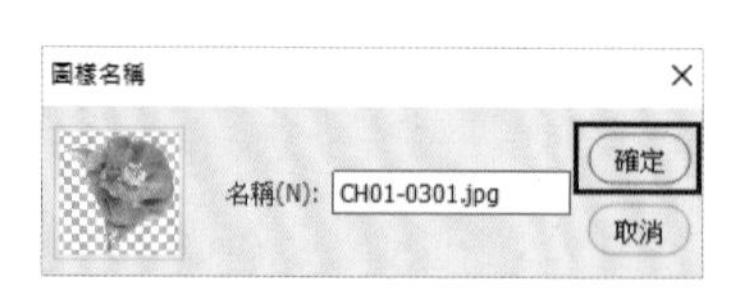

2 點選「檔案 > 開新檔案」，開啟一個新的 A4 檔案，命名為 CH01-03。

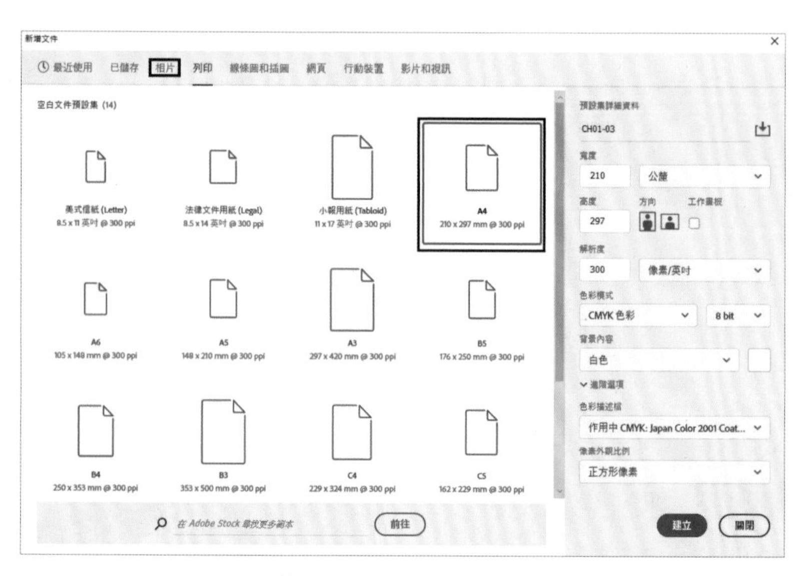

3 在新檔 CH01-03.psd，點選「編輯 > 填滿」，開啟填滿面板，使用圖樣填滿圖層。

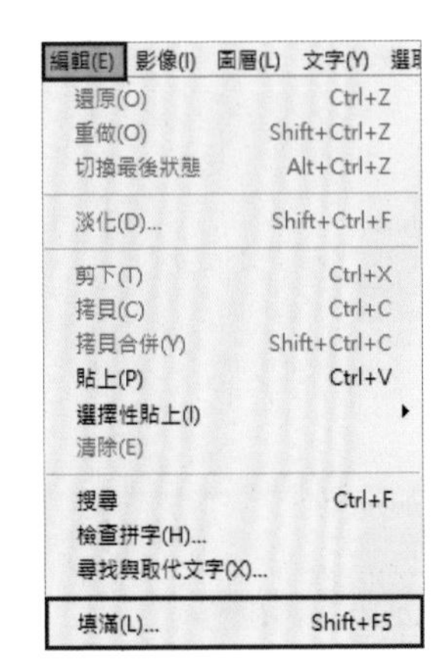

4 在填滿面板上，內容選項選擇「圖樣」。

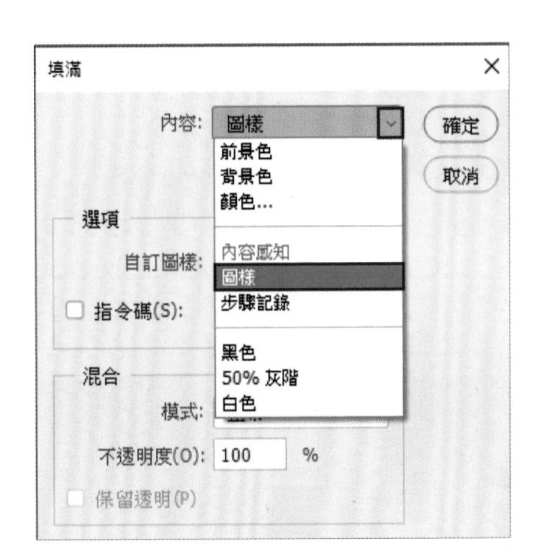

5 接著自訂圖樣選項，選擇剛剛新增的花朵圖樣。

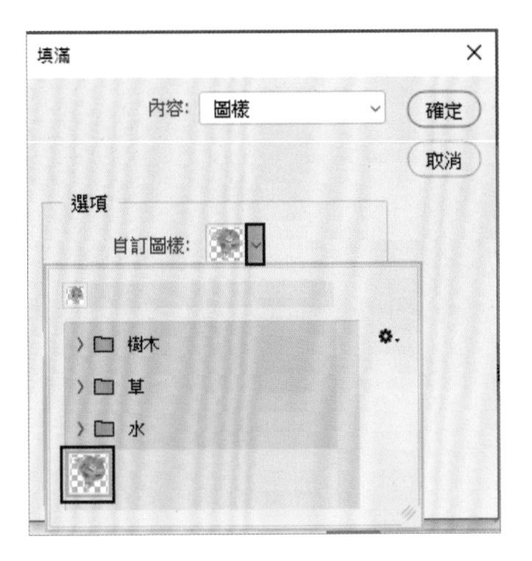

6 接著選擇「隨機填色」指令碼，按下「確定」鍵，開啟「隨機填色」面板。

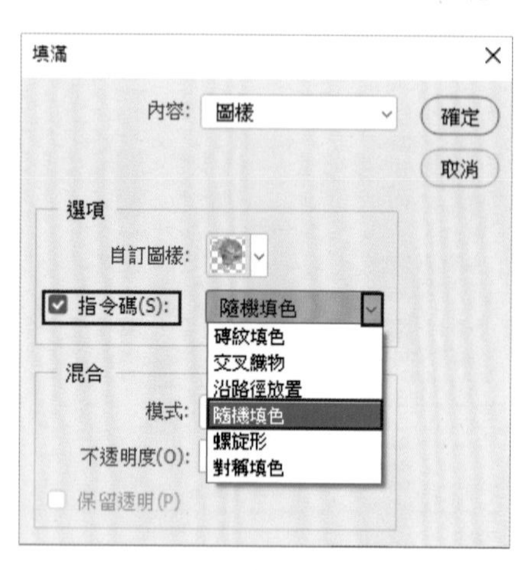

7 在「隨機填色」面板上調整隨機填色數值，密度為「4」最小比率為「1」、最大比率為「2」、「旋轉圖樣」、顏色隨機性設為「0.17」、亮度隨機性設為「0.23」。(此為範例數值，可依照實際情況調整)

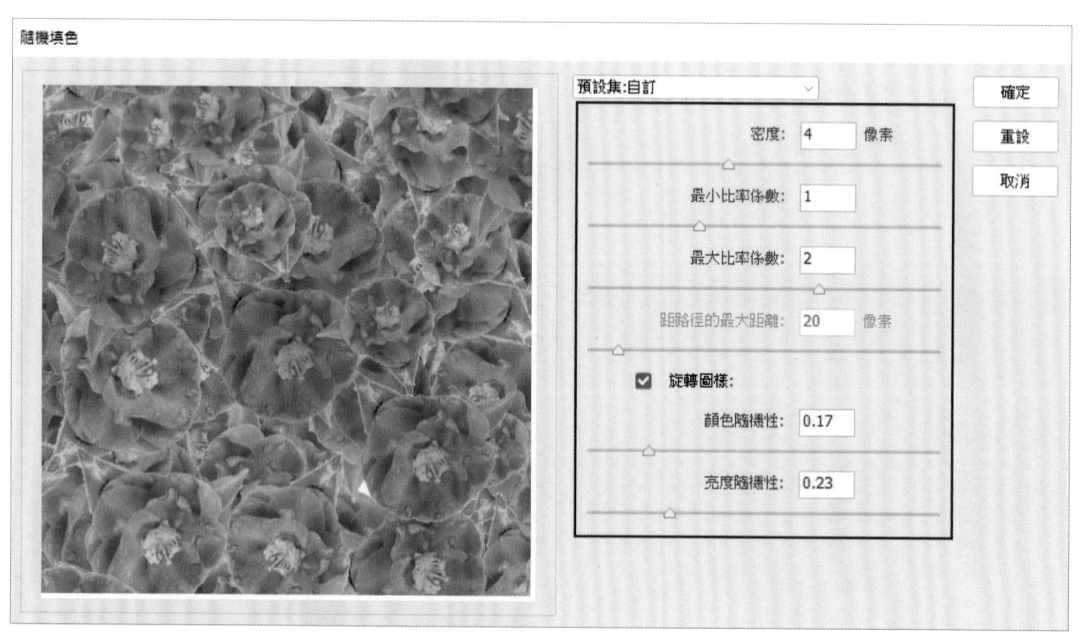

8 設計拼貼花朵圖樣完成。

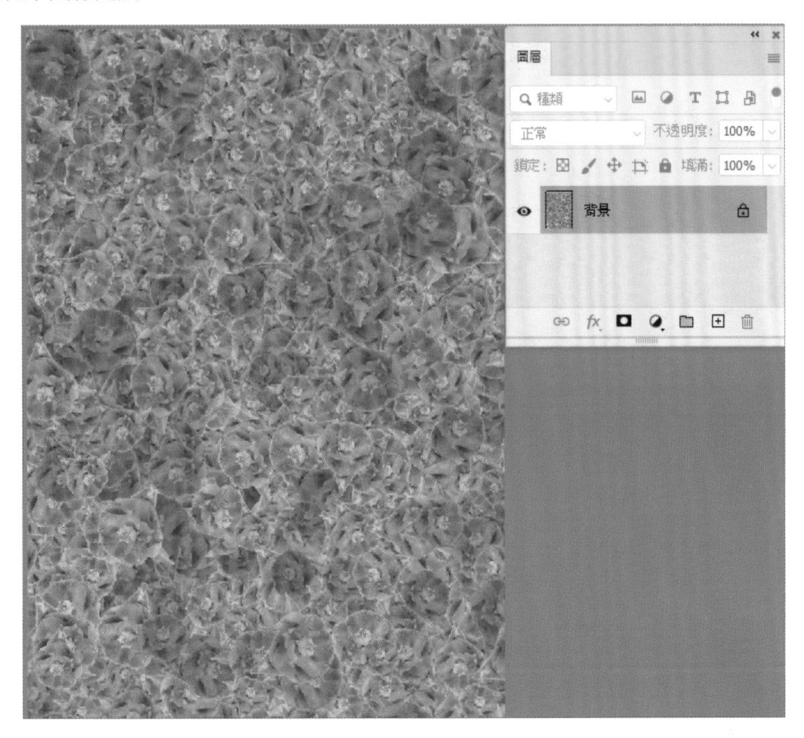

9 點選「檔案 > 儲存檔案」，儲存 CH01-03.psd 製作檔。

10 點選「檔案 > 轉存 > 轉存為…」，開啟轉存面板。

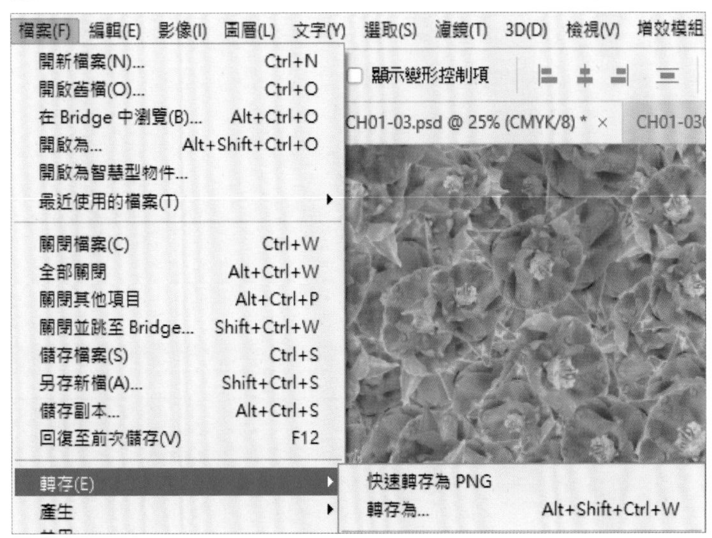

設計實作

11 在轉存面板，將影像轉存為 CH01-0302.jpg 圖檔，設定格式「JPG」，品質「很棒」，其他維持預設。

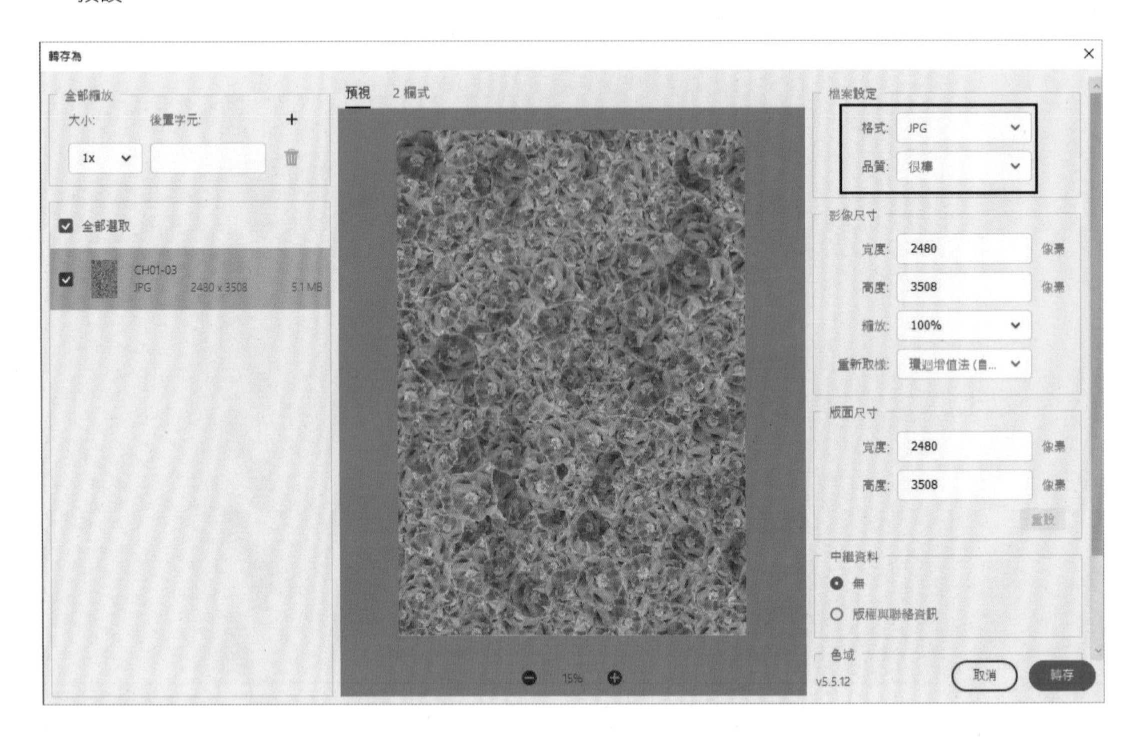

3. 畫面錯位濾鏡

1 點選「檔案 > 開啟舊檔」，開啟 CH01-0302.jpg 圖檔。

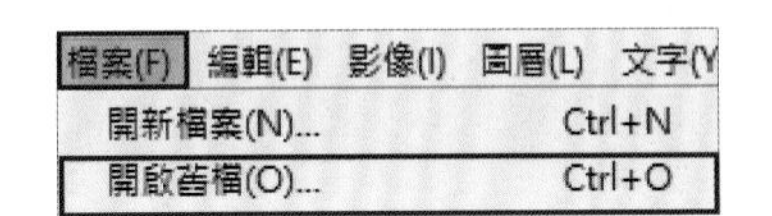

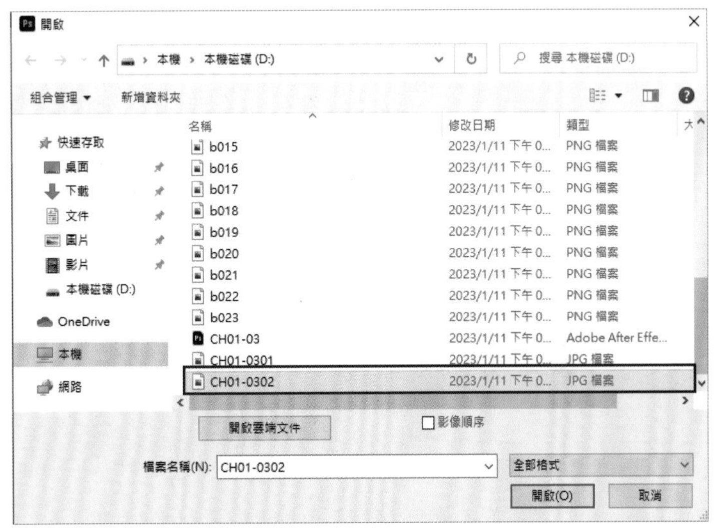

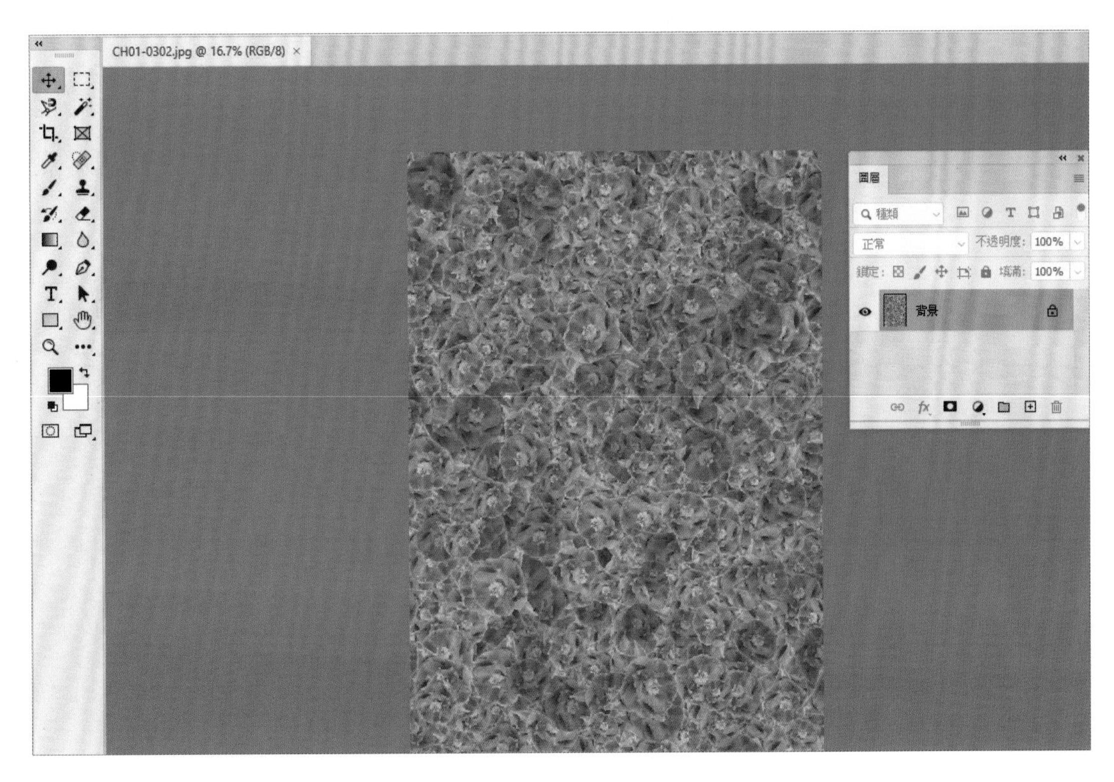

2 選取「背景」圖層，點選「濾鏡 > 其他 > 畫面錯位」，開啟畫面錯位面板。

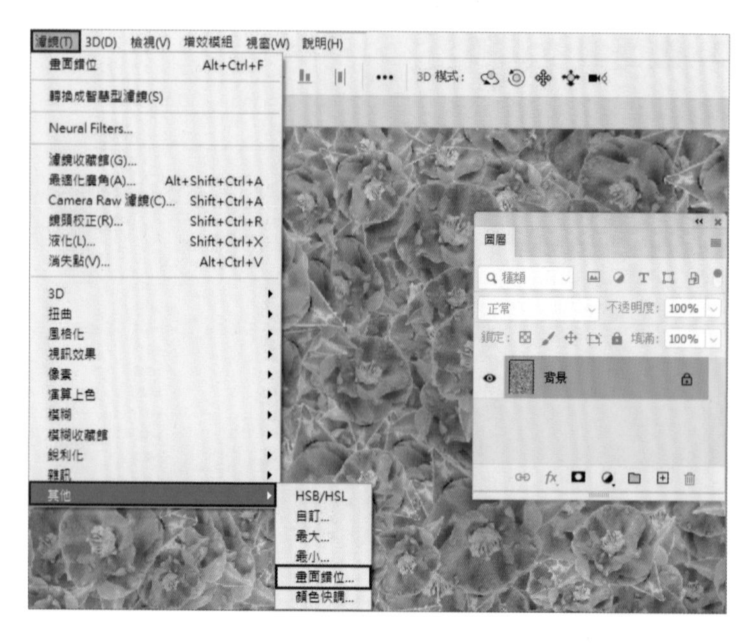

3 在畫面錯位面板，調整水平數值為「1250」、垂直數值為「0」，按下「確定」鍵。（此為範例數值，如要製作的為水平連續畫面，則僅設置水平像素折回重複後，進行修圖；如要製作四方連續畫面，會依據檔案水平與垂直像素的數值，取中間值做位移一半的方式，以方便折回重複時，要修補的位置落在畫面中央進行作業）

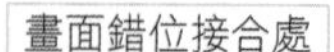
畫面錯位接合處

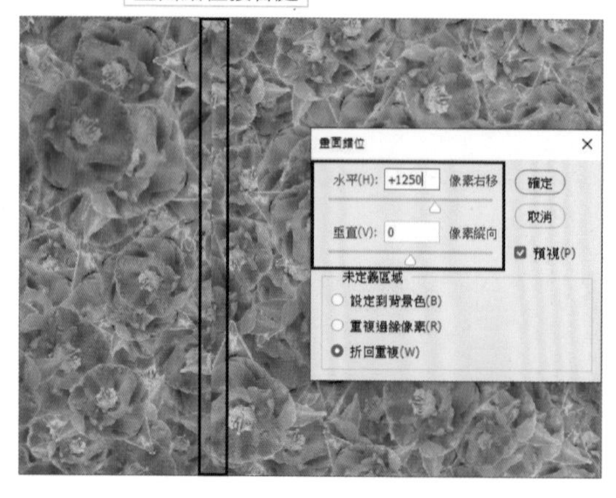

4. 仿製印章工具

1 使用仿製印章工具。

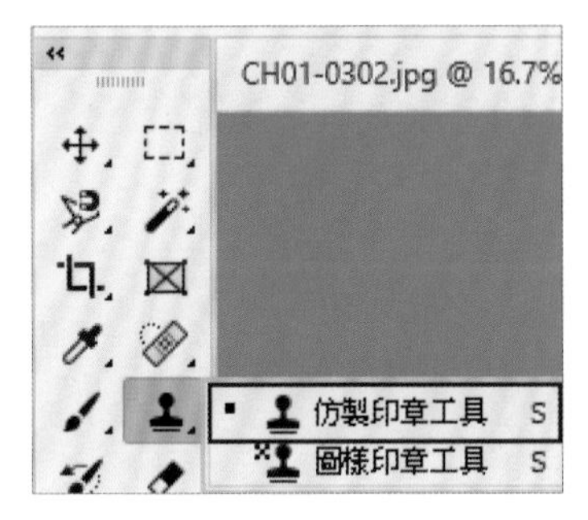

TIPS ▶ 仿製印章工具

使用仿製印章工具，可以複製影像中指定區域的像素，黏貼到另一指定區域，進行影像的潤飾與修復，複製物件或移除影像中的瑕疵。

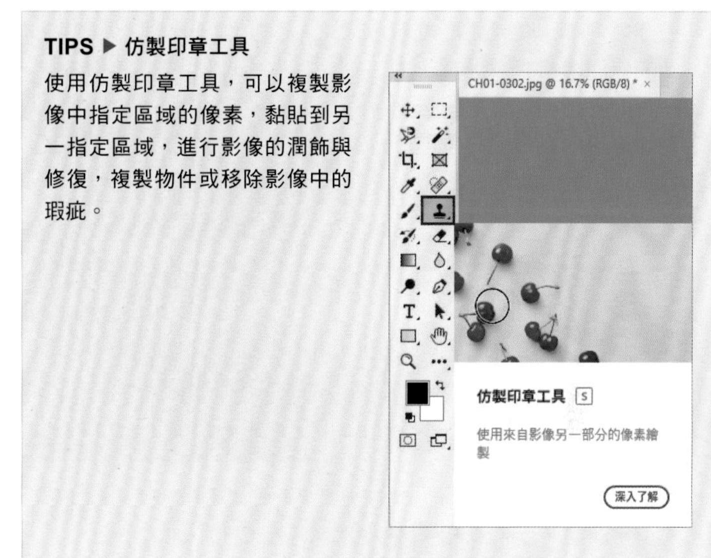

2 按住「Alt」鍵，並在接縫處附近點選一下，取樣預定複製的圖像像素。

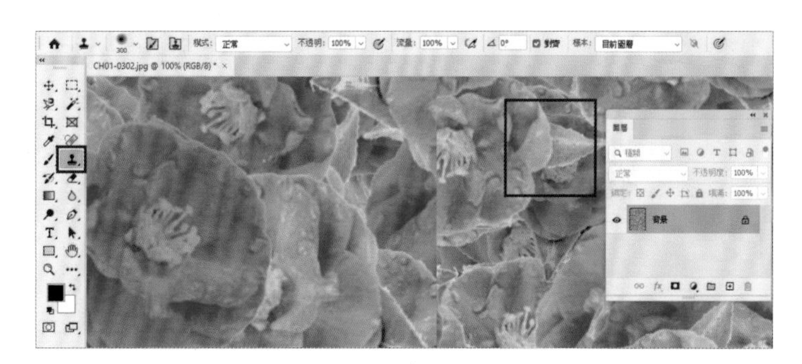

3 接著在接縫處上進行塗抹，一邊觀看取樣點所複製的像素，一邊執行蓋掉接縫的作業。

4 重複步驟 2 到步驟 3，將畫面中的接縫處消除覆蓋，製作水平無接縫圖樣。(若要製作四邊無接縫圖樣，則在畫面錯位時，要水平垂直折回重複四邊畫面到中間的位置，並進行修補)

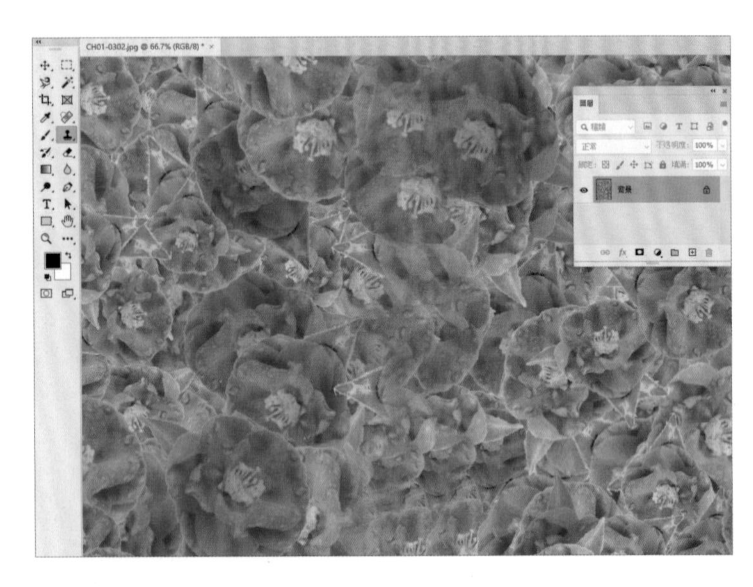

5 點選「檔案 > 另存新檔」，將檔案儲存為 CH01-0302.psd。

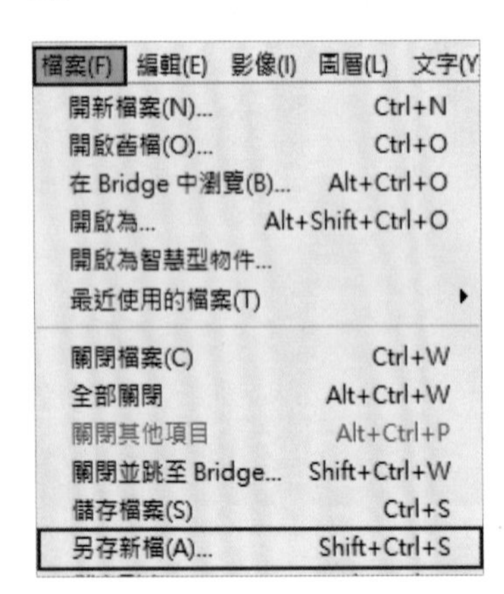

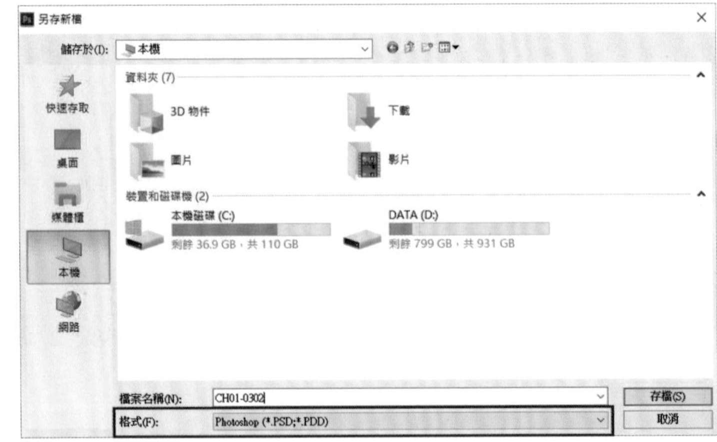

6 連續圖樣設計完成。

延伸練習

請使用填滿功能、畫面錯位濾鏡與仿製印章工具，設計連續性圖樣，無縫拼接創作獨一無二的影像風格。

線上下載

CH01-3 > CH01-0303 延伸練習.jpg、CH01-0303 延伸練習.psd、CH01-0304 延伸練習.jpg、CH01-034 延伸練習.psd

科幻星球風

善用濾鏡功能製作圖像特效

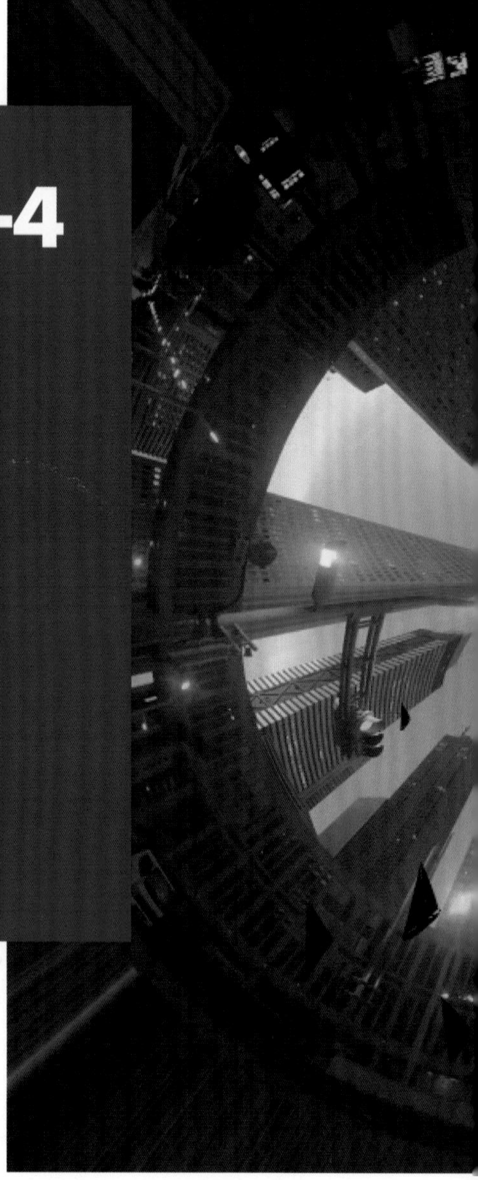

1-4

製作星球風格圖像，先進行影像尺寸圖像處理，以 Photoshop 旋轉功能將影像套用濾鏡，搭配自定義形狀工具，製作星球效果合成海報。

▼ 原始素材

▼ 關鍵技巧

1 影像尺寸 > 正方形比例製作影像素材
2 濾鏡功能 > 旋轉扭曲效果製作星球特效圖像
3 自定義形狀工具 > 繪製圖形合成海報

線上下載

CH01-4 > CH01-0401.jpg、CH01-04.psd

設計實作

1. 影像尺寸

1 點選「檔案＞開新檔案」，開啟 CH01-0401 圖檔。

TIPS ▶ 全景照片

本範例可使用手機拍攝全景照片進行製作，拍攝時上方以天空畫面構圖，能呈現最好的星球效果。

2 點選「影像＞影像尺寸」，開啟影像尺寸面板。

3 在影像尺寸面板上，取消比例連結，填入「正方形」1:1 比例的尺寸數值（改變影像尺寸會需要注意影像解析度與是否失真，建議以短邊尺寸作為調整的依據，並且不能超過原始尺寸的數值）。

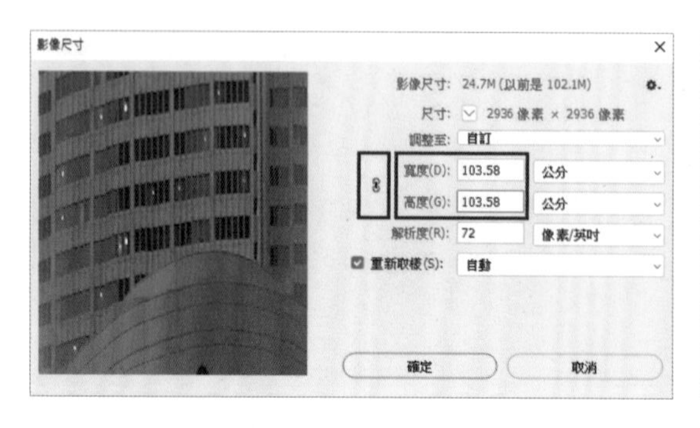

2. 濾鏡效果

1 點選「濾鏡＞扭曲＞旋轉效果」，開啟旋轉效果面板。

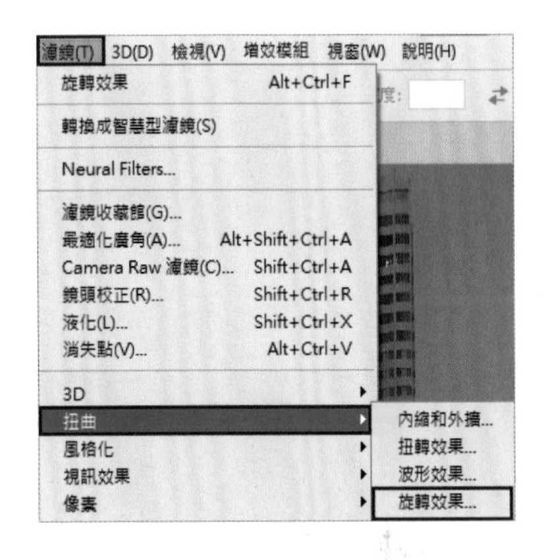

2 在旋轉效果面板上，按下「確定」鍵。

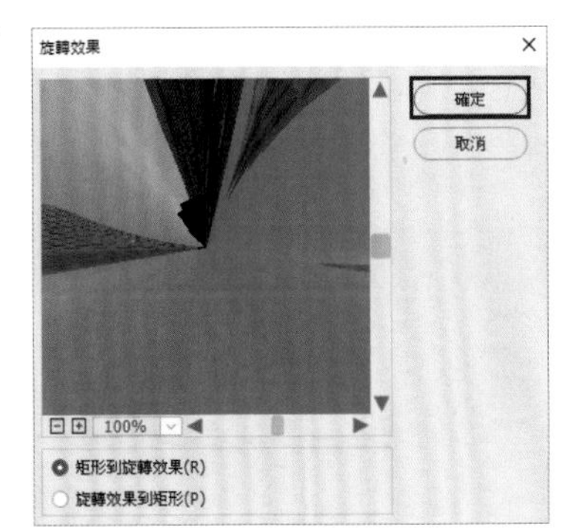

3 在圖層面板上，快速點選背景兩下，成為一般圖層。

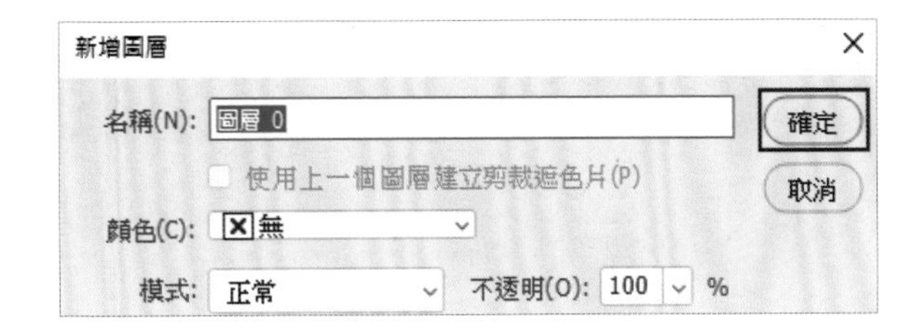

4 在圖層上點擊兩下，開啟圖層樣式面板。

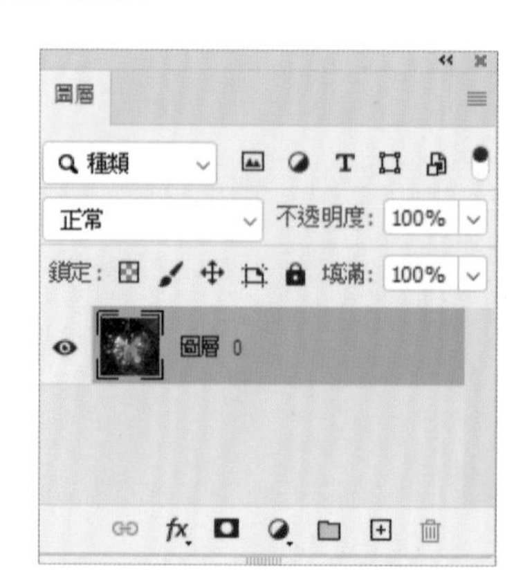

5 在圖層樣式面板上，點選漸層覆蓋選項，進入參數調整選項。

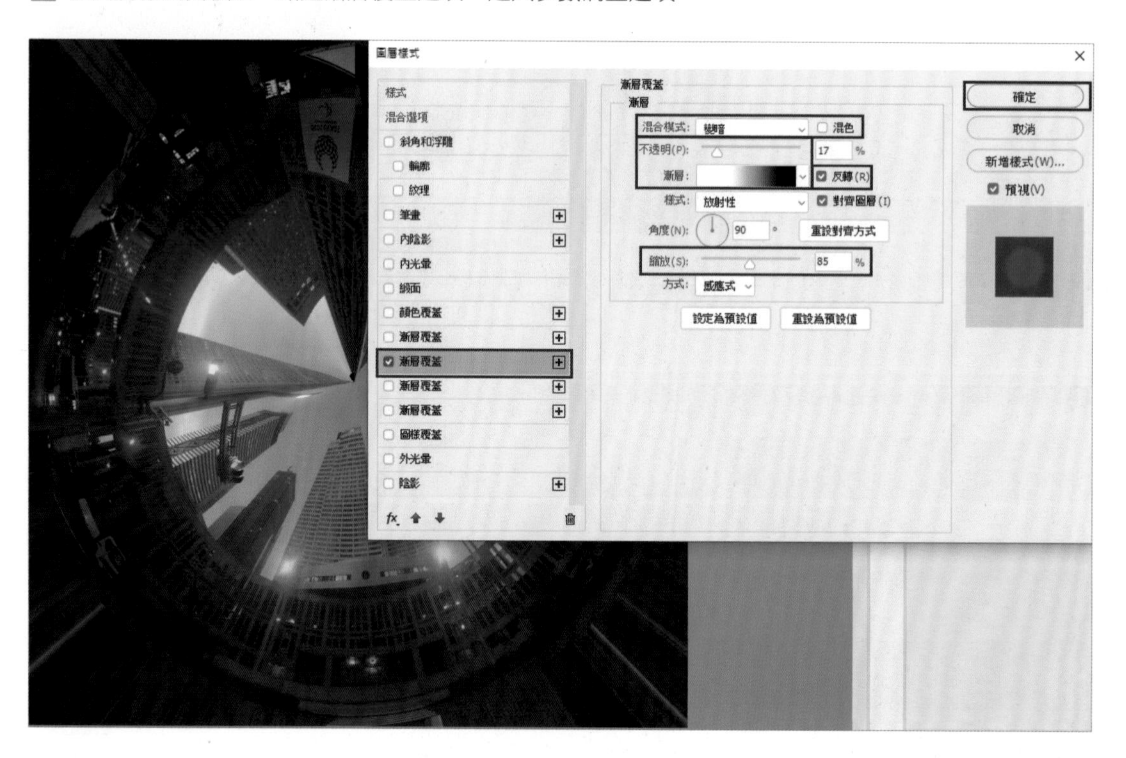

6 在「漸層覆蓋＞漸層＞漸層」選項旁，點選漸層下拉選項，選擇「新增漸層預設集」，自行調整漸層色彩變化。

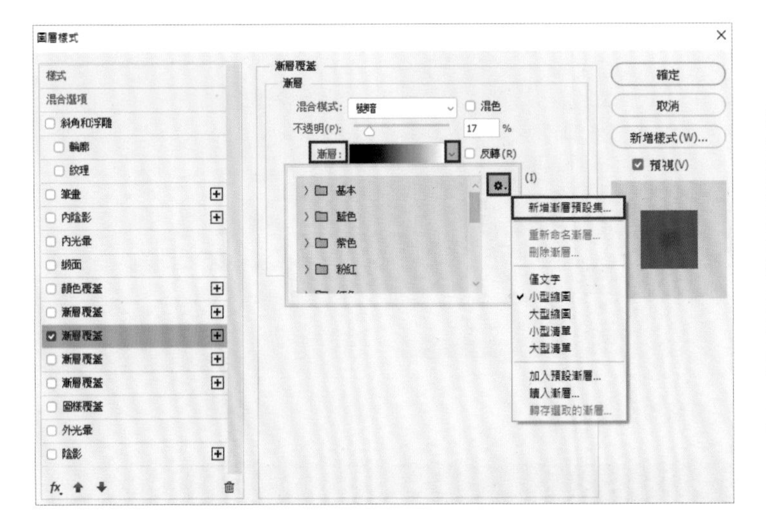

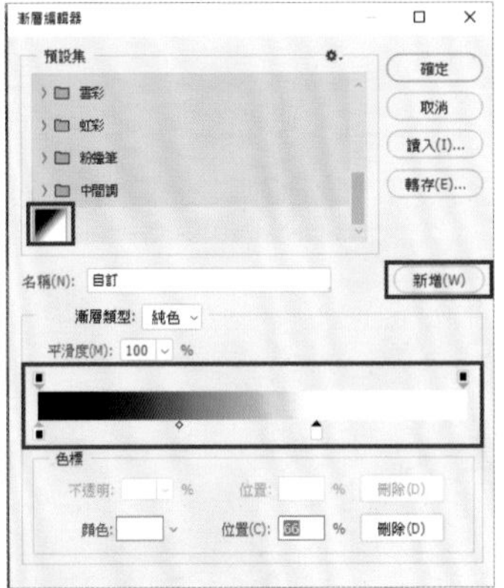

設計實作

3. 自定義形狀工具合成影像

1 使用自訂形狀工具，前景色填入「黑色」，在預設集上選取「船」的圖像。

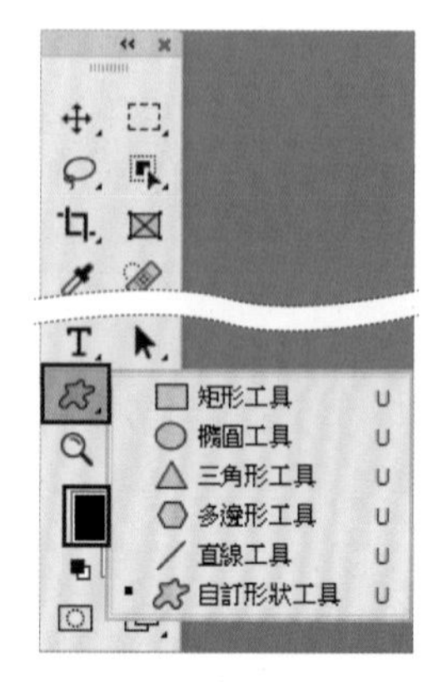

2 使用自訂形狀工具，在畫面的天空處繪製一艘船。

3 點選「編輯＞任意變形」，打開物件外框。

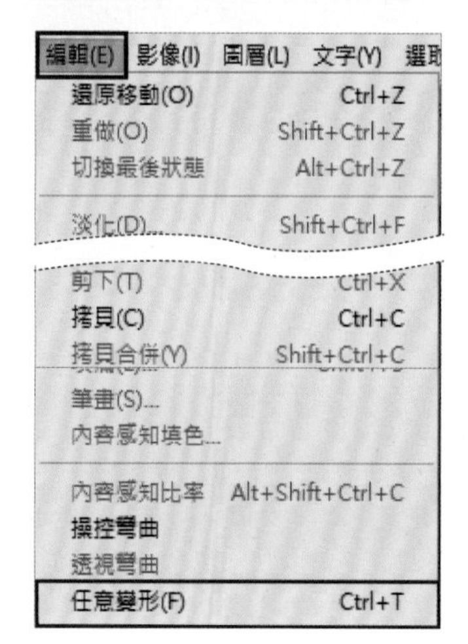

4 按住「 Ctrl」鍵與滑鼠右鍵，將選取功能轉換成個別選取，個別調整船的各個錨點角度。

5 複製多個船形圖層，在畫面縮放調整尺寸與位置。

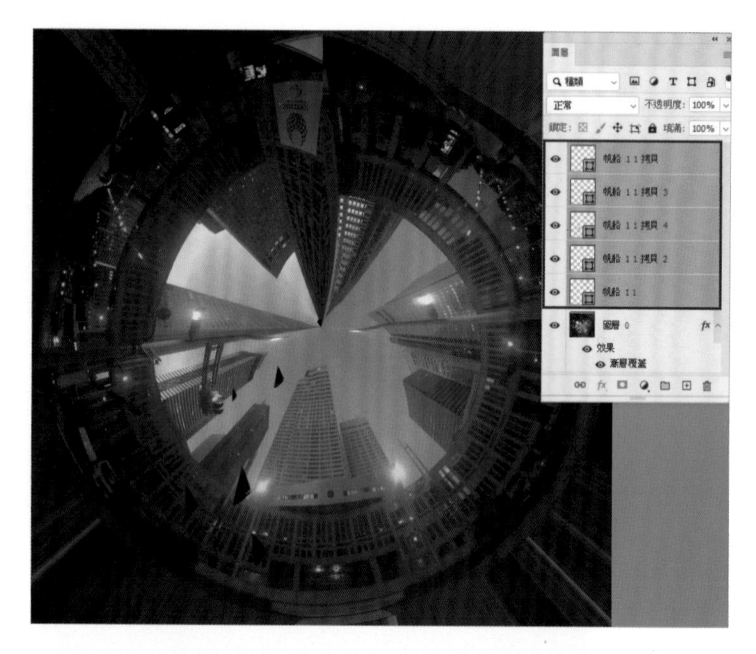

6 點選「檔案＞另存新檔」，檔案製作完成。

檔案(F) 編輯(E) 影像(I) 圖層(L) 文字(Y)	
開新檔案(N)...	Ctrl+N
開啟舊檔(O)...	Ctrl+O
在 Bridge 中瀏覽(B)...	Alt+Ctrl+O
開啟為...	Alt+Shift+Ctrl+O
開啟為智慧型物件...	
最近使用的檔案(T)	▸
關閉檔案(C)	Ctrl+W
全部關閉	Alt+Ctrl+W
關閉其他項目	Alt+Ctrl+P
關閉並跳至 Bridge...	Shift+Ctrl+W
儲存檔案(S)	Ctrl+S
另存新檔(A)...	Shift+Ctrl+S

延伸練習

請拍攝一個全景圖片，設定影像尺寸，並以濾鏡功能搭配形狀工具，設計你的科幻風格星球。

線上下載

CH01-4 > CH01-0402 延伸練習.jpg

雜誌封面設計

以圖層進行合成

1-5

影像合成是 Photoshop 的主要功能，善用鋼筆去背、選取並遮住等功能參數配合，以及設計特色黑白效果製作。使用形狀工具與筆刷創意搭配，有效率地製作簡單卻獨具特色設計的風格雜誌封面，輸出時也可搭配特殊的上光效果表現印刷創意。

▼ 原始素材

▼ 關鍵技巧

1 去背技巧＞鋼筆路徑、選取並遮住細緻去背
2 黑白效果＞使用影像調整製作黑白剪影美術效果
3 形狀圖層＞形狀圖層功能與編輯
4 筆刷＞載入筆刷與修改
5 文字圖層＞標題文字與段落文字設定
6 上光版型＞上光與燙金版型製作

線上下載

CH01-5 > CH01-05.jpg、CH01-05.psd、CH01-05TEXT.doc、CH01-05 上光板.tif、CH01-0501.psd

設計實作

1. 合成物件的去背編修

1 點選「檔案 > 開啟」，開啟 CH01-05.jpg 圖檔。

2 使用筆型工具，在滑鼠上按一下，定義人物及岩石外型的路徑繪製的第一個初始錨點。

TIPS ▶ 筆形工具

筆型工具可以精確地定義多個錨點組成線段向量路徑，繪製直線或平滑、流暢的曲線。關於筆型工具的使用方式，亦可參考 Illustrator 的鋼筆路徑繪製方法。

(1) 使用筆型工具繪製直線，在畫面上建立兩個以上的錨點，兩點成一線。

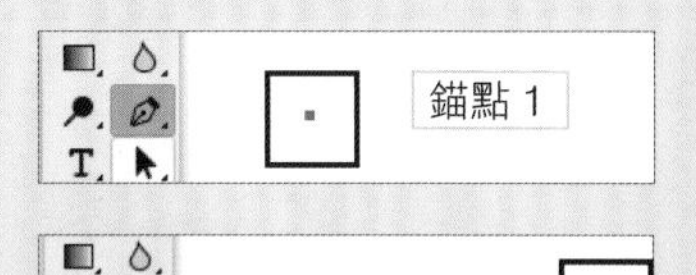

(2) 使用筆型工具繪製曲線，在畫面上建立兩個以上的錨點，按一下建立錨點並往把手的反方向前方拖曳，控制把手調整曲線幅度，確認後放開滑鼠按鈕，曲線建立完成。

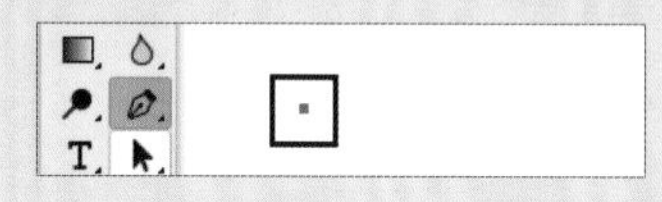

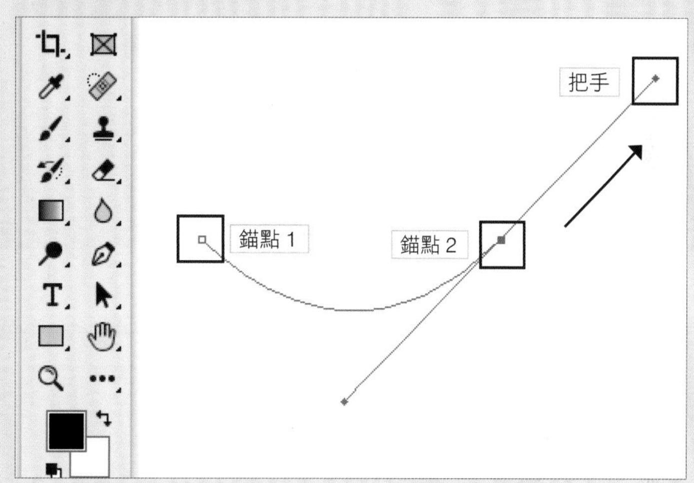

(3) 內容感知描圖工具

內容感知描圖工具是在 2020 年 10 月版 Photoshop 的「技術預視」中引進，可以快速自動化影像描圖建立向量路徑，點選「編輯 > 偏好設定 > 技術預視 > 啟用內容感知描圖工具」，接著重新啟動 Photoshop 就可以使用內容感知描圖工具。

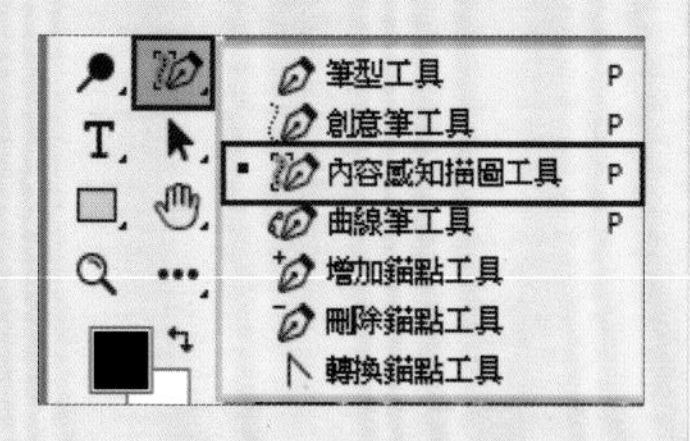

3 使用筆型工具，在滑鼠上按一下，定義第二個錨點，兩點成一線。

4 重複步驟 2 至步驟 3，靠圖形內緣進行，繪製成封閉曲線，完成人物及岩石外型路徑繪製。

5 點選「視窗 > 路徑」，將路徑轉為選取範圍。

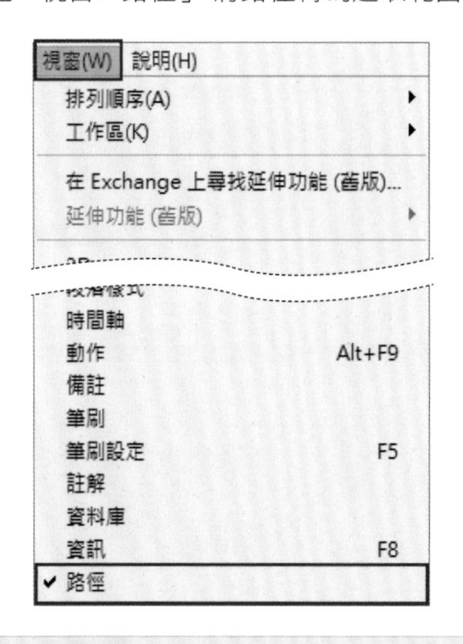

TIPS ▶ 路徑面板

路徑視窗面板會顯示：a. 已儲存路徑、b. 目前工作路徑及、c. 目前向量圖遮色片。依需求可配合以下調整路徑功能：1. 以前景色填滿路徑、2. 使用筆刷繪製路徑、3. 載入路徑作為選取範圍、4. 從選取範圍建立工作路徑、5. 增加遮色片、6. 建立新增路徑、7. 刪除目前路徑。

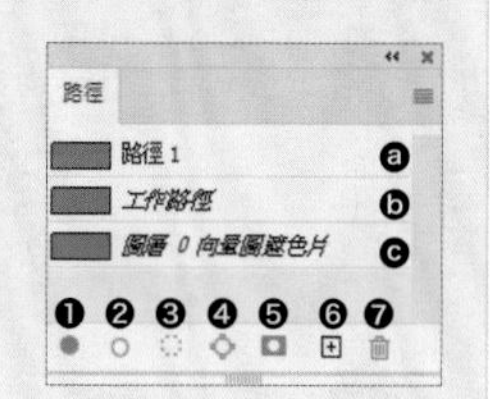

6 點選「選取 > 選取並遮住」，在面板上進行去背物件的邊緣處理。

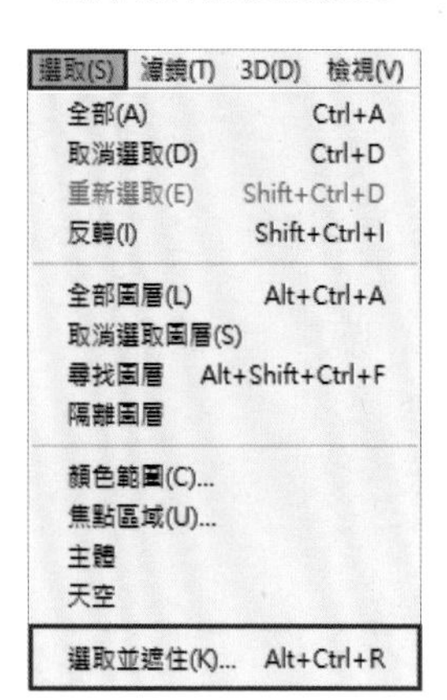

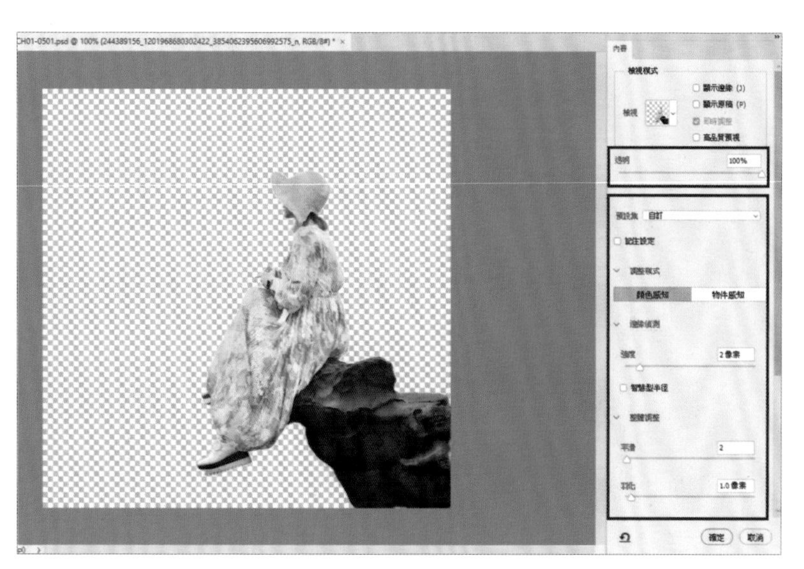

7 將面板上各項數值調整好後，輸出至選項選擇「新增圖層」，按下「確定」鍵。

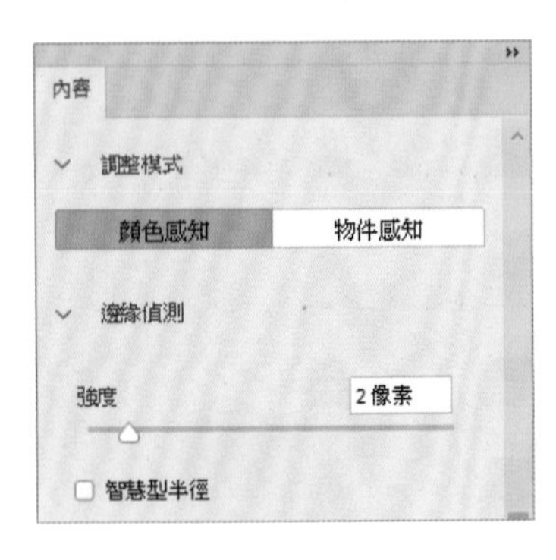

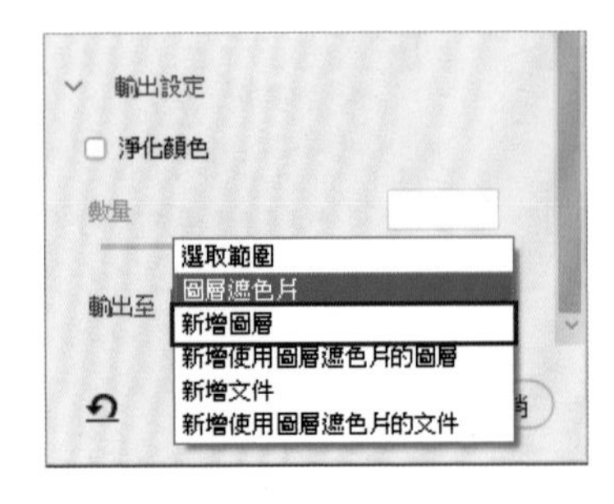

TIPS ▶ 選取並遮住

在 Photoshop 中精準建立選取範圍及遮色片，取代了舊版 Photoshop 中的「調整邊緣」功能，4 大區塊功能項目：調整模式、邊緣偵測、整體調整、輸出設定。

TIPS ▶ 選取並遮住

1. 調整模式

設定邊緣調整的方法，請依據製作需求選擇。顏色感知：簡單或對比明顯的背景適用；物件感知：複雜的背景或頭髮與毛皮等適用。

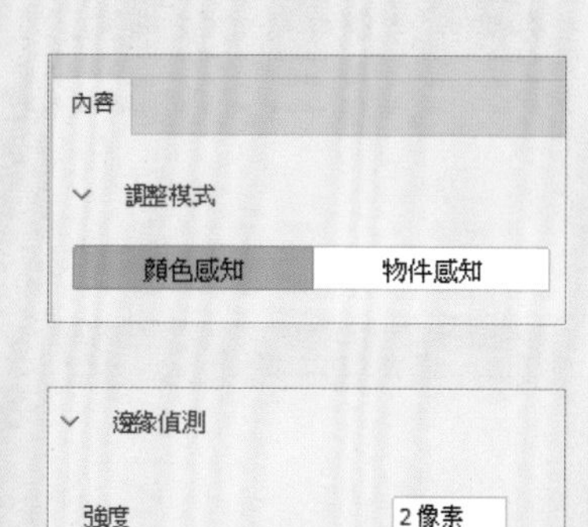

2. 邊緣偵測

設定邊緣調整選取範圍的大小，強度的數值越小邊緣越銳利，強度的數值越大邊緣越柔和。

而智慧型半徑則是軟體自動偵測，調整選取範圍附近區域的寬度。

邊緣偵測
強度 2 像素
智慧型半徑

3. 整體調整

設定邊緣調整呈現。分為平滑、羽化、對比、調整邊緣四個選項。

❶ 平滑：設定平滑的邊緣呈現。

❷ 羽化：透過邊緣周圍的像素轉變，設定模糊的邊緣呈現。

❸ 對比：透過邊緣周圍的像素對比，設定邊緣的明顯或柔和呈現。

❹ 調整邊緣：設定調整邊緣周圍不需要的背景色，數值越高邊緣外擴，數值越低邊緣內縮。

整體調整
平滑 1
羽化 1.0 像素
對比 14%
調移邊緣 +52%
清除選取
反選

4. 輸出設定

設定邊緣調整的輸出方式：選取範圍、圖層遮色片、新增圖層、新增使用圖層遮色片的圖層、新增文件、新增使用圖層遮色片的文件。

淨化顏色：透過選取邊緣周圍的像素顏色進行顏色取代，數量數值會與邊緣的柔和度成比例。

輸出設定
淨化顏色
數量
輸出至 新增圖層
選取範圍
圖層遮色片
新增圖層
新增使用圖層遮色片的圖層
新增文件
新增使用圖層遮色片的文件

8 將製作好的新圖層命名為「People」，點選「檔案＞儲存檔案」，儲存為 .psd 檔案格式。

9 點選「檔案＞開新檔案」，新增 A4 文件後，設定解析度 CMYK 色彩模式。

10 在 People 圖層上按右鍵執行複製圖層，將目的地設為剛剛開啟的 CH01-05 文件。

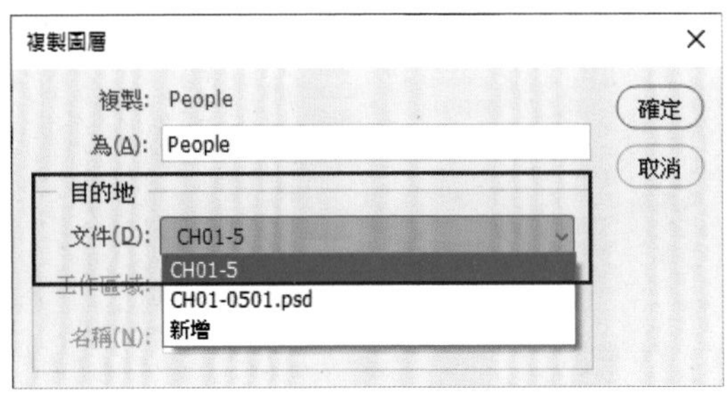

TIPS ▶ 複製或拷貝影像檔案

同為影像檔案時，不可用置入方式進行影像合成，必須將影像檔案以複製或拷貝貼上的方式，合成到同一檔案中。

2. 合成物件調整與黑白效果

1 在新增的 CH01-05 文件，點選「編輯 > 變形 > 縮放」，進行 People 圖層的大小縮放。（縮放時請注意以等比例進行，可藉由按住「Shift」鍵進行縮放，或是選單下方選項列進行設定。）

2 關閉背景圖層預視。

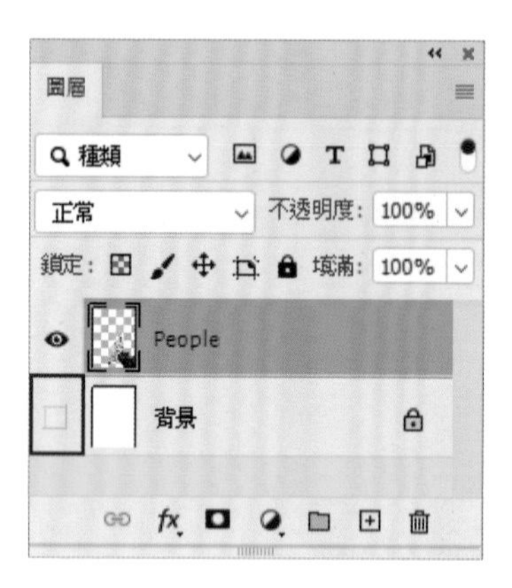

3 選取 People 圖層，點選「影像 > 調整 > 黑白」，打開黑白面板。

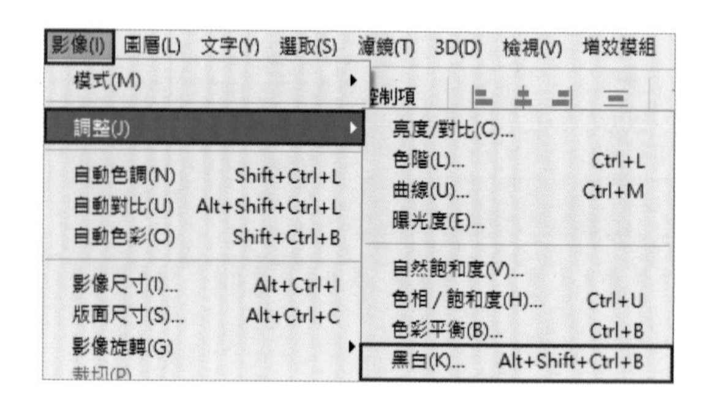

4 在黑白面板上調整數值，達到預期效果。

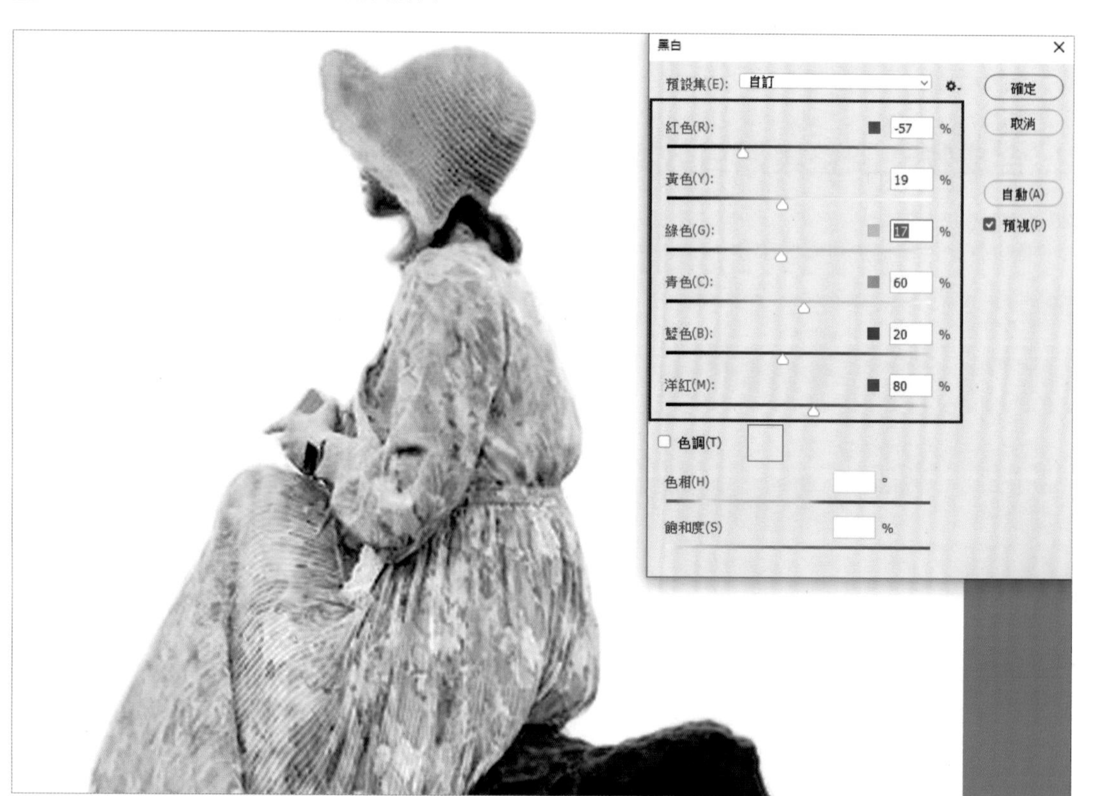

TIPS ▶ 影像 > 調整 > 黑白（依照不同色板可以設定黑白深淺…）

黑白

將彩色圖像轉換成黑白效果的功能，根據影像的顏色值呈現灰階混合效果，顏色值有紅色、黃色、綠色、青色、藍色、洋紅色等 6 種數值，選取顏色值操控顏色滑桿，根據該色在畫面中佔有的比例，調整影像黑白濃淡效果。

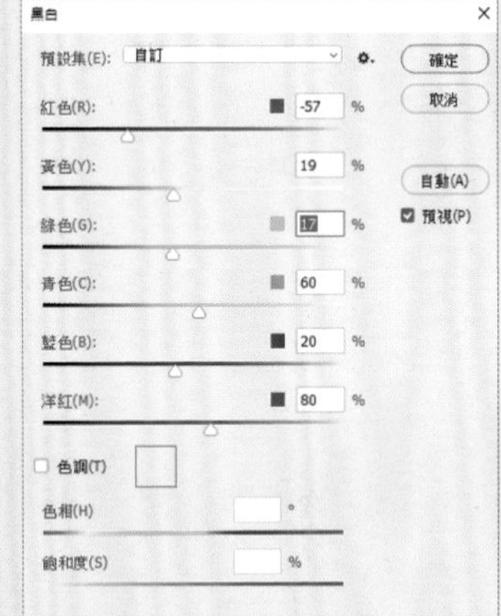

❶「黑白 > 紅色」，以蘋果圖像為例，修改圖像的紅色像素，調整影像黑白濃淡效果。

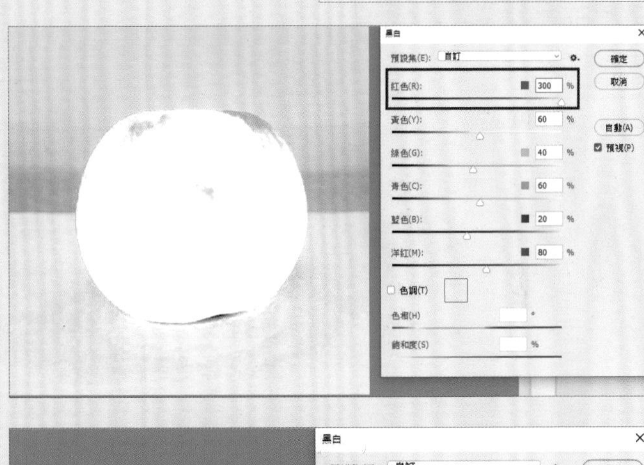

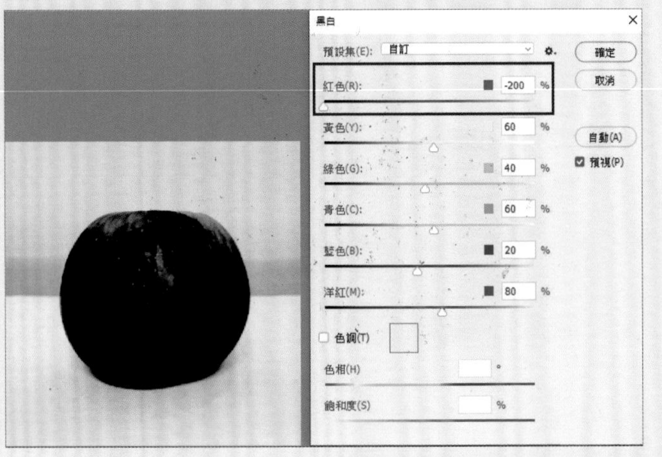

❷「黑白 > 黃色」，以柳橙圖像為例，修改圖像的黃色像素，調整影像黑白濃淡效果。

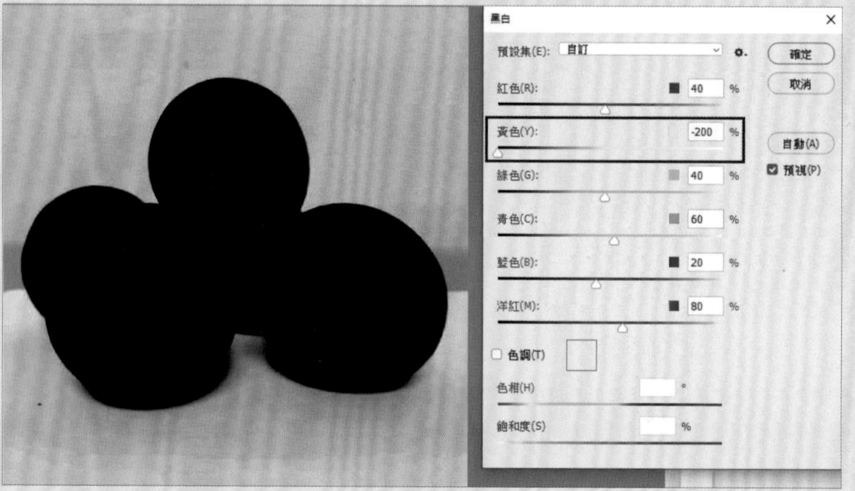

❸「黑白＞綠色」，以芭樂圖像為例，修改圖像的綠色像素，調整影像黑白濃淡效果。

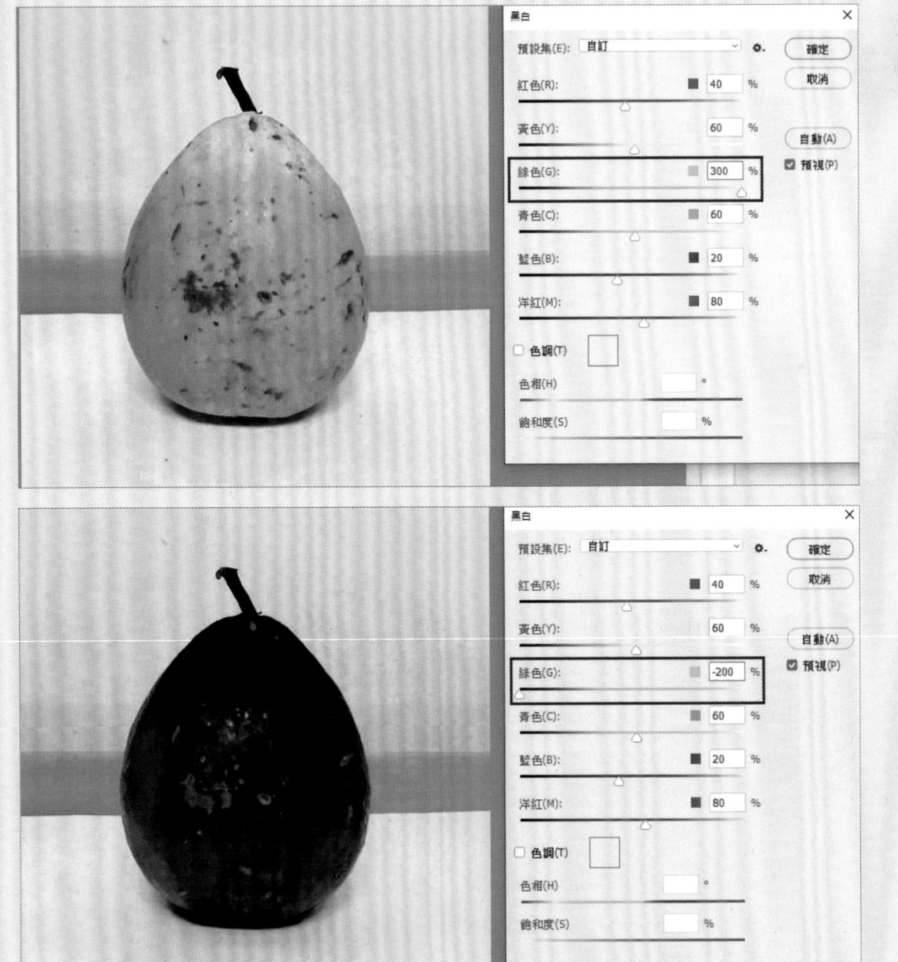

❹「黑白＞青色」，以海景圖像為例，修改圖像的青色像素，調整影像黑白濃淡效果。

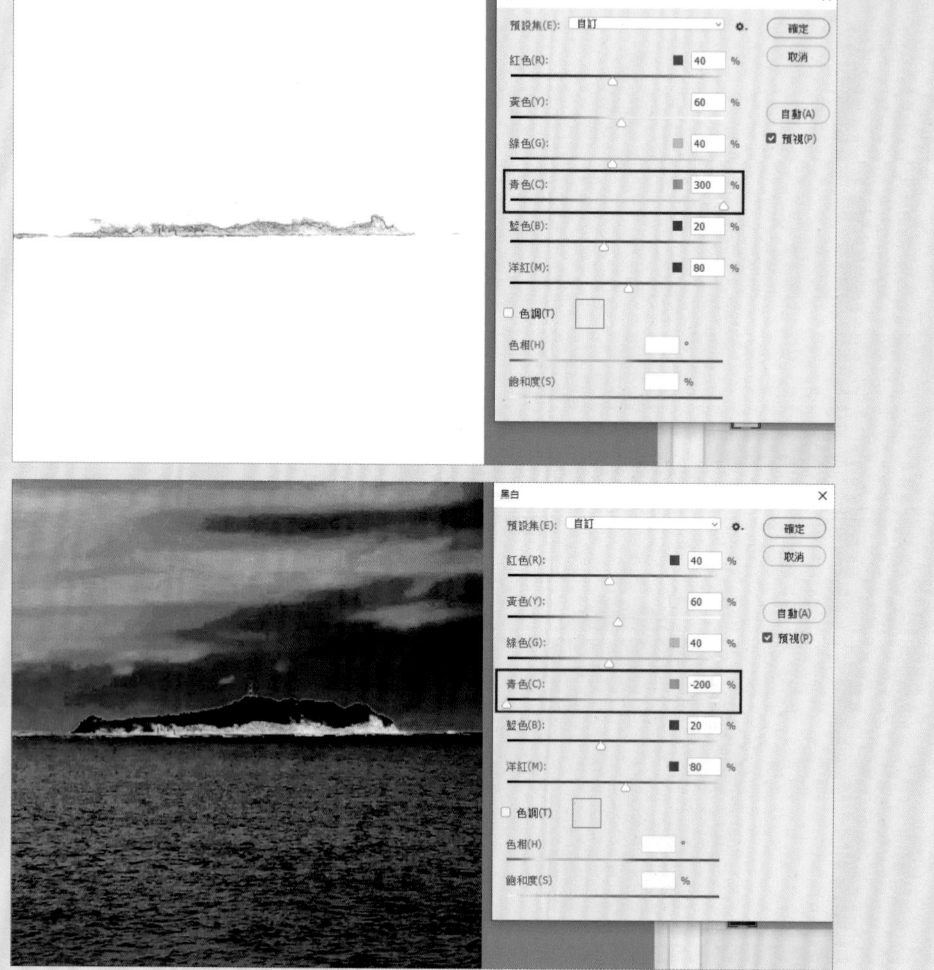

❺「黑白＞藍色」，以茶杯圖像為例，修改圖像的藍色像素，調整影像黑白濃淡效果。

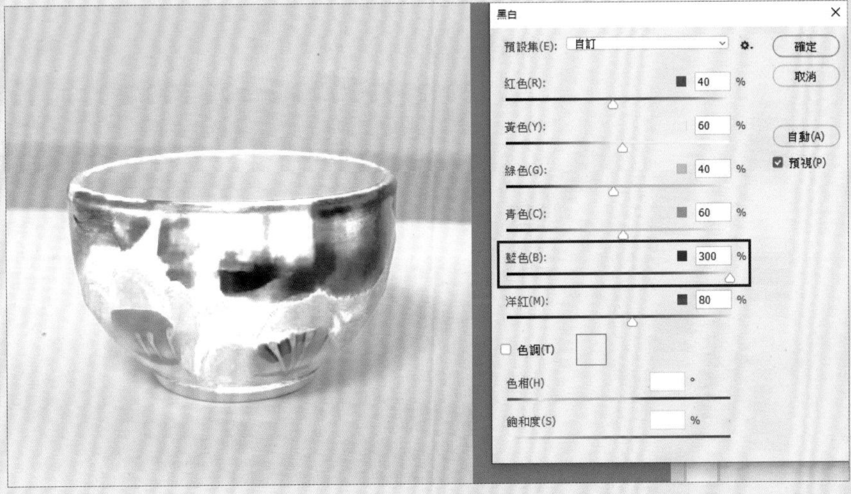

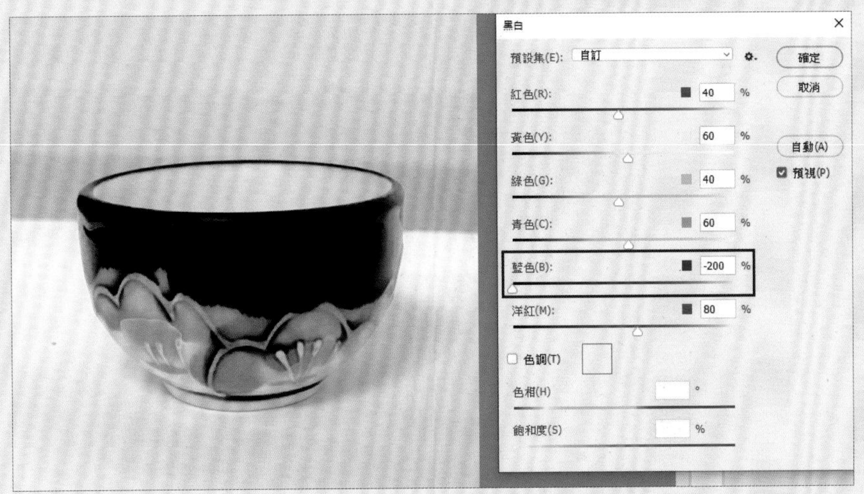

❻「黑白 > 洋紅色」，以顏料圖像為例，修改圖像的洋紅像素，調整影像黑白濃淡效果。

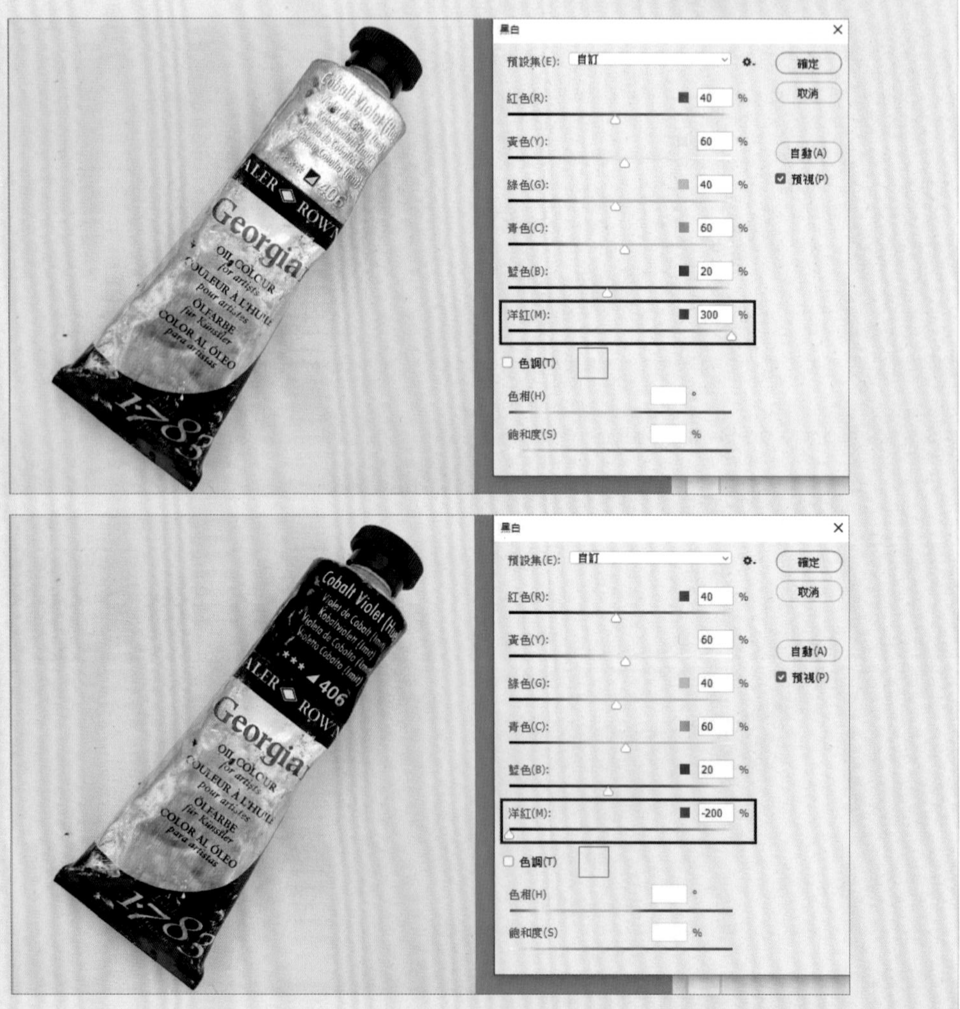

最後以下圖復古舊照片效果為例，修改圖像的青色像素，設定滑桿調整完黑白濃淡後，可點選色調，為影像增添色彩套用色調。

5 選取背景圖層。

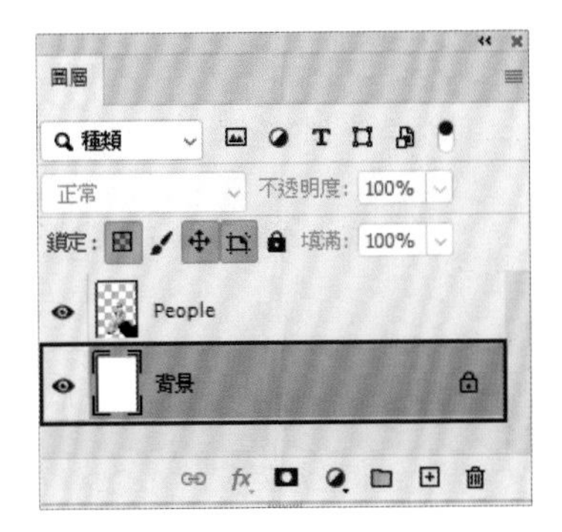

設計實作

6 點選「編輯 > 填滿」，將背景填入黑色。

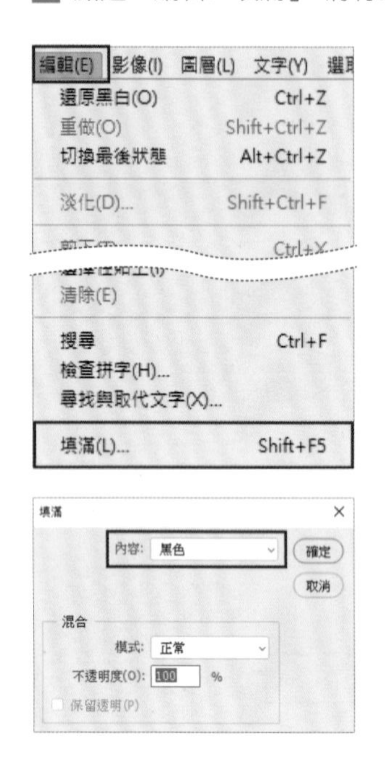

3. 形狀與筆刷工具應用

1 使用橢圓工具，定義前景色，按住「Shift」鍵，在畫面上畫出一個等比的月亮的形狀圖層。

2 使用「選取工具」，將月亮移至畫面左上方。

3 新增一個圖層在橢圓 1 圖層上方。

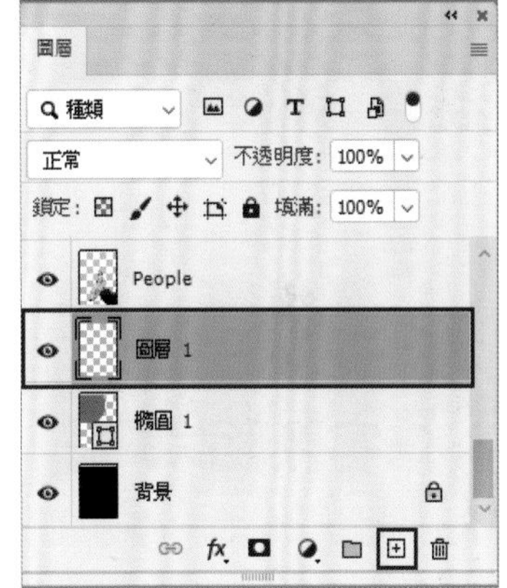

4 使用筆刷工具，選定筆刷並調整尺寸大小，定義前景色後，在圖層 1 上繪製。

TIPS ▶ 載入筆刷

如要使用特色筆刷，在網路上搜尋 Photoshop brushes 就會出現許多免費筆刷資源網站，下載 .abr 格式檔案，在筆刷視窗中的設定載入使用。

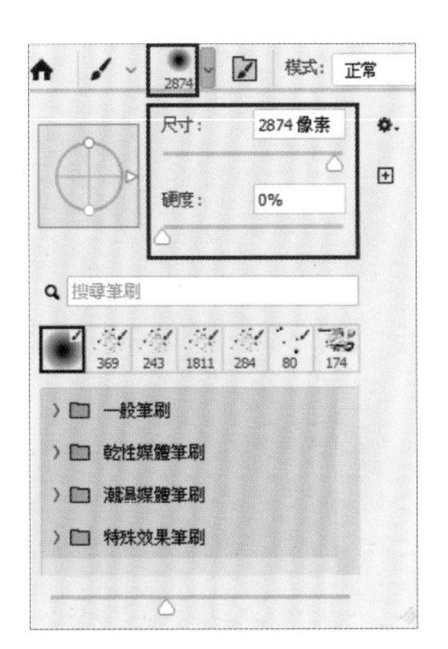

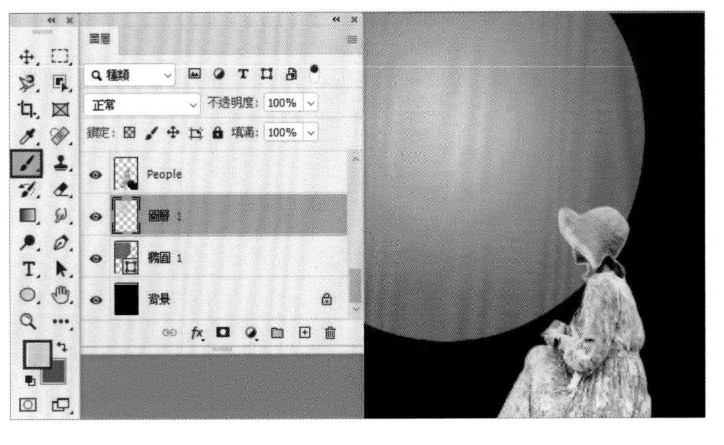

5 重複步驟 4～5，新增圖層 2，再繪製新的筆刷效果，定義紅色為前景色。

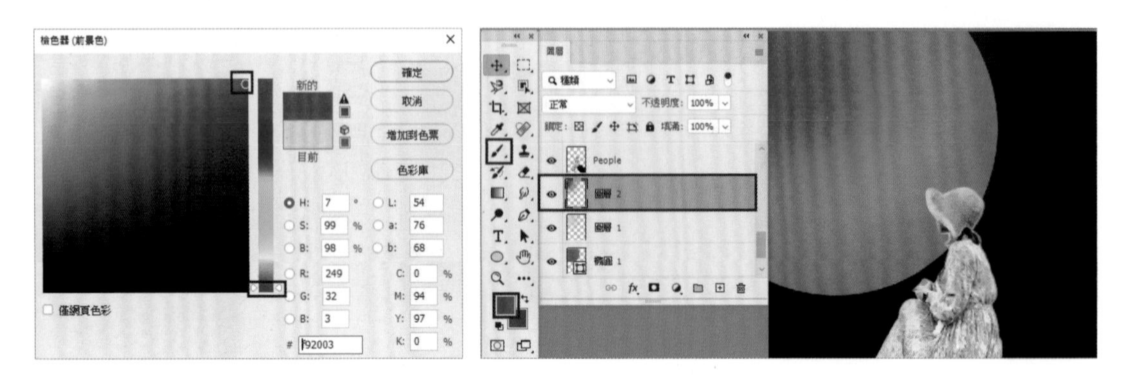

4. 文字與形狀圖層

1 使用「文字工具」，在畫面上方輸入雜誌名稱「MOONMAN」，調整字體與大小。

2 使用文字工具，在雜誌名稱的圖層下方輸入「vol 01」，調整字體與大小。

3 使用文字工具，在畫面上 MOONMAN 文字右側下方，輸入第一個主標題，調整字體與大小。

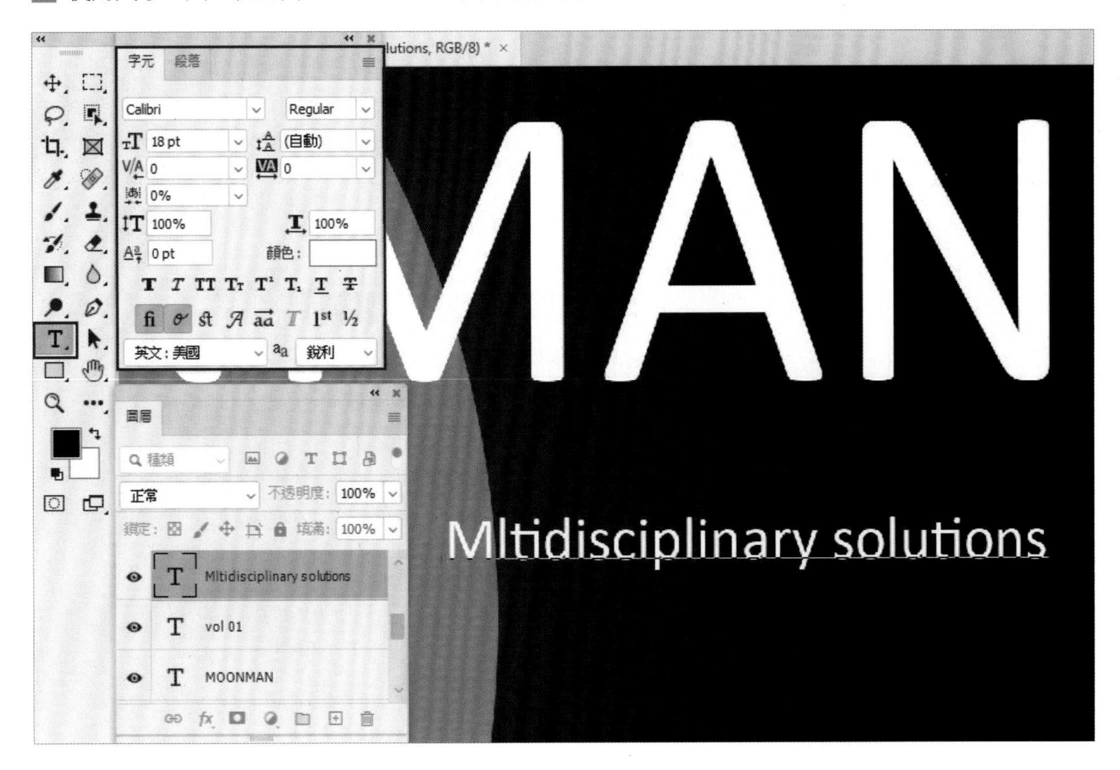

TIPS ▶ 字元面板

用於設定文字的字型、大小、間距等，設計調整項目分別為：1. 搜尋並選取字型、2. 設定字型樣式、3. 設定字型大小、4. 設定兩個字元之間的字距微調、5. 針對選取字元設定比例間距，以及縮減字元間距、6. 設定行距、7. 設定追蹤選取字元、8. 垂直縮放、9. 設定基線位移、10. 水平縮放。

TIPS ▶ 段落面板

用於設定文字的段落樣式，設計調整項目分別為：1. 左側對齊文字、2. 文字居中、3. 右側對齊文字、4. 齊行末行左側、5. 齊行末行居中、6. 齊行末行右側、7. 全部齊行、8. 縮排左邊界、9. 首行縮排、10. 縮排右邊界、11. 在段落前增加間距、12. 在段落後增加間距、13. 設定換行規則、14. 設定日文字元的間距、15. 自動使用連字符。

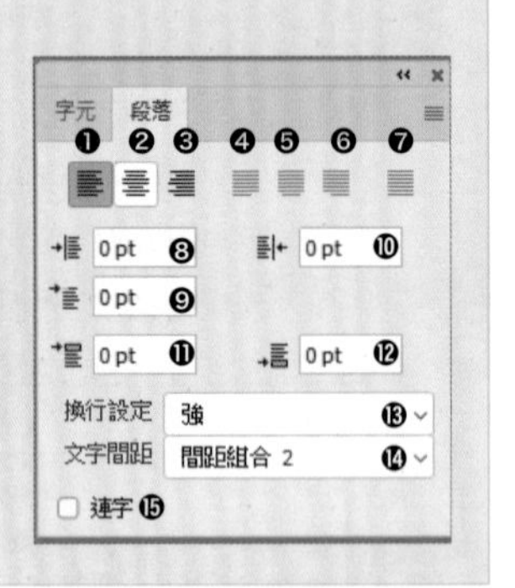

TIPS ▶ 範圍建立段落文字

輸入標題字時，以文字工具點選一下畫面即可。若要輸入段落文字，可先拖曳出文字範圍，此時文字會在範圍內顯現；如要修改範圍，使用文字工具調整外部範圍框即可。若要修改文字，則以文字工具框選要修正的文字，可針對文字進行調整。

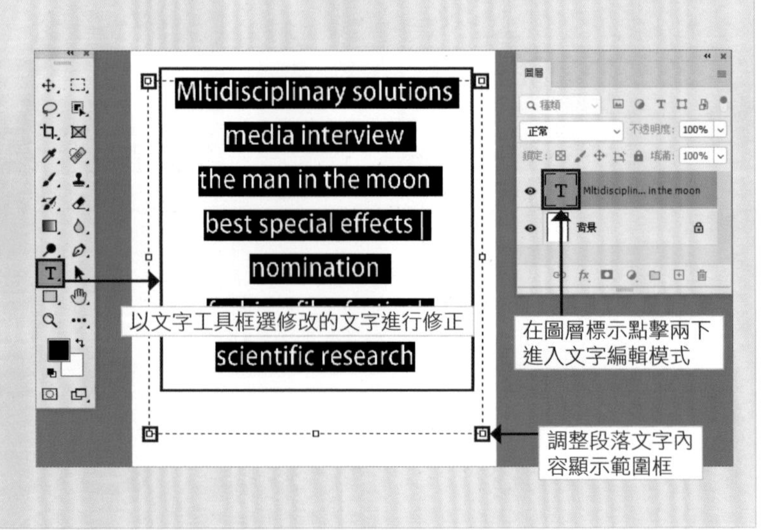

4 使用文字工具，在主標下方輸入副標內容，調整字體、大小、段落與間距。

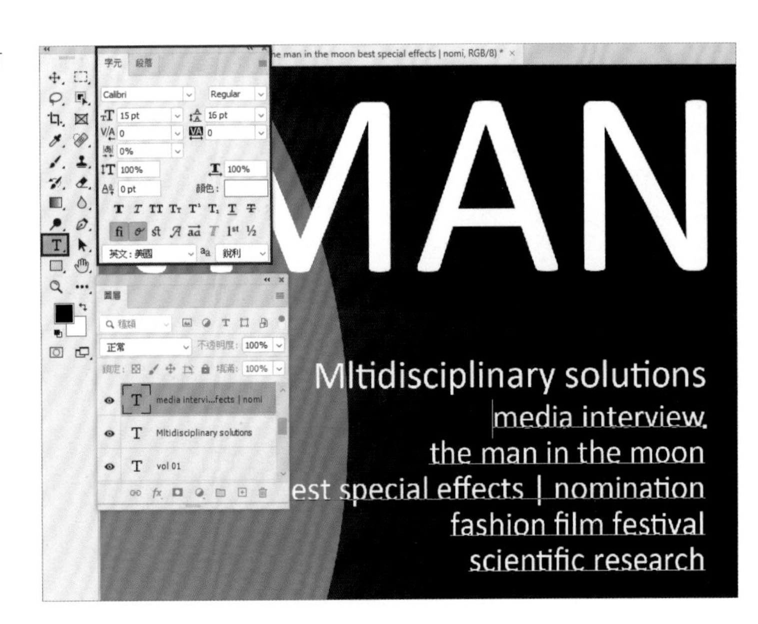

5 重複 3 - 4 的步驟，依序填入其餘主標及副標。

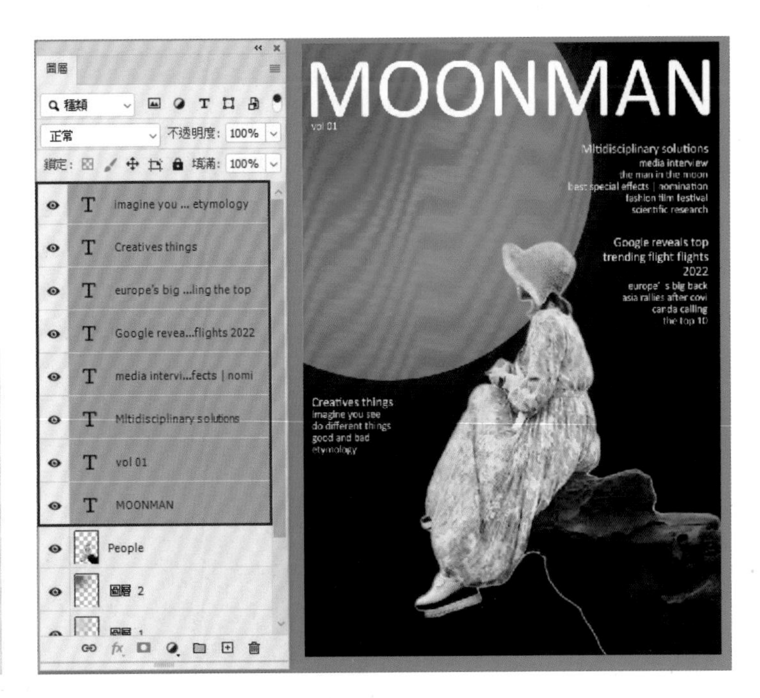

TIPS ▶ 印刷輸出注意事項

1. 將檔案儲存為 .psd 檔案，可供後續編輯使用。
2. 若要印刷輸出，需將檔案轉為 CMYK 色彩模式，選擇平面化影像後，再另存為 .tiff 格式檔案。印刷檔案一般印刷廠解析度要求為 300px/inch，並要留意是否需要製作出血、以及出血數值要求，在設計時可先與配合印刷的單位確認相關設定。

6 儲存 psd 檔案以備後續編修使用，並將影像平面化，另存 .tiff 格式輸出給印刷廠印製。

TIPS ▶ 局部上光

雜誌、書籍封面或名片、DM 型錄在印刷時，會因應效果製作局部上光，針對局部上光的位置設計須製作版型。以本範例為例，主標題與副標題色塊處要局部上光，因此製作黑色，不上光處則製作成白色，並另存版型檔案給印刷廠。燙金版也是同樣的製作技巧。

5. 印刷上光版型製作

1 重新開啟上一節儲存的 psd 檔文件，本範例預定文字、人物前景畫面製作上光亮面效果，在圖層視窗中保留要上光的圖層，將不需上光的圖層顯示關閉。

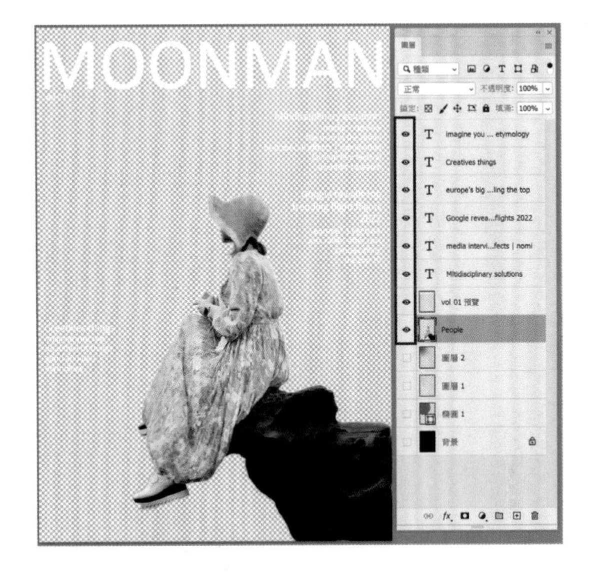

2 同時選取要上光的圖層，點選「圖層 > 合併圖層」，執行合併圖層。

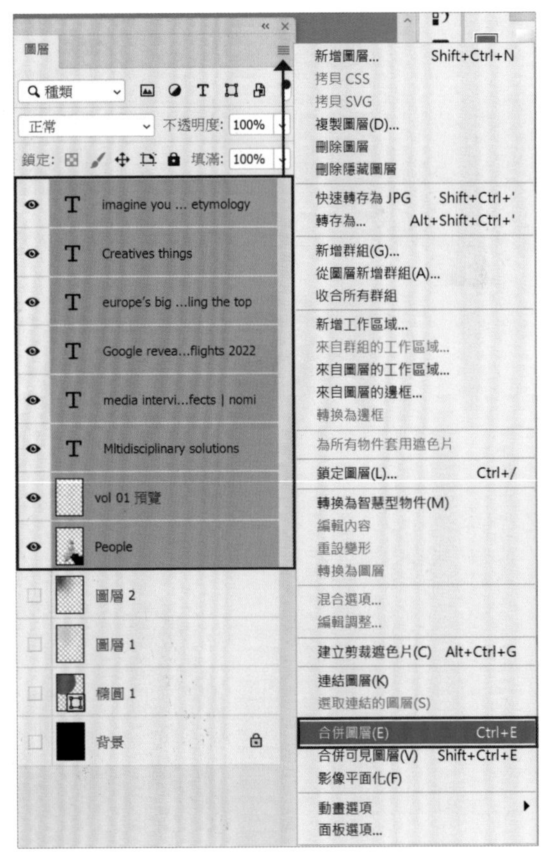

3 點選「影像 > 調整 > 色相 / 飽和度」，將明亮調為「-100」。

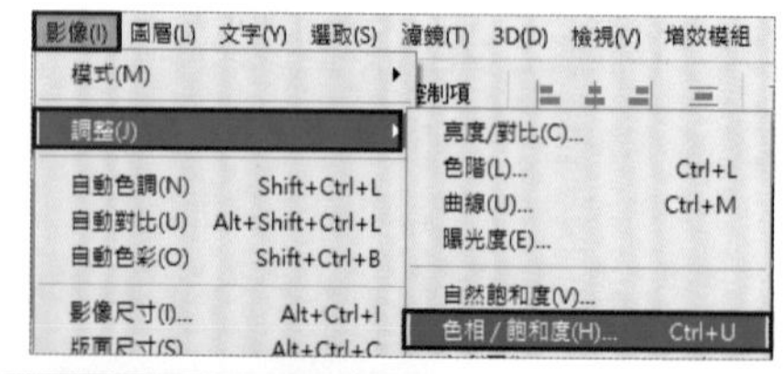

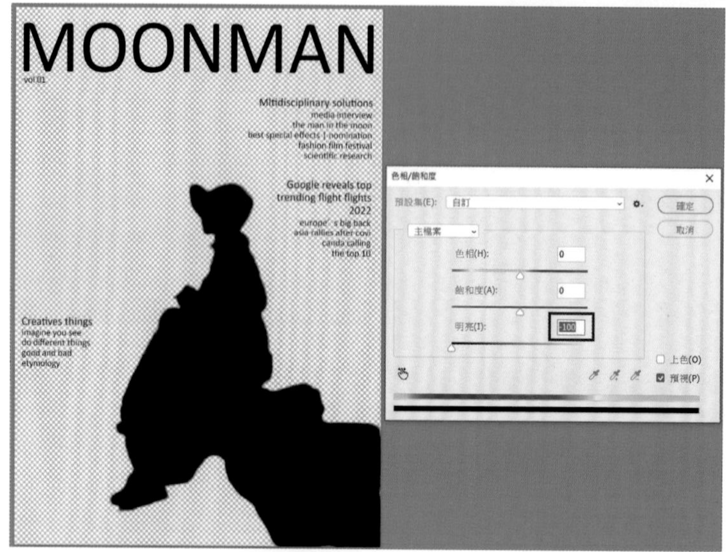

4 確認工具箱中的背景色設置為白色，僅保持合併圖層的顯示開啟，點選「視窗 > 圖層」，執行影像平面化。

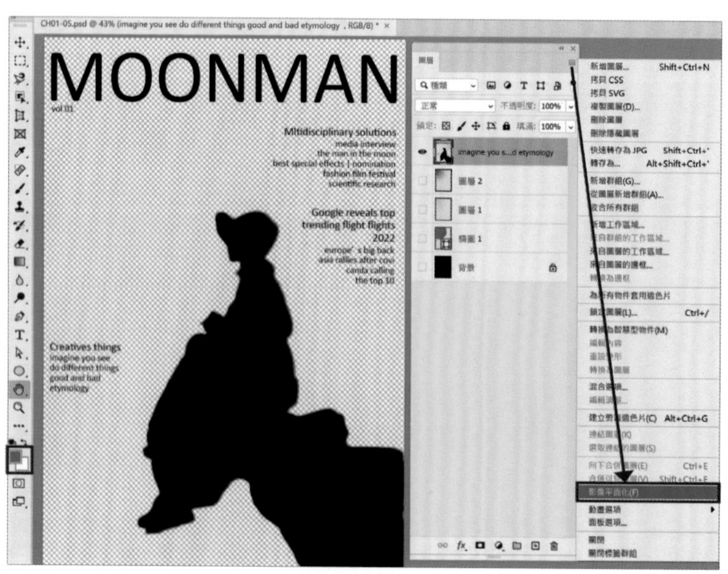

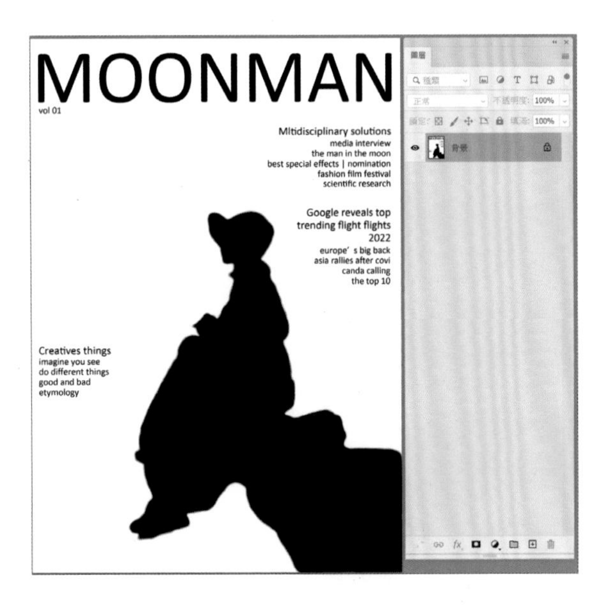

5 點選「檔案>另存新檔」，將上光檔案另存為 .tiff 格式。

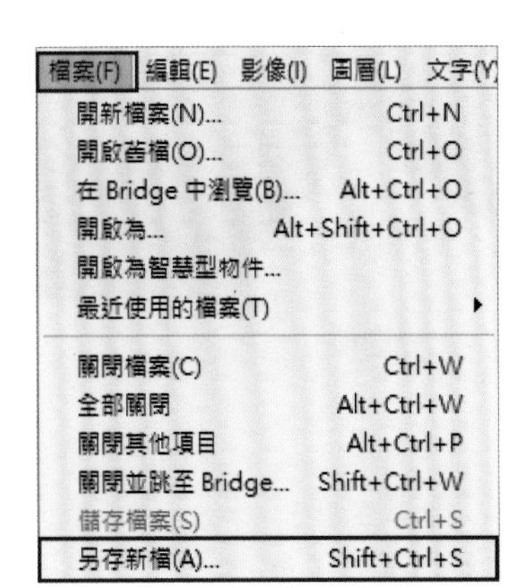

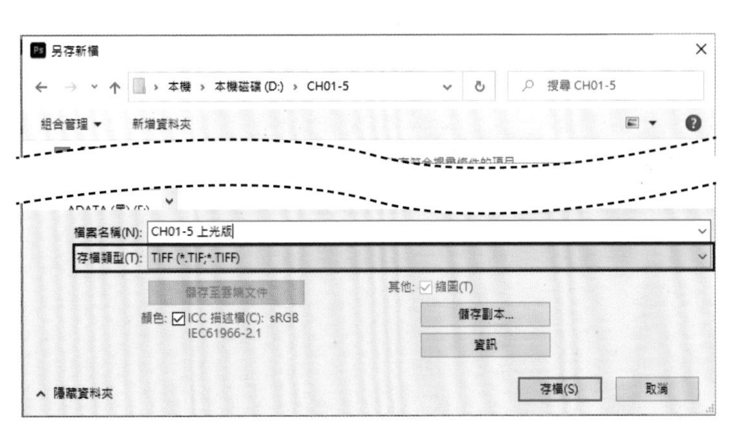

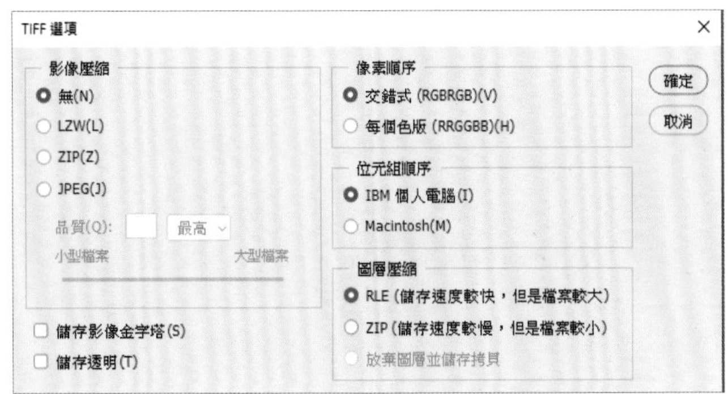

6 檔案製作完成。

印刷圖像

上光圖像

延伸練習

請以生活雜誌為主題進行雜誌封面設計，使用去背、圖層樣式、筆刷及形狀工具完成設計。

線上下載

CH01-5 > CH01-0502 延伸練習.jpg、CH01-0502 延伸練習.psd、CH01-0503 延伸練習.psd、CH01-0503TEXT.doc

旅遊照片封面設計

鋼筆、仿製印章去背合成

1-6

學習仿製印章工具處理照片的技巧，使用鋼筆工具影像去背與覆蓋處理背景。結合色板混合工具與加亮及加深工具，讓畫面更完美，隨手拍攝的照片都能成為商業應用的素材。

▼ 原始素材

▼ 關鍵技巧

1 鋼筆去背＞搭配圖層進行鋼筆去背，合成畫面物件

2 內容感知工具＞使用內容感知工具，透過指定選取範圍像素進行背景填色

3 複製影像與變形工具＞使用變形工具，將複製的影像調整成連續性效果

4 色板混合工具＞畫面整體色彩調整，有效率地提升美感

線上下載 CH01-6 > CH01-06.jpg、CH01-06.psd

本範例模特兒影像相片提供
Instagram：雪寶 Sharbaolin

設計實作

1. 影像調整

1 開啟圖檔 CH01-06.jpg。

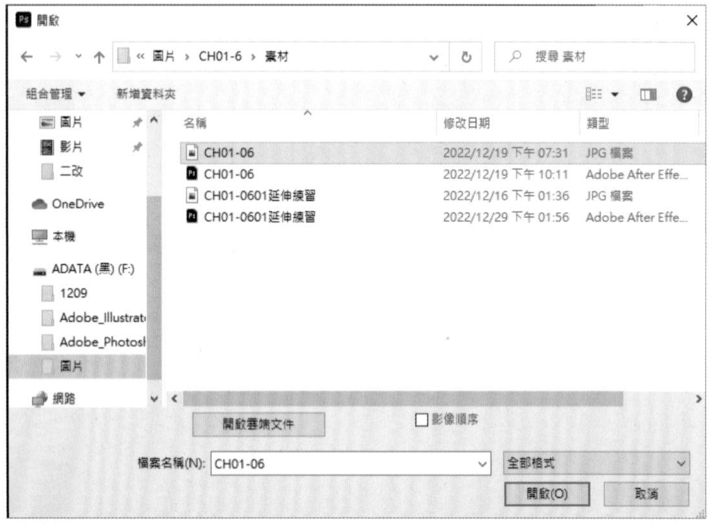

2 點選「影像＞調整＞曲線」，調整影像色彩。

3 點選「檔案＞開新檔案」，設定 A4 規格，命名 CH01-06。

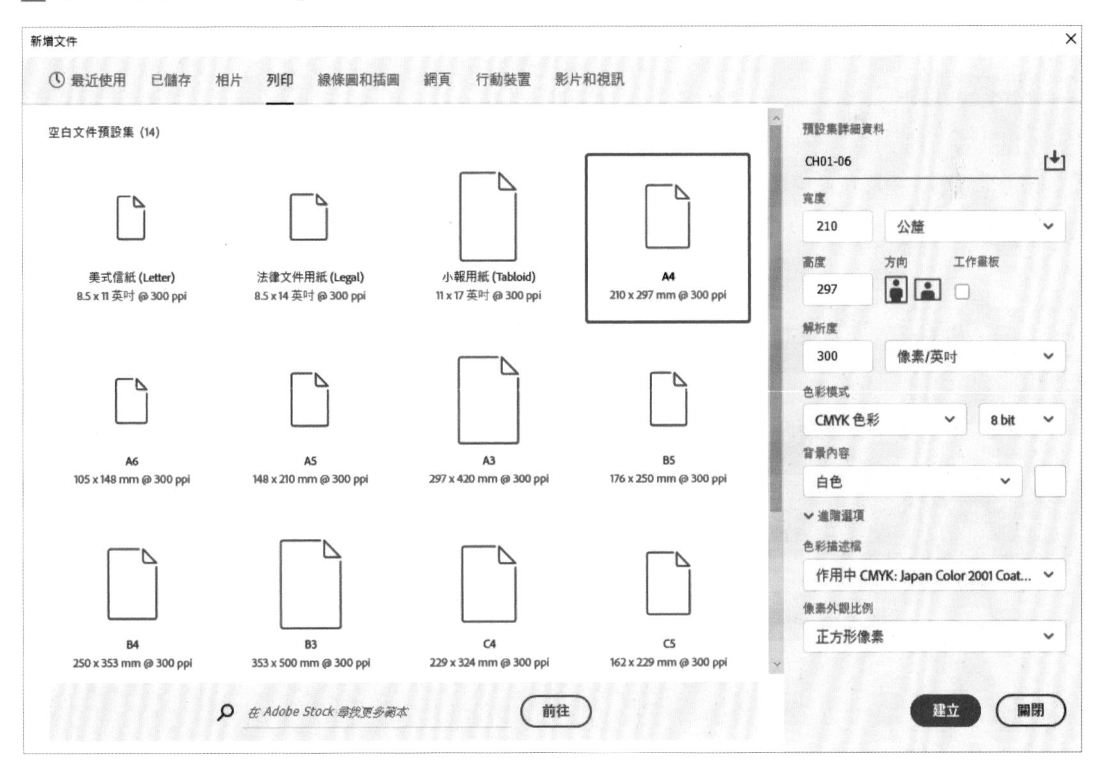

4 在 CH01-06.jpg 檔案複製圖層，設定目的地為 CH01-06.psd.

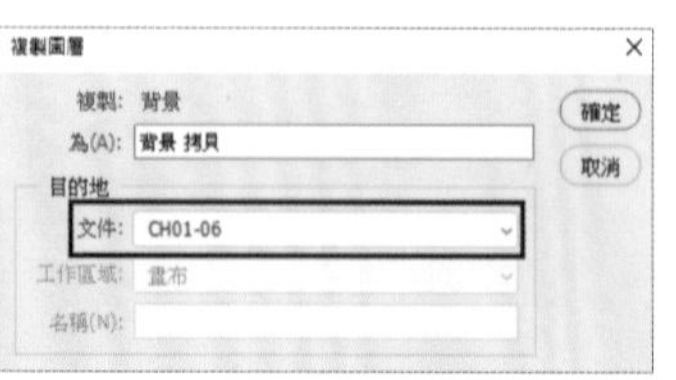

2. 內容感知

1 使用套索工具，選取圖像中施工的建築物。

2 點選「編輯＞內容感知填色」，開啟內容感知填色工作區。

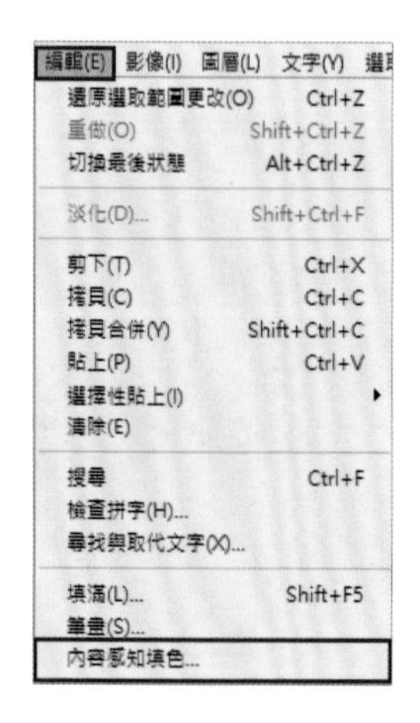

3 將內容感知工作區裡的取樣區域（左下方）的預覽大小調整為「20%」，以便預覽全圖範圍。

4 選取「取樣筆刷工具」，調整為「減去」模式，刷過要從取樣區域覆蓋中排除的影像區域。取樣樹叢區域，覆蓋原本為施工建築的區域，接著按下「套用」，再按下「確定」。

TIPS ▶ 內容感知填色

點選「編輯＞內容感知填色」，開啟內容感知填色工作區。內容感知填色，透過選取複製影像中指定區域的像素，將其無縫填滿至影像中的另一區域，以達影像覆蓋的目的，完美且有效率地移除影像中的物件。

調整內容感知填色設定

在內容感知面板調整取樣覆蓋設定。面板由上至下分為：(1) 取樣區域覆蓋、(2) 取樣區域選項、(3) 填色設定、(4) 輸出設定等四個區塊。

❶ 取樣區域覆蓋

選取「顯示取樣區域」，設定「顏色」，透過滑桿調整「不透明度」，調整內容感知工作區裡的取樣區域顯示呈現。

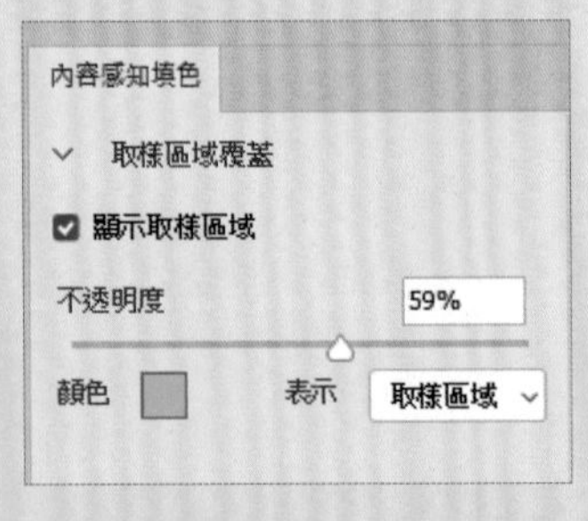

❷ 取樣區域選項

選取取樣像素的來源設定。

「自動」，自動偵測選取取樣區域附近像素，作為來源像素樣本。

「矩形」，以矩形方塊選取取樣區域像素，作為來源像素樣本。

「自訂」，手動調整，透過「取樣筆刷工具」手動選取取樣區域像素，作為來源像素樣本。

「取樣全部圖層」，選取所有可見像素，作為來源像素樣本。

取樣區域選項
自動 | 矩形 | 自訂
取樣全部圖層

❸ 填色設定

「顏色適應」，將填色內容對比和亮度最適化，呈現最佳效果，下拉清單選項分為無、預設、高、最高四個等級。

填色設定
顏色適應 預設
旋轉適應
縮放
無
預設
高
極高

「旋轉適應」，將填色內容旋轉，呈現最佳效果，下拉清單選項分為無、低、中、高、全部五個等級。

填色設定
顏色適應 預設
旋轉適應 無
縮放
無
低
中
高
全部

「縮放」，將填色內容重新調整內容大小，呈現最佳效果。
「鏡像」，將填色內容水平翻轉內容，呈現最佳效果。

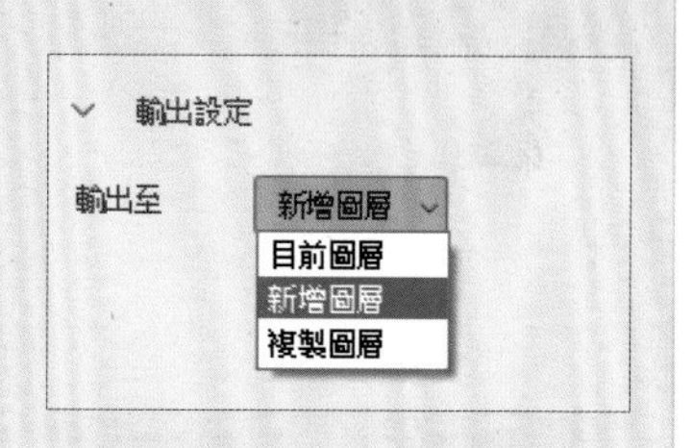

❹ 輸出設定

將內容感知填色套用至「目前圖層」、「新增圖層」或「複製圖層」。

輸出設定
輸出至 新增圖層
目前圖層
新增圖層
複製圖層

5 內容感知填色完成，並依照輸出設定，自動新增一個圖層。

6 使用鋼筆工具，繪製預定刪除多餘樹叢的路徑。

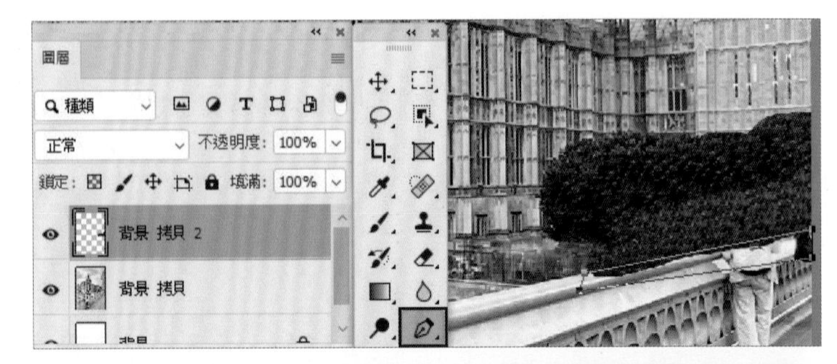

7 點選「視窗 > 路徑」，開啟路徑面板，將繪製的路徑轉為選取範圍。

8 按下「Delete」鍵，刪除「背景 拷貝 2」圖層中多餘的樹叢。

3. 複製影像與變形工具

1 使用鋼筆工具，建立欲複製的橋梁影像範圍路徑。

2 點選「視窗＞路徑」，開啟路徑面板，將路徑轉為選取範圍。

3 點選「編輯＞拷貝」，拷貝「背景 拷貝」圖層中選取範圍的像素。

編輯(E) 影像(I) 圖層(L) 文字(Y) 選取
還原選取範圍更改(O) Ctrl+Z
重做(O) Shift+Ctrl+Z
切換最後狀態 Alt+Ctrl+Z
淡化(D)... Shift+Ctrl+F
剪下(T) Ctrl+X
拷貝(C) Ctrl+C

4 點選「編輯＞貼上」，複製貼上影像（此時圖層面板自動新增一個圖層）。

5 點選「編輯 > 任意變形」，顯示複製影像的變形外框。

6 使用選取工具，按住「Ctrl」鍵，個別選取變形外框的節點，調整影像物件變形。

7 物件變形完成，調整複製的變形橋梁影像位置遮住路人。

4. 色板混合器

1 點選「圖層 > 合併可見圖層」，進行合併可見圖層。

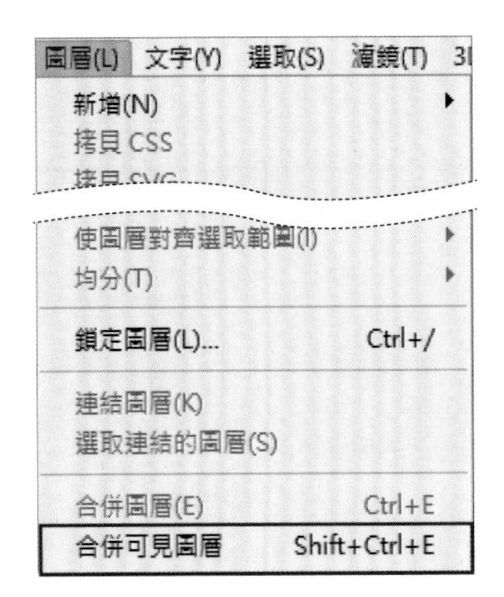

2 點選「影像 > 調整 > 色板混合器」，開啟色板混合器面板。

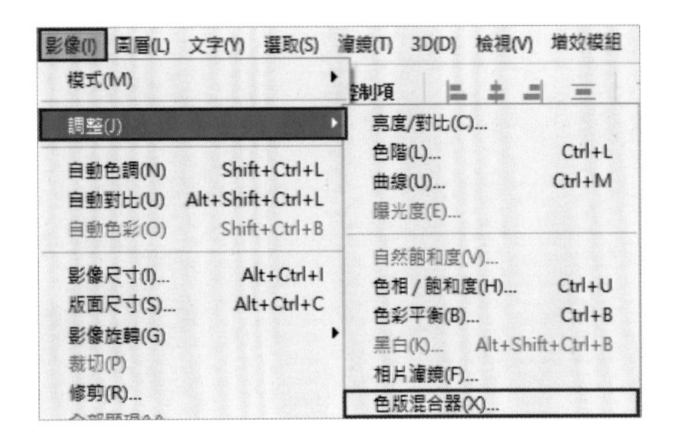

3 在色板混合器面板上，選擇輸出色板為「青色」，並操縱滑桿調整數值，調整影像色彩。

TIPS ▶ 色板混合器

根據指定色彩像素佔據圖面的百分比，創意調整影像色彩。當您選擇輸出色版為「青色」時，來源色版會被 Photoshop 自動設置成「青色」為「100%」、「洋紅」為「0%」、「黃色」為「0%」、「黑色」為「0%」，可以操縱來源色版，調整青色輸出色版在影像上的像素比例。

如欲製作灰階影像，可點選單色進行灰階影像調整。

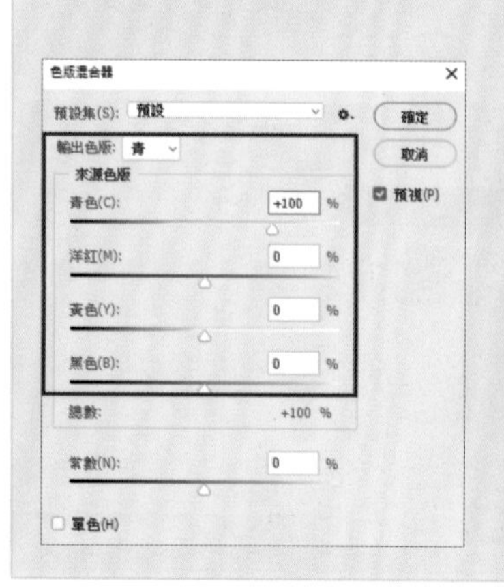

5. 加亮與加深工具

1 選取加亮工具，預設集調整曝光度，在圖片上進行繪製加亮。

2 選取加深工具，預設集調整曝光度，在圖片上進行繪製加深。

6. 標題文字

1 使用文字工具，輸入「LONDON」，在字元面板上調整字型、尺寸與間距。

2 在文字圖層空白處上方點擊兩下，打開圖層樣式面板，亦可以在圖層上按右鍵開啟選單，選取混合選項功能。

3 在圖層樣式面板上，設定「陰影」，按下「確定」鈕。

4 點選「檔案>儲存檔案」，檔案製作完成。

延伸練習

使用內容感知工具，搭配色版混合器進行製作，並使用筆刷工具為畫面增添巧思。

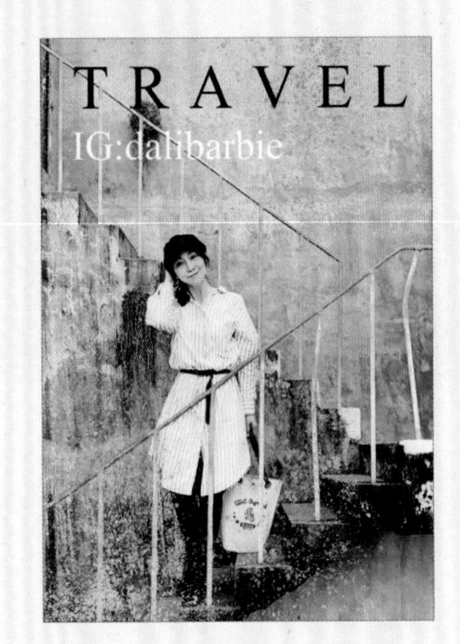

線上下載

CH01-6 > CH01-0601 延伸練習.jpg、CH01-0601 延伸練習.psd

YouTube 頻道封面設計

去背與結合特效功能

1-7

本範例與實務結合，介紹 YouTube 封面製作、影像裁切與剪裁遮色片的圖層形狀呈現。並運用使圖形與文字產生弧形效果彎曲工具、創意的圖層樣式、像素濾鏡設計 YouTube 頻道封面。

▼ 原始素材

▼ 關鍵技巧

1 影像去背
2 影音封面文件設定 > 尺寸與規格
3 漸層背景 > 使用矩形工具快速完成背景設計
4 彎曲工具 > 使圖形與文字產生弧形效果
5 圖層樣式 > 圖形與文字外框線設計
6 筆刷工具 > 顏色與圖形設計封面亮點
7 像素濾鏡 > 網屏圖案設計

線上下載 CH01-7  > CH01-07.jpg、CH01-07.psd

設計實作

1. 影像去背

1 點選「檔案＞開啟」，開啟 CH01-0701.jpg 圖檔，在路徑視窗中新增路徑 1，以鋼筆工具繪製狗的外型封閉路徑。

（關於鋼筆與路徑操作請參考章節範例 1-5 的說明）

2 點選「選取＞修改＞羽化」，設定羽化強度為「2 像素」。

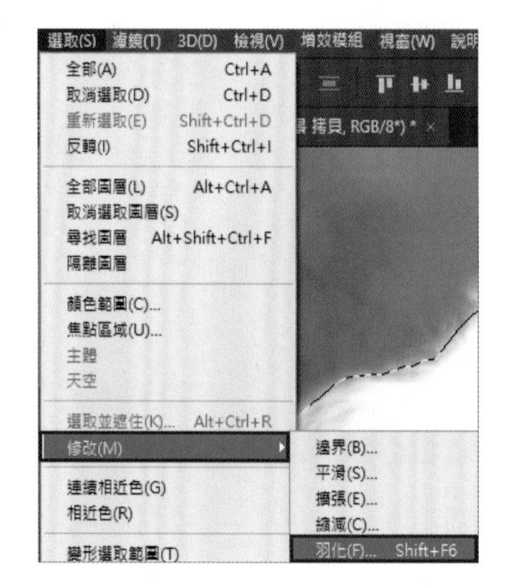

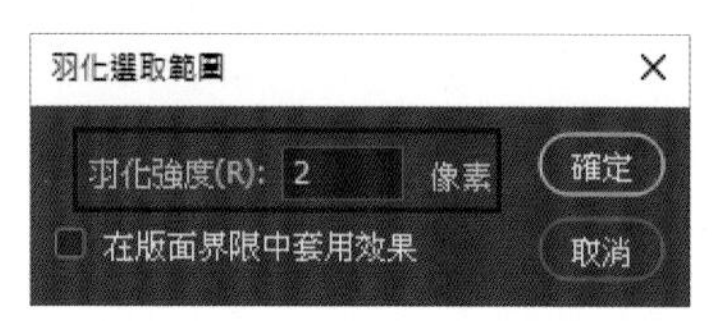

3 點選「選取＞選取並遮住」，在選取並遮住面板上進行選取範圍的細部設定。(可參考本書的設定，對應畫面進行參數調整)

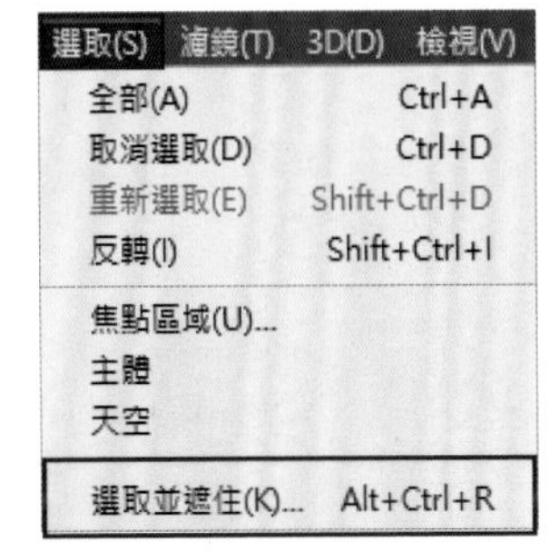

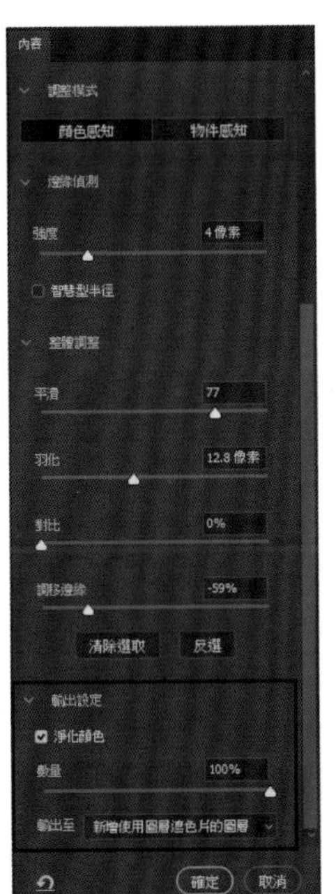

4 另存 .psd 檔案備用。

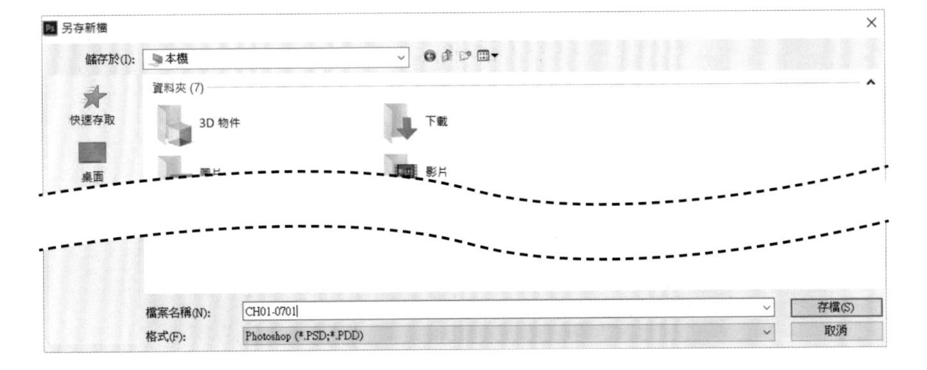

設計實作

2. YouTube 封面檔案設定

1 點選「檔案＞開新檔案」，選擇網頁預設集頁籤後，設定檔名：CH01-07，頻道封面尺寸 2560 X 1440 像素。

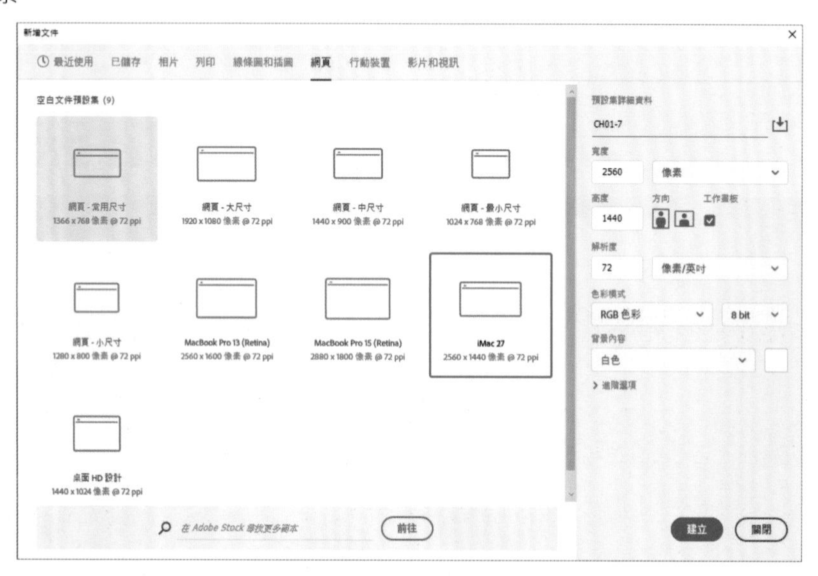

2 點選「檢視＞尺標」，以畫面中心點為基準，拉出安全區域範圍 1235px X 338px。

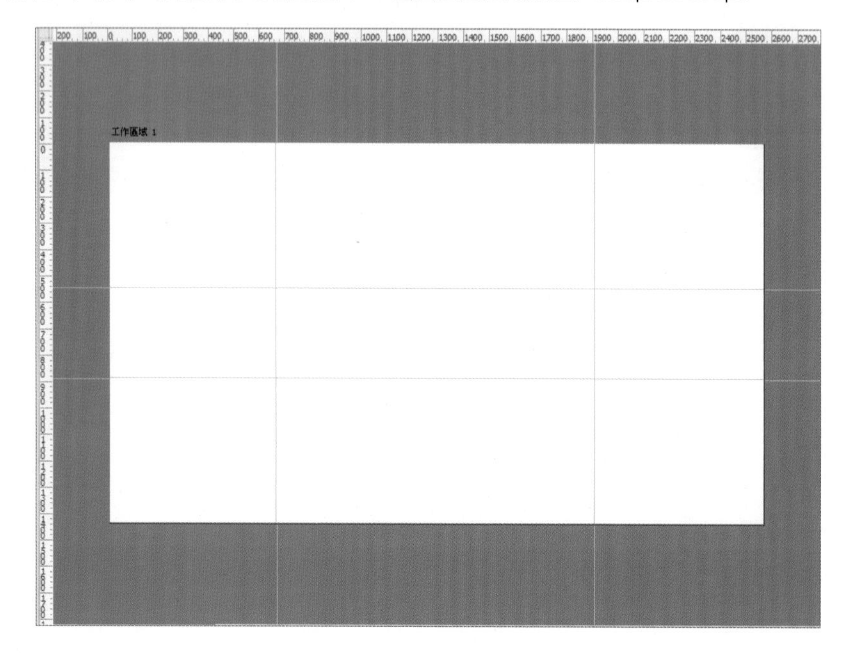

TIPS ▶

1. YouTube 封面規格

YouTube 建議採用 2560px X 1440px 的封面，也就是 16:9 的長寬比。根據裝置尺寸會有變化縮減的情況，建議將設計重點安排在中央區域裡（1235px X 338px）。

2. 使用參考線

可使用移動工具操作，顯示尺標後，從水平或垂直尺標處拖曳建立參考線，並進行參考線的調整移動。

3. 漸層背景

1 使用矩形工具，繪製一個等同畫面大小的矩形

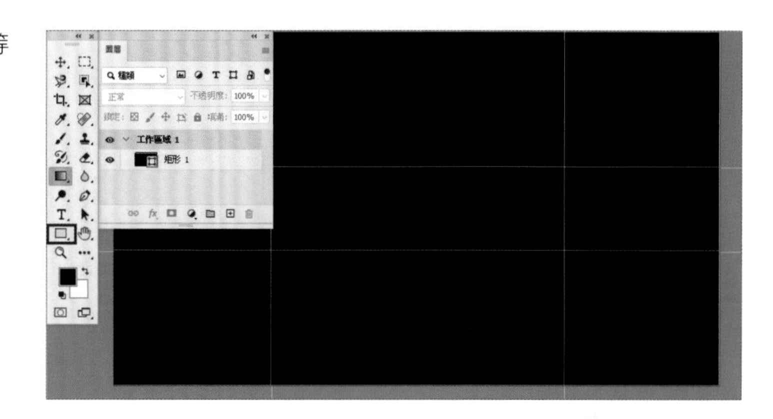

2 點選「視窗 > 內容」，開啟內容面板，在外觀選項設定填滿為漸層填色，並設定漸層色彩。

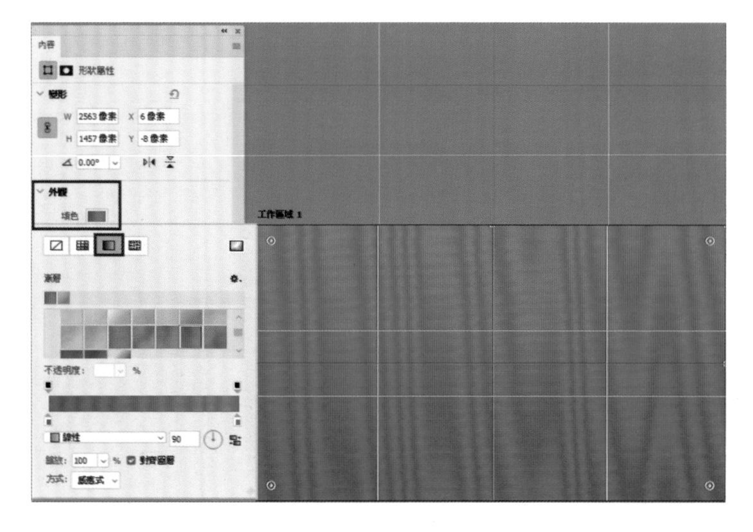

4. 彎曲工具

1 使用矩形工具，在選項列設定形狀模式與顏色，製作 3 個不同漸層色彩的形狀圖層。

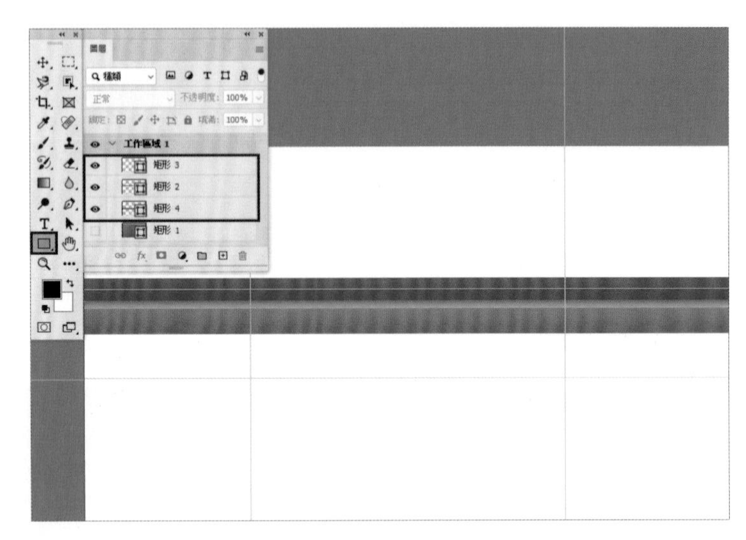

2 在圖層中將不需合併的圖層顯示關閉，點選「圖層＞合併可見圖層」。

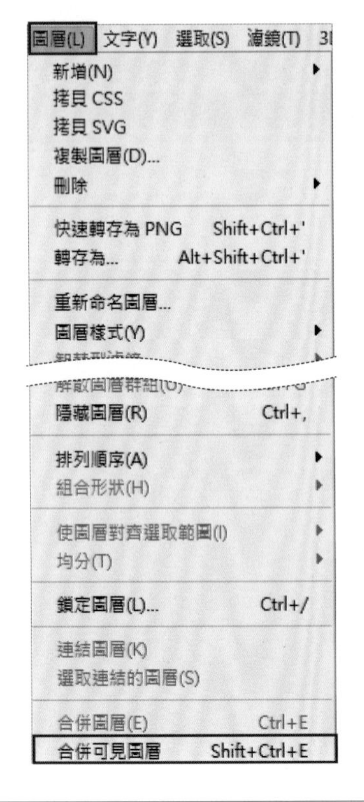

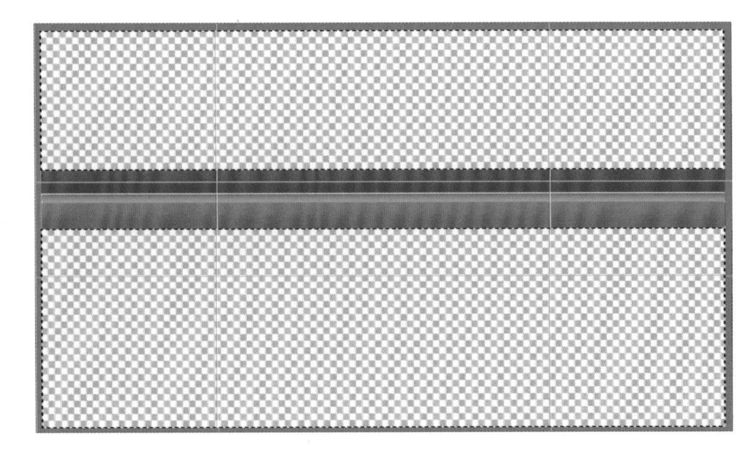

3 選取合併圖層，點選「編輯＞變形＞彎曲」。

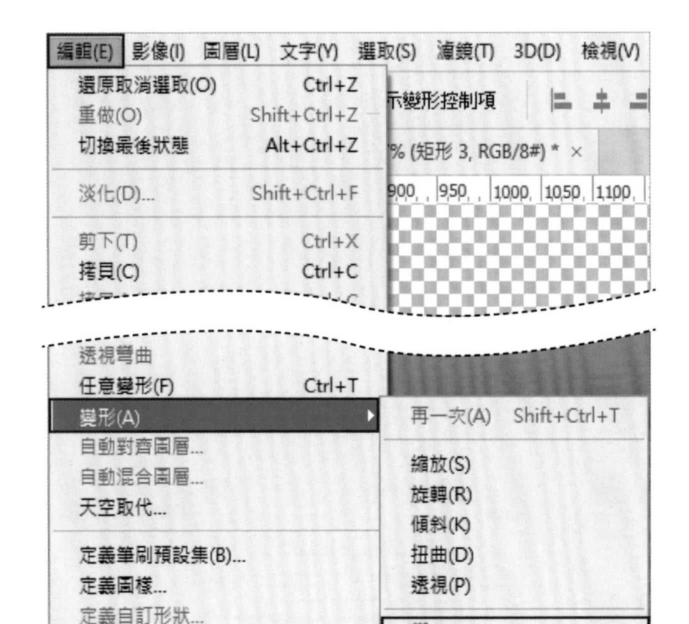

4 使用畫面上的點選「控制軸」進行彎曲表現。
（自行編輯彎曲屬性軸）

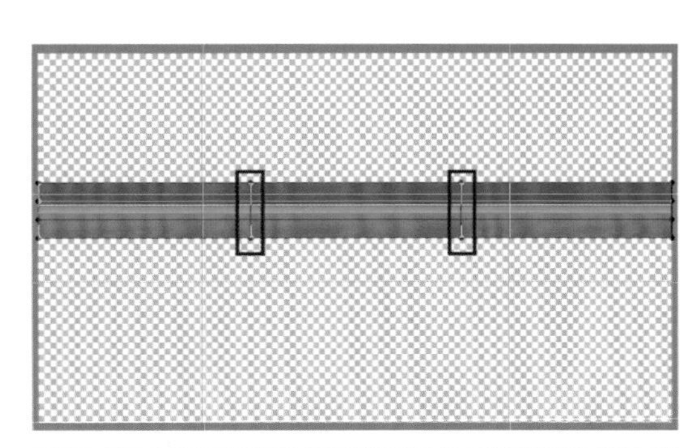

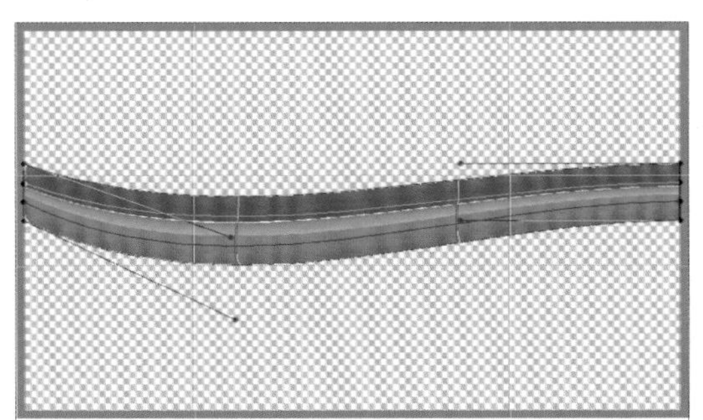

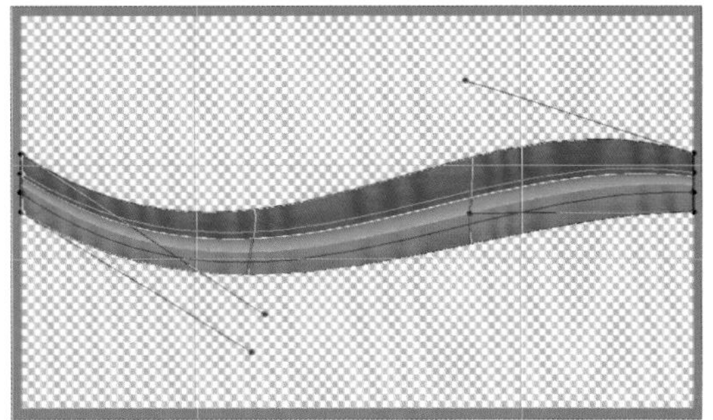

5 調整合併矩形圖層不透明度為 80%，並將檔案儲存為 CH01-07.psd。

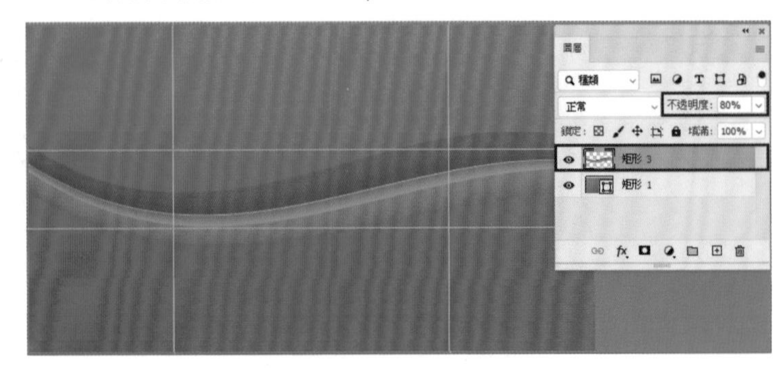

TIPS ▶ 彎曲選項
彎曲選項在選單下方選項列有預設集可以進行選擇，本範例是自行調整控制軸把手，使圖形產生彎曲。文字圖層亦可使用彎曲選項進行弧度設定。

5. 物件與邊框效果

1 回到 CH01-0701.psd 已完成狗去背的文件檔案，在去背的圖層按右鍵進行複製圖層，設定目的地為 YouTube 封面檔案。

2 回到 YouTube 封面檔案，點選「編輯 > 任意變形」，等比例縮放與旋轉圖形至適當尺寸位置。

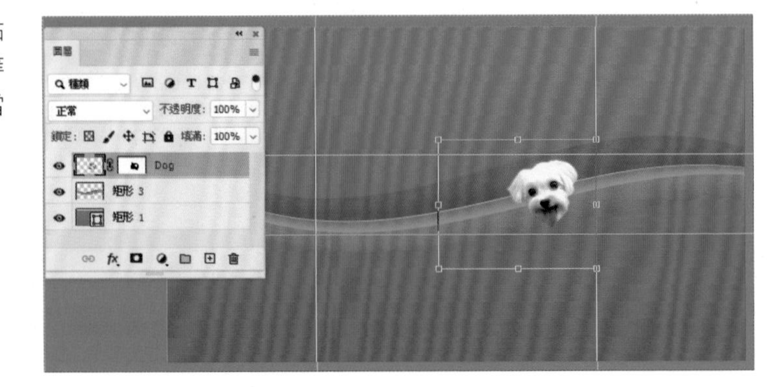

TIPS ▶ 編輯帶遮色片的影像物件

影像使用遮色片去背，當圖層複製到不同檔案中，須注意原檔案若小於完成檔案時，是否有原文件邊緣的像素未去背乾淨的問題。有遮色片的物件若有露出邊緣像素的狀況，可使用選取工具圈選要的圖形範圍，再至選單點選「選取＞反轉」，切換到遮色片再點選「編輯＞填滿」，填入黑色於遮色片即可遮住外圍的邊緣像素。

3 在狗的圖層按右鍵開啟混合選項選單，進行圖層樣式中的筆畫與陰影設定，製作狗的外框線條與陰影。

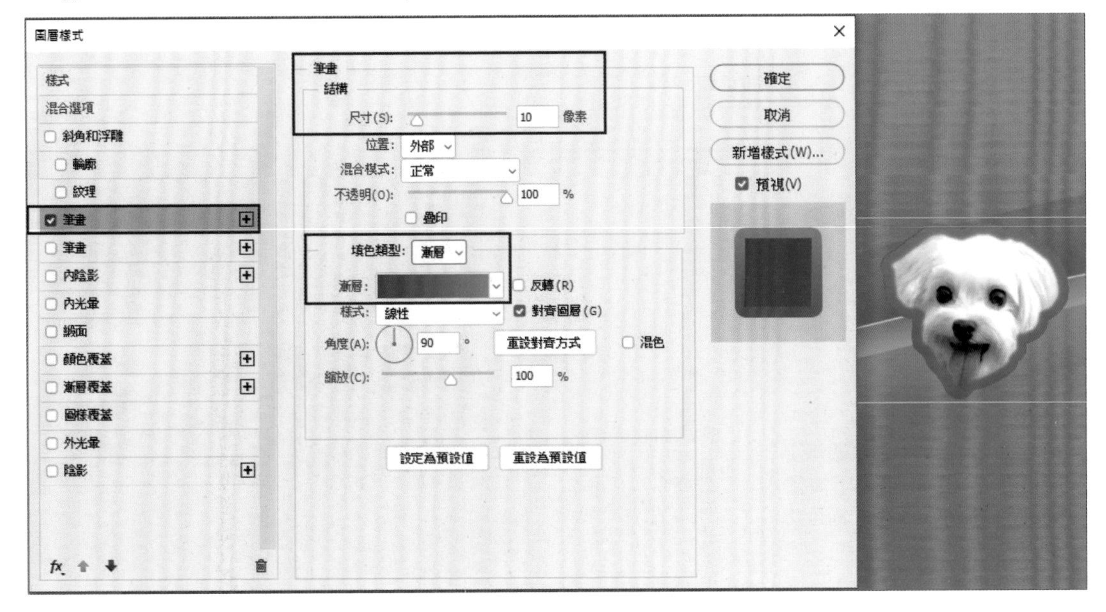

4 選取狗狗圖層，點選「影像 > 調整 > 曲線」，調整影像色彩。

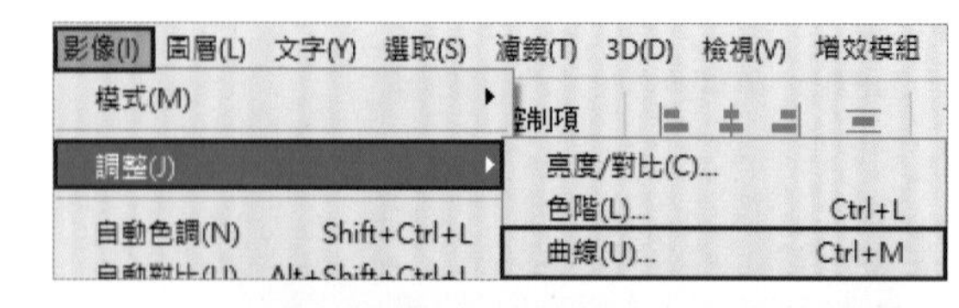

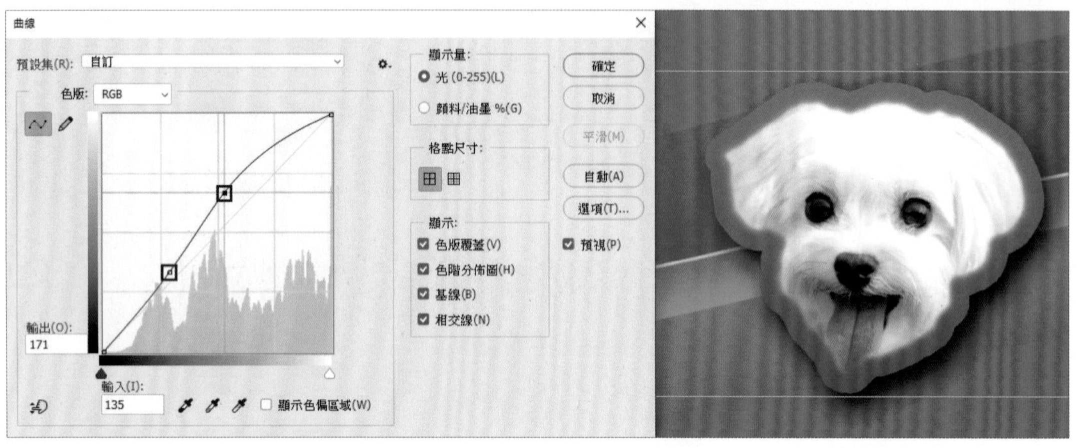

TIPS ▶ 影像 > 調整 > 曲線

在曲線面板中的背景色階分佈圖，即是影像亮暗層次的變化方式，而曲線的調整變動，即會影響原本亮暗層次的亮暗表現，本範例主要針對色階的中間調做出較強的對比。

6. 影片 LOGO 文字設計

1 以文字工具輸入「CATAN」標題。

TIPS ▶ 新增字型

創意字型可於網路搜尋關鍵字 Font free，將 ttf 檔案下載安裝至「控制台 > 字型」即可使用。

2 開啟文字圖層的圖層樣式，分別設定筆畫、顏色覆蓋、外光暈、陰影。

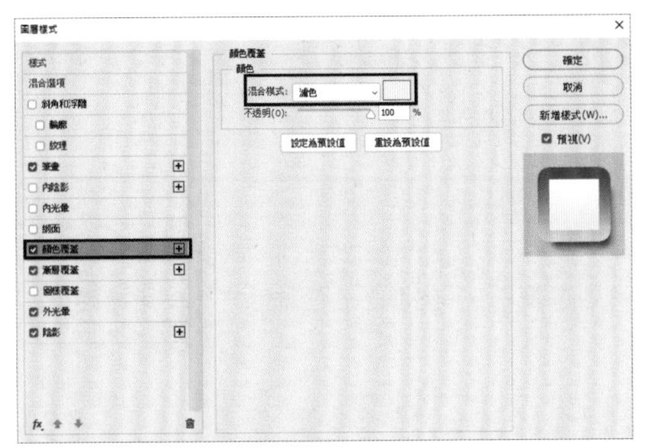

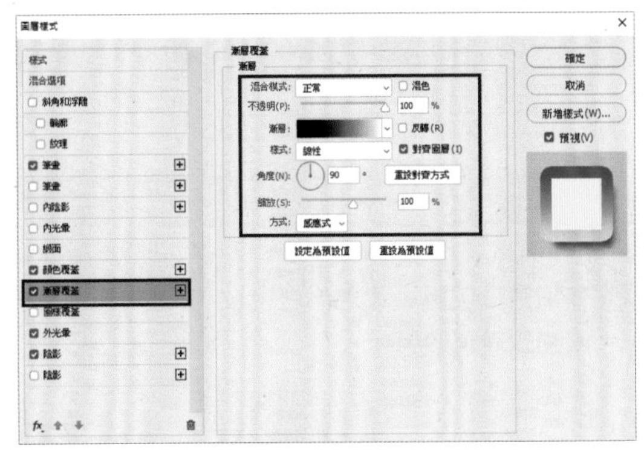

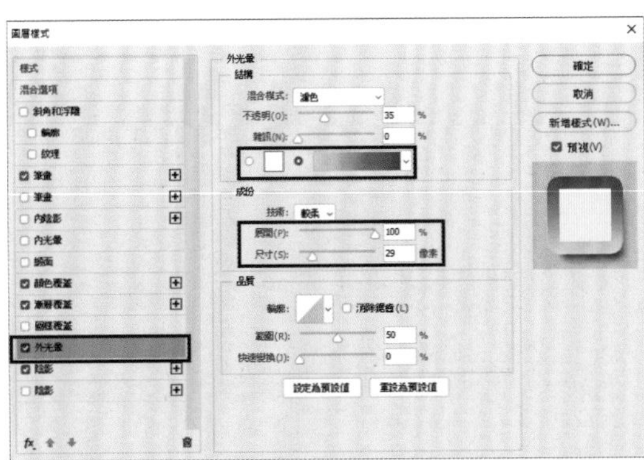

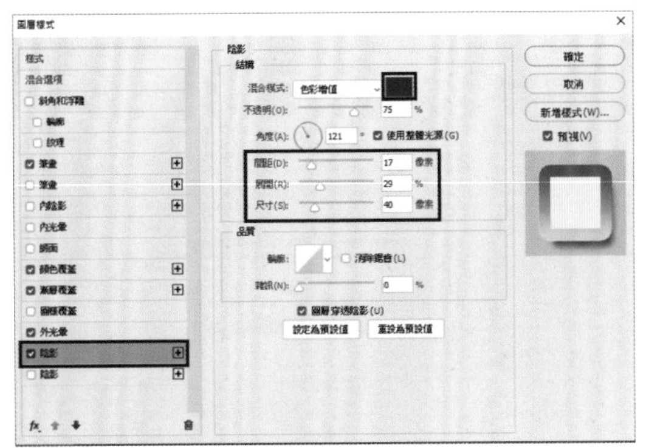

TIPS ▶ 圖層樣式

圖層樣式中，在上面的效果會遮住下方的效果，因此筆畫設定像素參數需比外光暈小，才能顯露外光暈。另外，顏色覆蓋設定要選濾色模式，則會與漸層中的色彩產生混色模式的表現效果。

7. 創意筆刷

1 在矩形 1 圖層上新增一個圖層 1。

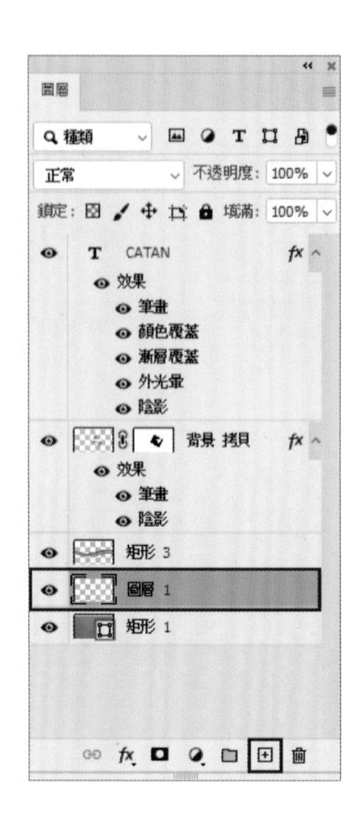

2 使用筆刷工具，填色「白色」，在選項列選擇「特殊效果筆刷」，在畫面上任意地方，創意繪製筆刷潑灑的表現效果。

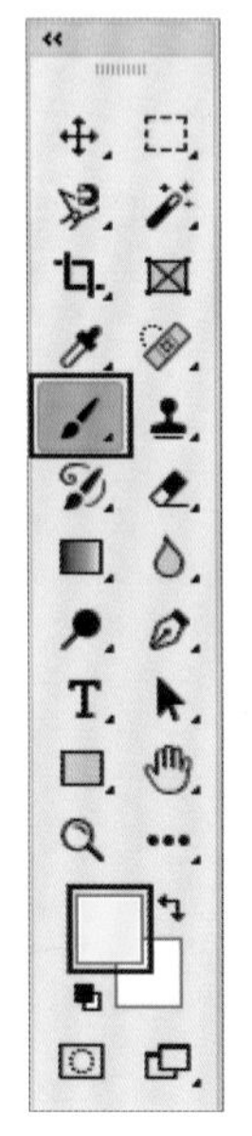

3 重複步驟 **2**，搭配不同色彩的筆刷設計背景。

4 調整筆刷圖層透明度為 95%。

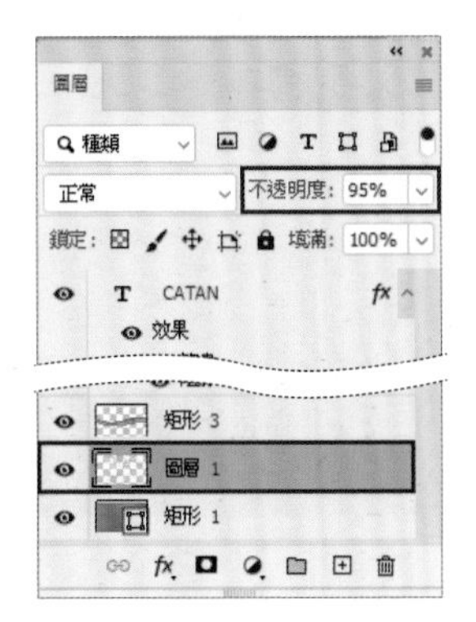

8. 設計網屏圖案

1 重複複製 CH01-0701.psd 狗的影像到封面檔案，點選「濾鏡＞像素＞彩色網屏」。

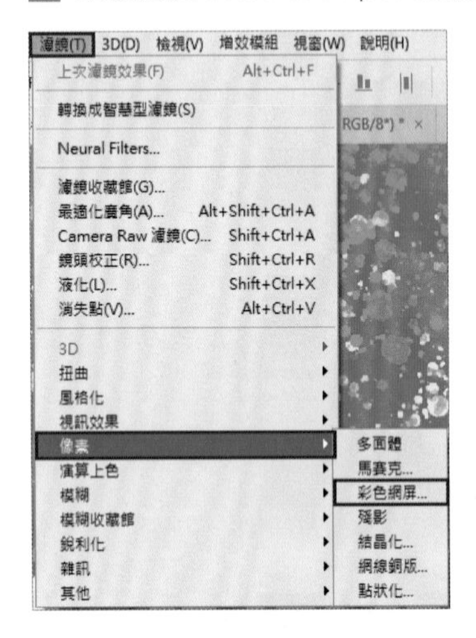

> **TIPS ▶ 濾鏡功能**
> Photoshop 的濾鏡有許多可產生影像特殊表現的功能，可多熟悉設定進行製作。

2 設定網屏影像圖層混色模式與透明度。

3 點選「檔案＞儲存檔案」，完成製作。

9. 輸出圖片

1 點選「檔案＞轉存＞儲存為網頁用（舊版）」。

2 圖片格式選擇 jpg，並調整輸出品質，點選「儲存」鈕，設定檔名後儲存。

3 圖片輸出完成。

延伸練習

使用彎曲工具、像素濾鏡、選取與遮住工具，製作創意風格的 YouTube 頻道封面設計。

線上下載 CH01-7 > CH01-0702 延伸練習.jpg、CH01-0703 延伸練習.jpg、CH01-0702 延伸練習.psd、CH01-0703 延伸練習.psd 、CH01-0704 延伸練習.psd

本延伸練習素材相片，感謝 IG：Fortune0829（"跟著阿滿上學去"）提供。

視覺引導

色板、影像調整與圖層遮色片

1-8

視覺引導的技巧通常會使用點、線、面搭配色彩的方式，熟練本單元更能完美掌控畫面製作，可以練習更有效的利用素材的特性來增加構圖的美感。

▼ 原始素材

▼ 關鍵技巧

1 運用色版進行去背
2 影像調整與色階
3 選取範圍編輯與填滿
4 載入選取範圍與圖層遮色片
5 複製圖層、剪裁遮色片與編輯
6 影像調整與構圖

線上下載

CH01-8 > CH01-0801.jpg、CH01-0802.jpg、CH01-0803.jpg、CH01-08.psd、CH01-0803.psd

1. 新增文件

1 新增檔案，設定一個 A4 尺寸橫向的文件，選擇「建立」鈕。

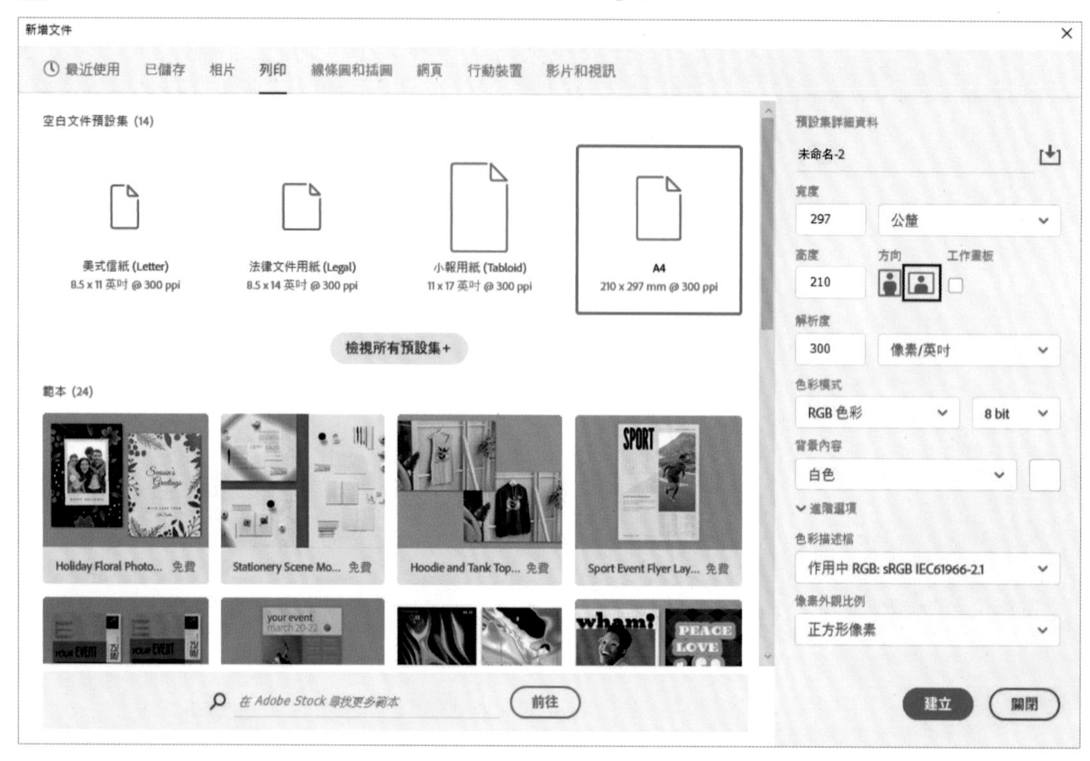

2 開啟 CH01-0801.jpg 圖檔素材，將圖像複製到 A4 文件中，並移動花紋素材到合適的畫面，透過線條來做視覺的導引，並將文件儲存 CH01-08.psd 檔以備後續製作。

2. 運用色版進行去背

1 開啟 CH01-0802.jpg 圖檔素材，點選色版的視窗標籤。

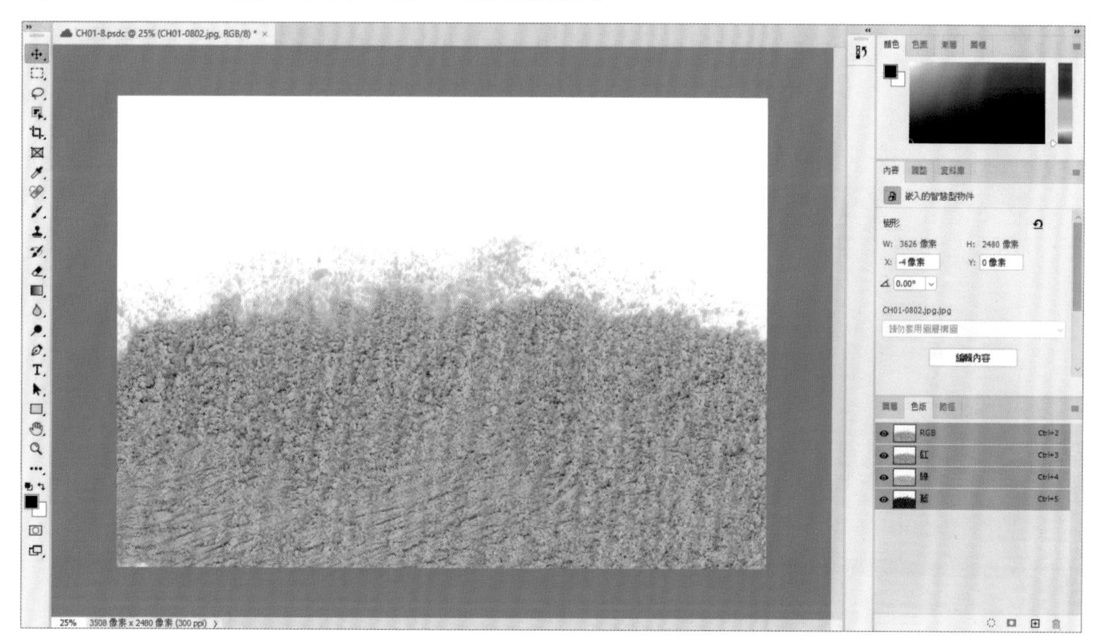

2 選擇色彩層次接近的色版進行去背，本範例選擇點選藍色色版。

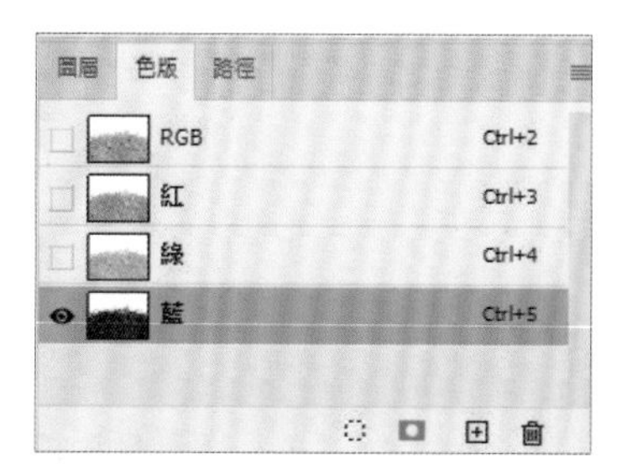

3 將色版拖曳到下方圖示，複製藍色色版。

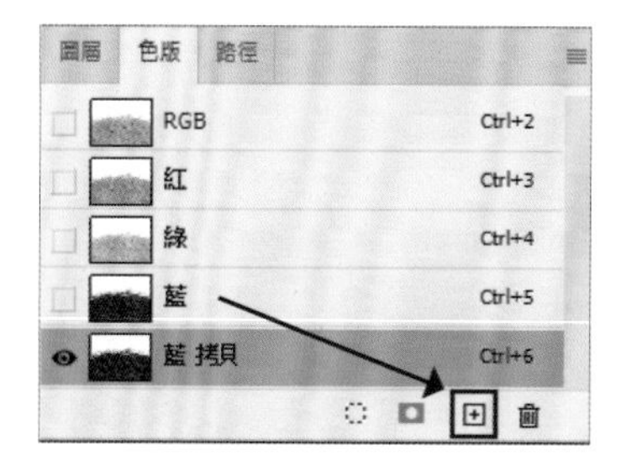

3. 影像調整與色階

1 點選「影像＞調整＞色階」。

設計實作

2 針對複製的「藍 拷貝」色版調整色階，盡量調整到粉末圖像層次趨近黑色。

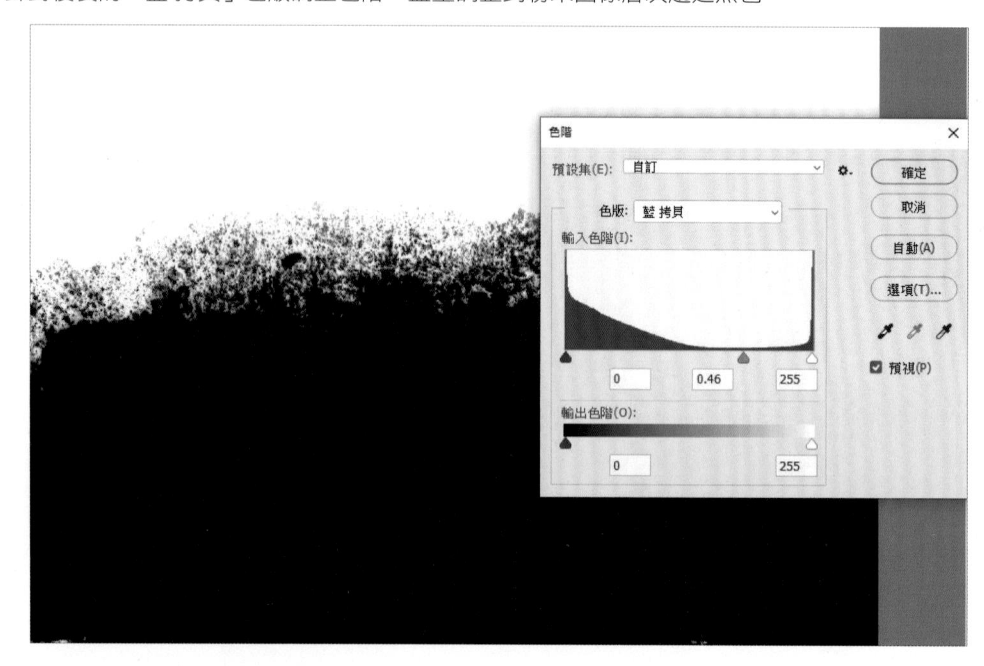

4. 選取範圍編輯與填滿

1 使用套索工具，圈選粉末圖像實心的區塊進行範圍選取。

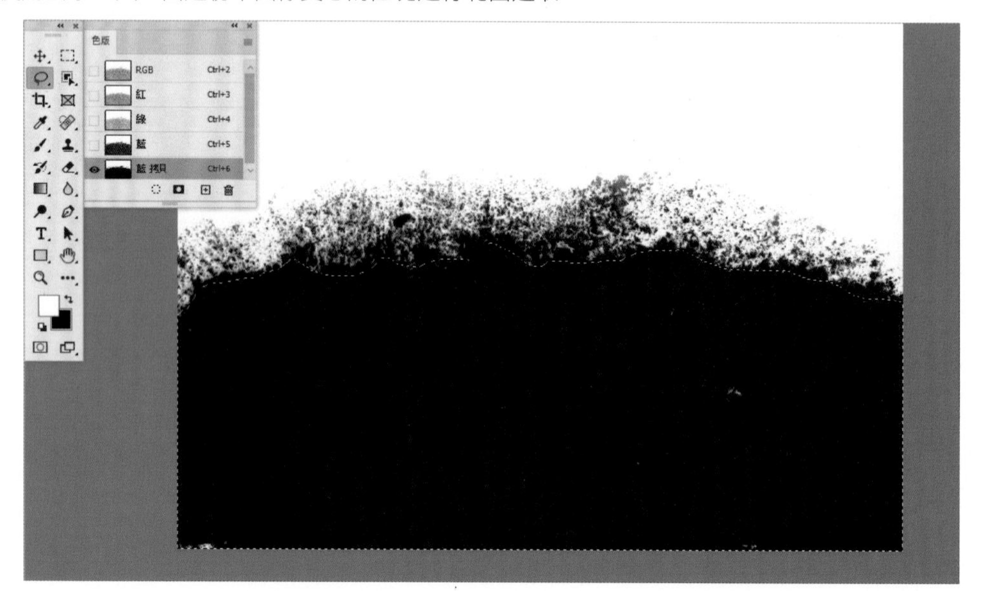

2 點選「選取＞修改＞羽化」。

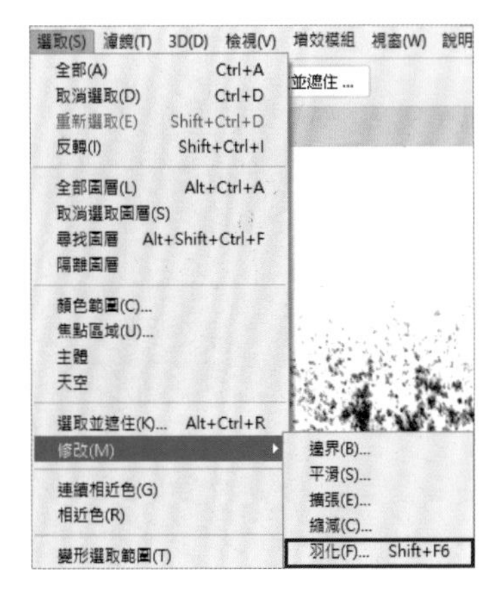

3 設定羽化強度數值為 2 像素。

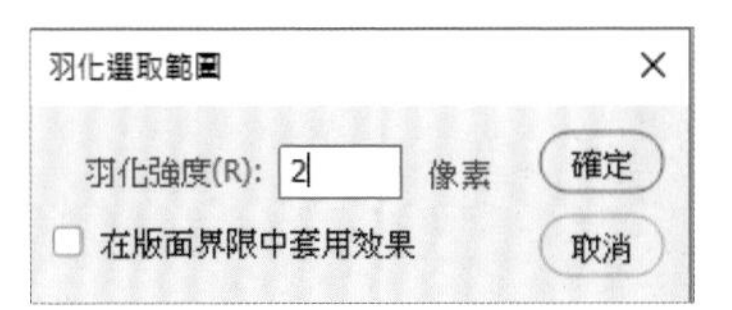

4 點選「編輯＞填滿」，將選取範圍填滿黑色。

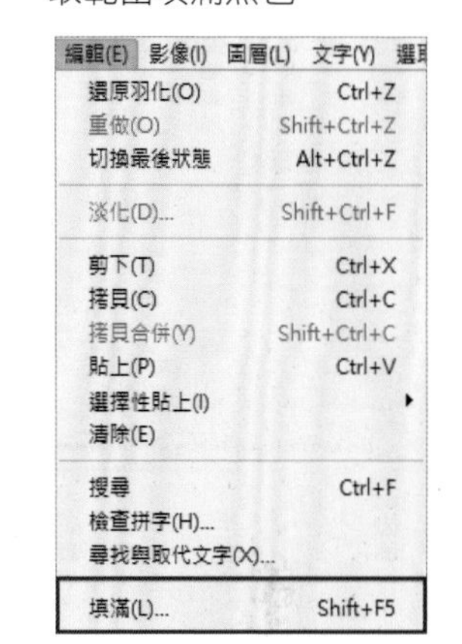

5 將填滿內容設定為黑色後，按下「確定」鈕。

6 填滿黑色後，「選取＞取消選取」，進行選取範圍取消。

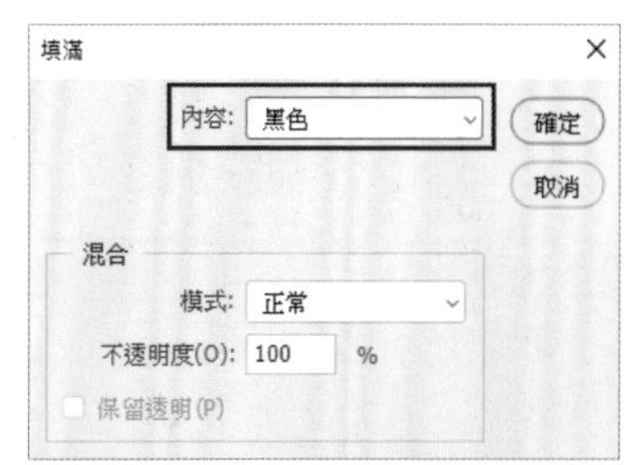

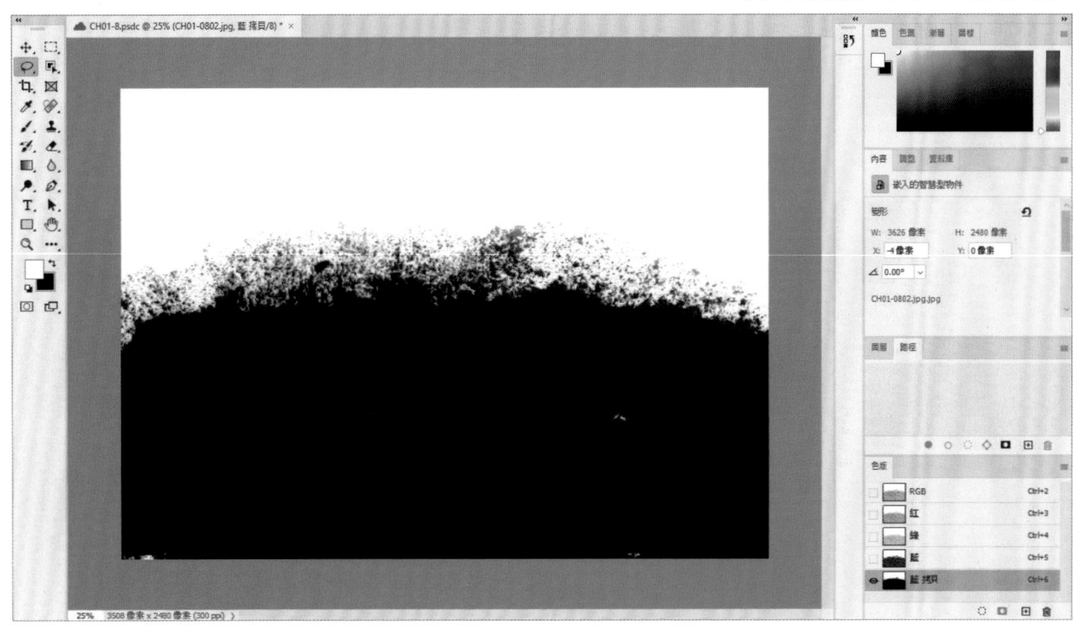

設計實作

5. 載入選取範圍與圖層遮色片

1 點選「影像 > 調整 > 負片效果」，將畫面上的黑白影像進行翻轉。

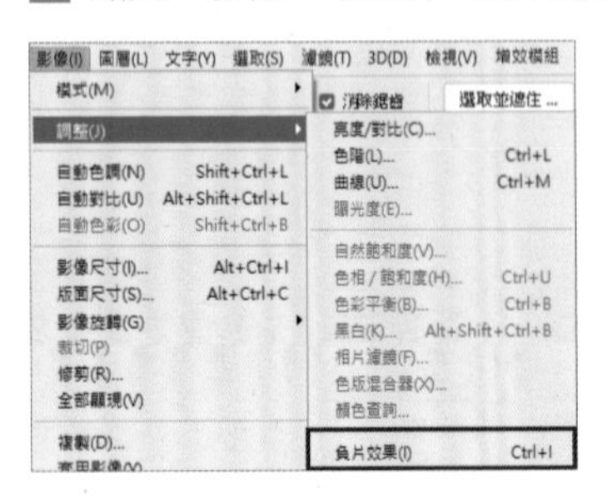

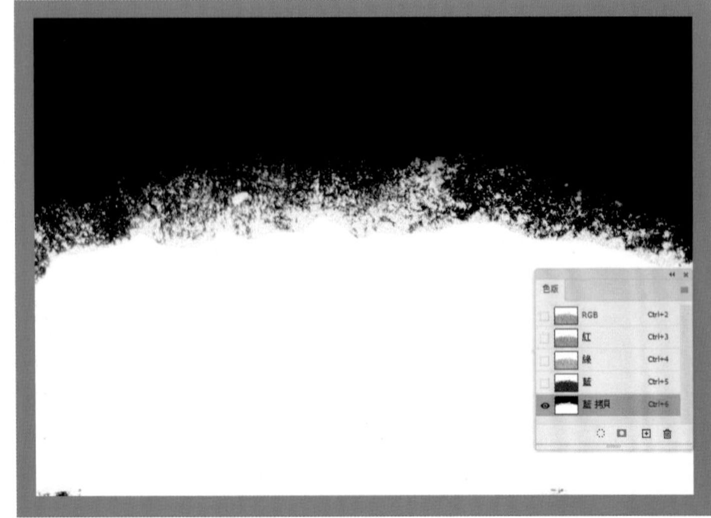

2 選擇 RGB 色版，並點選「選取>載入選取範圍」。

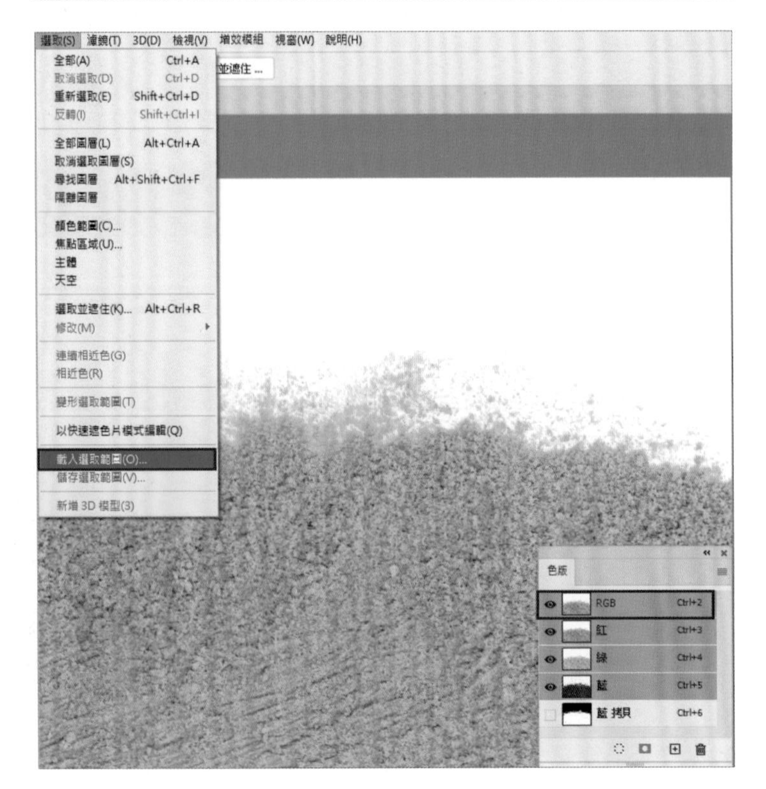

3 載入選取範圍，選擇色版「藍 拷貝」。

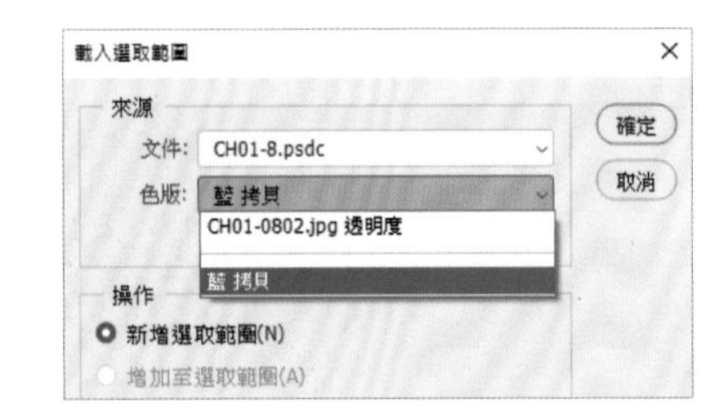

4 點選「圖層 > 圖層遮色片 > 顯現選取範圍」，去除上方白色的背景。

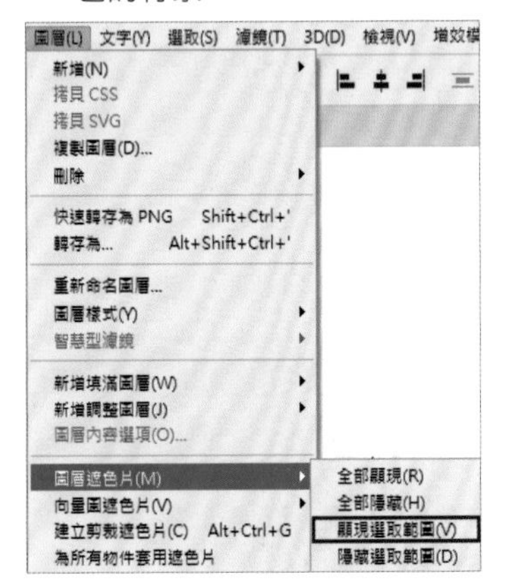

6. 複製圖層、剪裁遮色片與編輯

1 點選「圖層 > 複製圖層」，將去背好的粉末影像複製貼上至 CH01-08.psd 製作檔。

2 使用移動工具，及「編輯＞任意變形」，調整抹茶粉素材構圖出現的角度和比例，做出適當的設計。

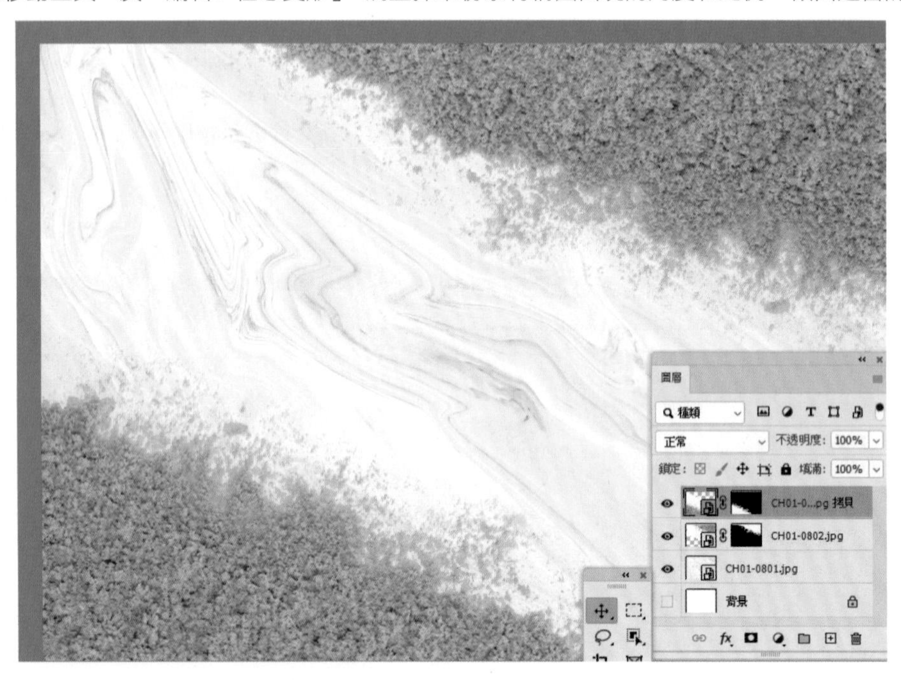

3 再複製一層抹茶粉素材，並在圖層上方輸入文字。

4 調整字體，選擇草寫的字體。

5 可以依照設計來調整字型的大小。

6 將文字圖層置於抹茶粉圖層下方。

7 選擇抹茶粉影像圖層，點選圖層視窗上方選單，選取「建立剪裁遮色片」，讓影像以文字圖層的範圍顯示內容。

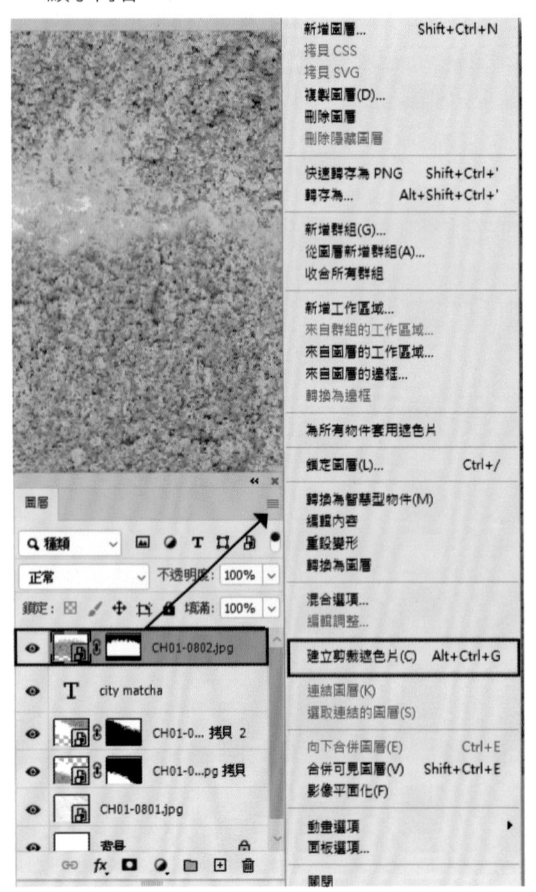

7. 影像調整與構圖

1 設定文字圖層的圖層樣式，開啟斜角和浮雕選項，依下圖所示調整數值和選項內容。

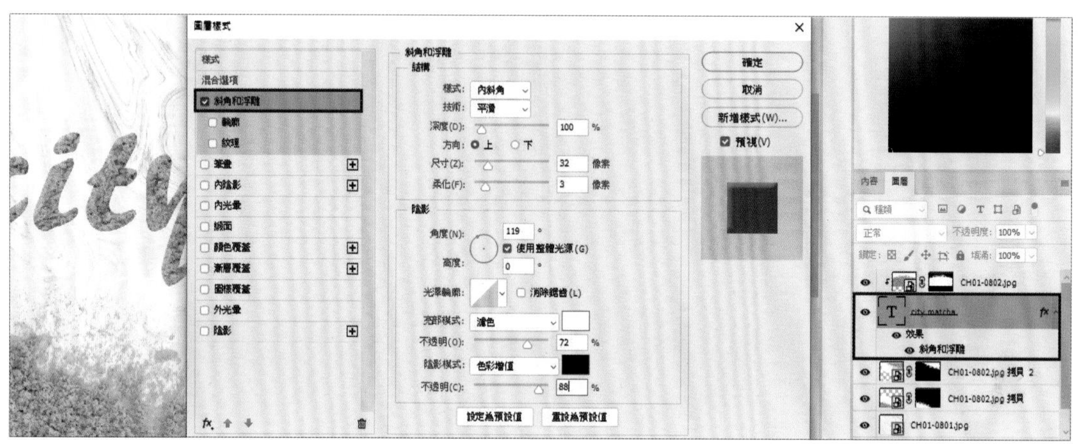

2 另外開啟 CH01-0803.jpg 圖檔素材，使用圓形選取工具進行素材去背。（按住「Shift」鍵可以進行正圓形的範圍選取）

3 再使用磁性套索工具，加選沒有選取到的範圍。

4 重複步驟 3，依序選取 CH01-0803.jpg 圖檔素材裡的湯匙及茶葉。（可將選取的影像分別拷貝貼上到新圖層備用）

5 依序將去背好的茶杯、湯匙、茶葉素材複製圖層，貼至 CH01-08.psd 製作檔中，並使用移動工具調整至合適的位置。

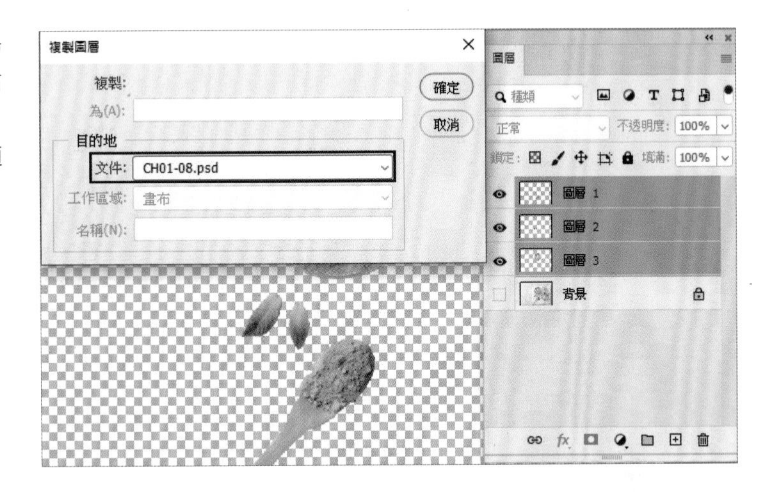

6 將設計物件設定圖層樣式加上陰影效果，設定陰影的數值如下圖。

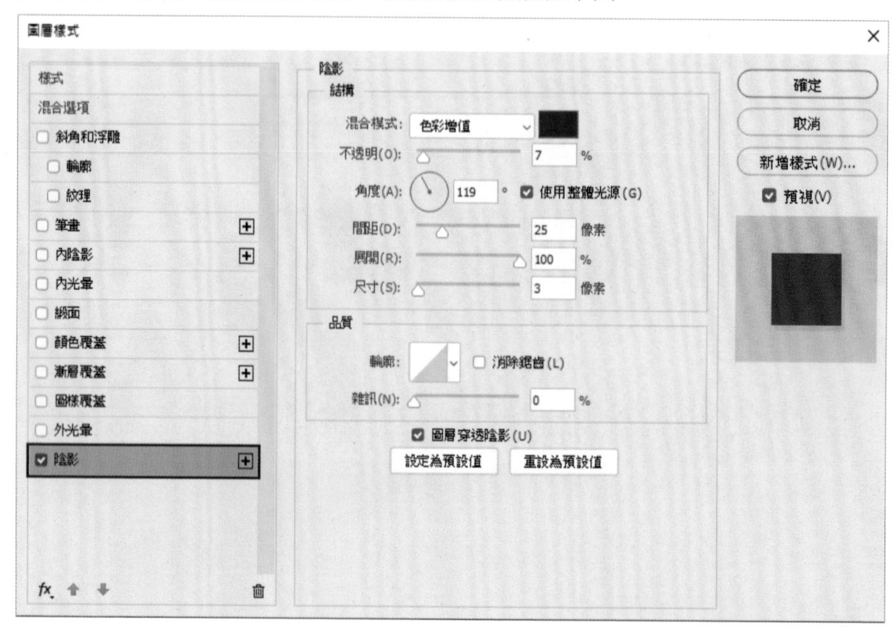

7 點選「檔案＞儲存檔案 」，完成製作。

延伸練習

使用色版、遮色片…等功能，進行去背選取素材，完成影像合成設計。

線上下載

CH01-8 > CH01-0801 延伸練習.jpg、.CH01-0802 延伸練習.jpg、CH01-0803 延伸練習.jpg、CH01-0804 延伸練習.jpg、CH01-0805 延伸練習.jpg、CH01-08 延伸練習.psd

數位廣告 GIF 動態設計

時間軸、影格設定與儲存給網頁用

1-9

運用 Photoshop 時間軸的功能加上圖片的變化，可以製作出圖片的動態，熟練本單元之後可以自行設計網頁的動態 Banner ，以及具有個人特色的 GIF 動畫。

▼ 原始素材

▼ 關鍵技巧

1 時間軸
2 影格說明
3 儲存給網頁用

線上下載

CH01-9 > CH01-09.jpg、CH01-09.psd、CH01-0901.psd、CH01-09.gif

設計實作

1. 時間軸

1 開啟 CH01-0901.psd 製作檔。(已有文字、筆刷、製作好效果素材分圖層整理的半完成檔)

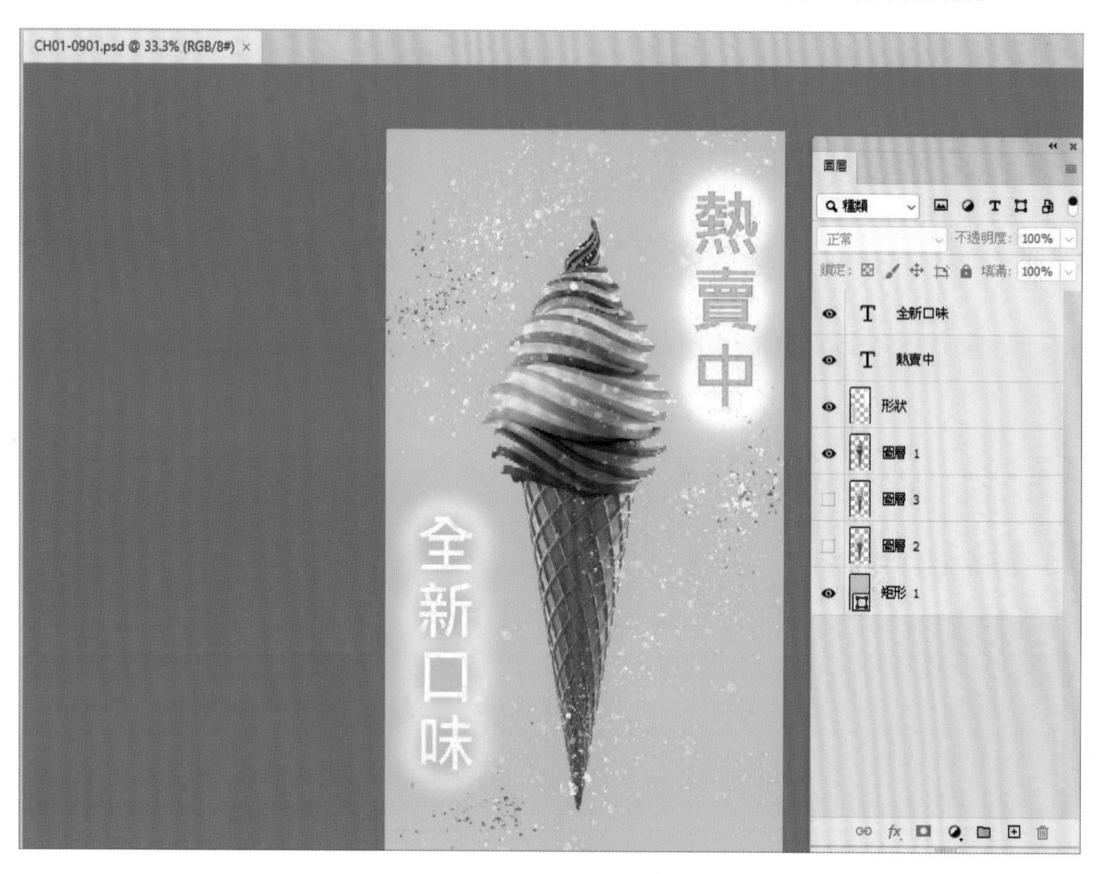

2 點選「視窗>時間軸」，開啟時間軸面板。

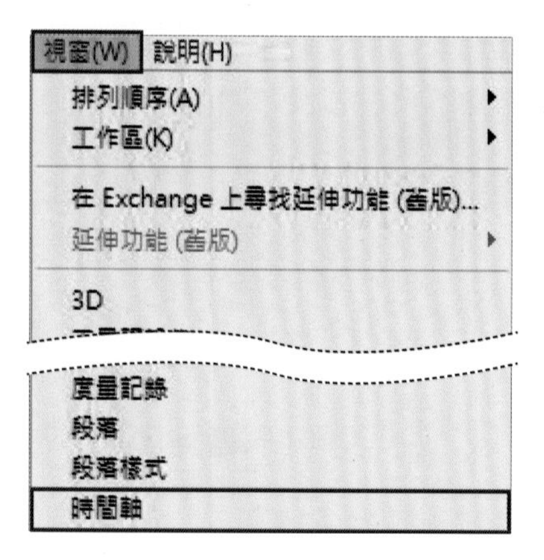

3 時間軸面板會出現在整個工作面板的下方。

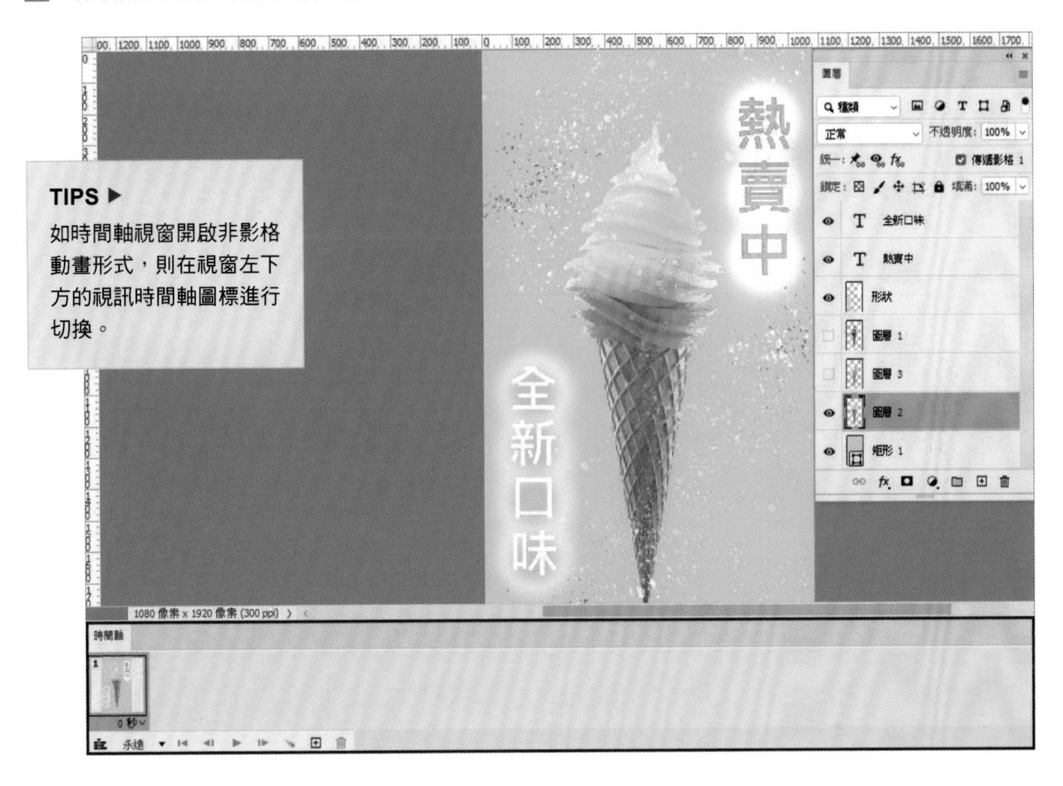

TIPS ▶

如時間軸視窗開啟非影格動畫形式，則在視窗左下方的視訊時間軸圖標進行切換。

4 點選右上角的選單，選取面板選項。

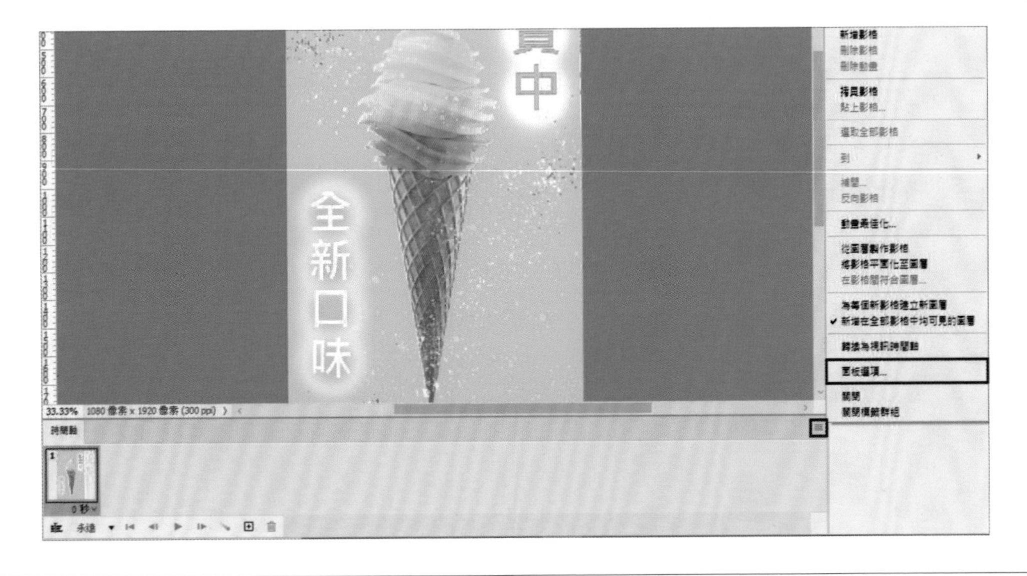

5 調整面板選項，選擇最大的縮圖尺寸。

6 時間軸顯示的第一張圖像，即為動畫的一個畫面。

7 調整圖層的顯示，將不需要出現的圖層關閉，如圖層 2 和圖層 3。

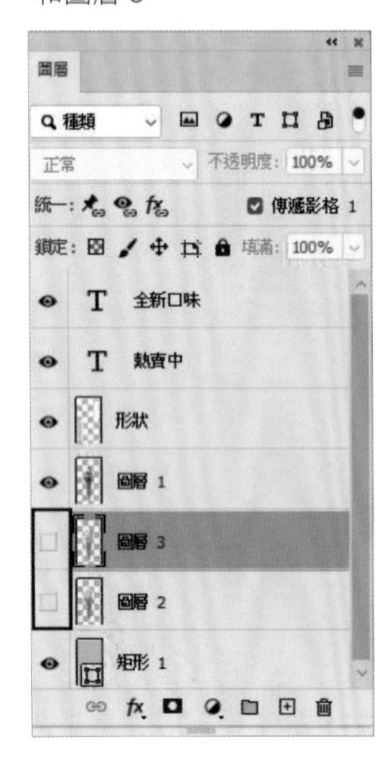

8 影格畫面即會對應顯示圖層的內容。

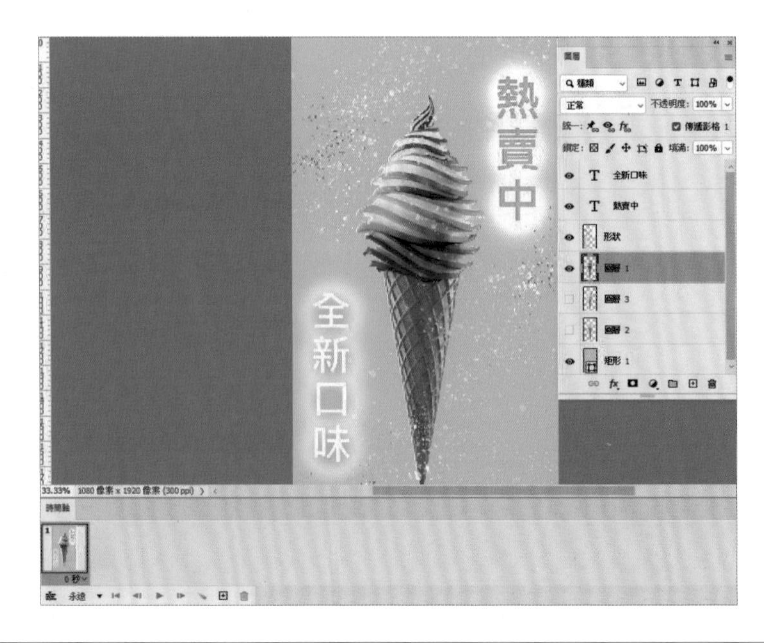

9 點選「秒數」，設定影格的延遲速度。

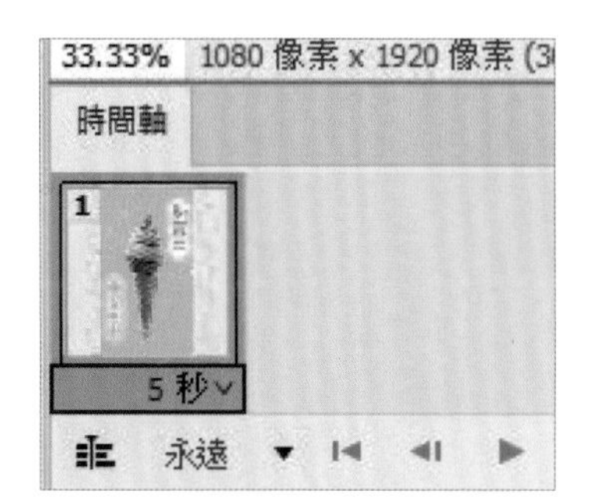

10 選擇「無延遲」。

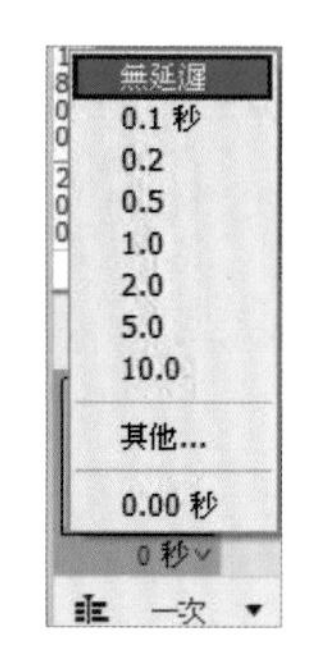

TIPS ▶ 影格速度設定

設定影格速度時，必須考慮到上傳網頁之後，觀眾所使用的網路速度會影響到動畫的播出速度，因此建議設定為無延遲。使用無延遲的設定，在製作的時候於 Photoshop 進行預覽，會呈現出轉換速度較快的動畫，但是上傳至網頁之後，受到觀眾下載網路速度的影響便不會播放得這麼快。

2. 影格說明

1 點選時間軸下方圖示，新增影格。

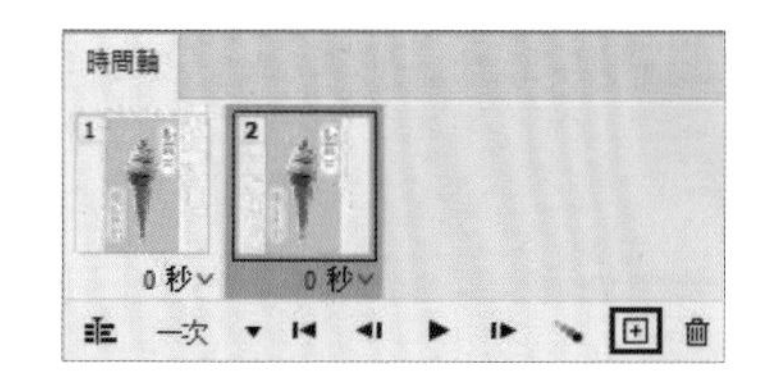

2 調整圖層的顯示讓不同的霜淇淋影像出現，製作第二格影格畫面。

設計實作

3 再新增第三格影格。

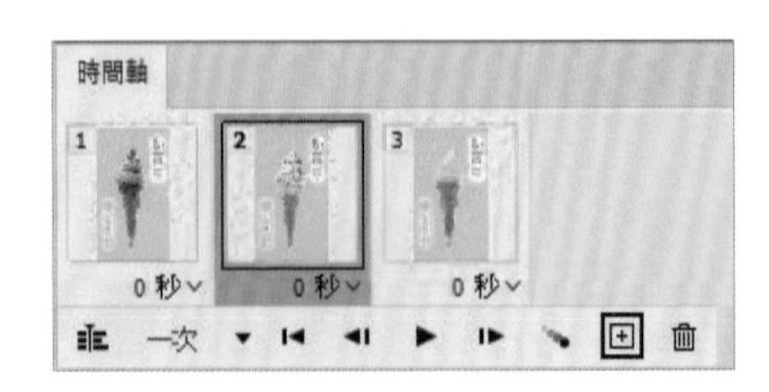

4 再次調整圖層的顯示，讓不同於第一格與第二格影格出現的霜淇淋影像出現，製作第三格影格畫面。

5 確認三個影格都分別設定完成。

6 設定重複播放的次數，選擇「其他」，會出現設定視窗，可以依照個人的設計輸入次數。

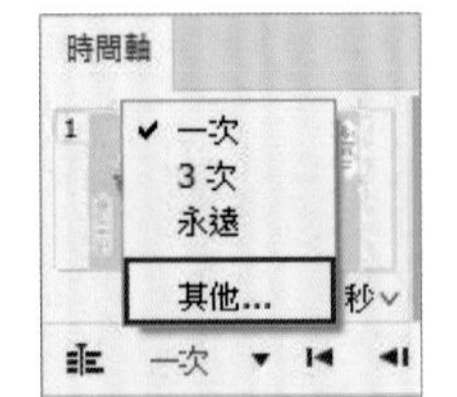

7 按住「Shift」鍵選擇前面兩個影格，點選製作傳遞影格選項進行補間影格的動畫設定。

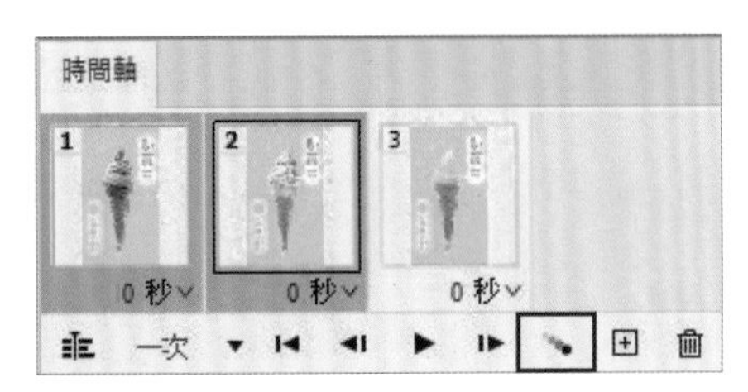

8 設定補間動畫的數值，設定完成後按「確定」鈕。

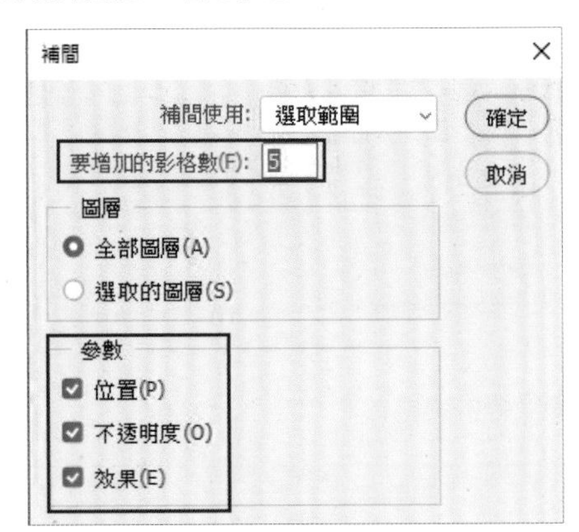

9 這時下方的時間軸會自動出現中間漸變的影格，頭尾保持不變。

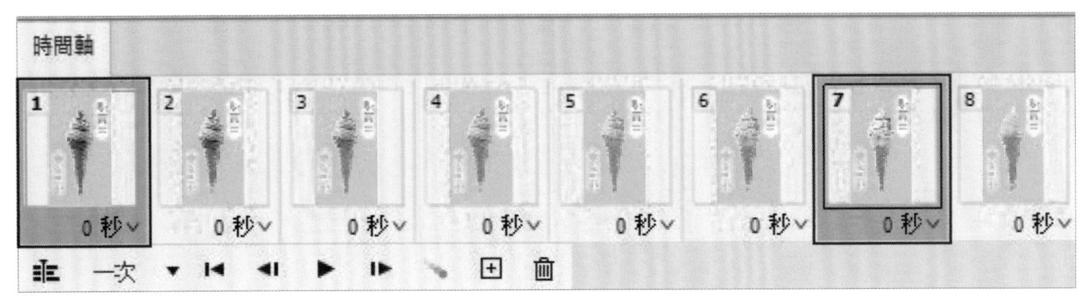

10 再製作第二格和第三格的補間動畫，按住「Shift」鍵選擇後面兩個影格，點選製作傳遞影格選項進行補間影格的動畫設定。

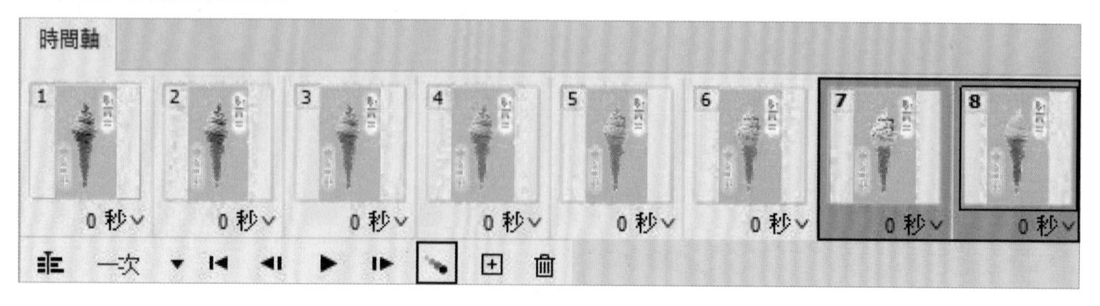

11 設定補間動畫的數值，設定完成後按「確定」鈕。

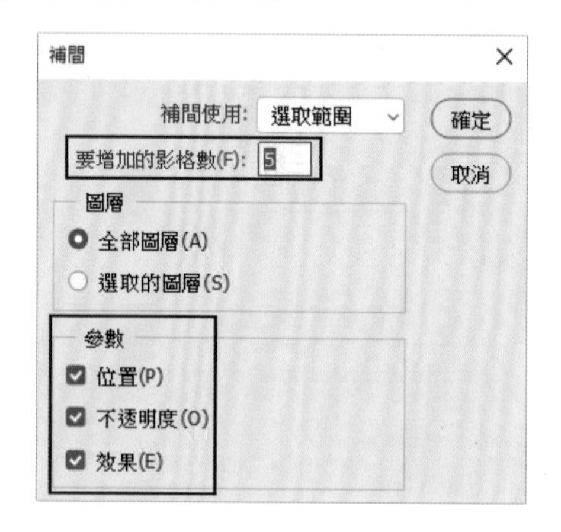

12 下方的時間軸會自動出現中間漸變的影格。

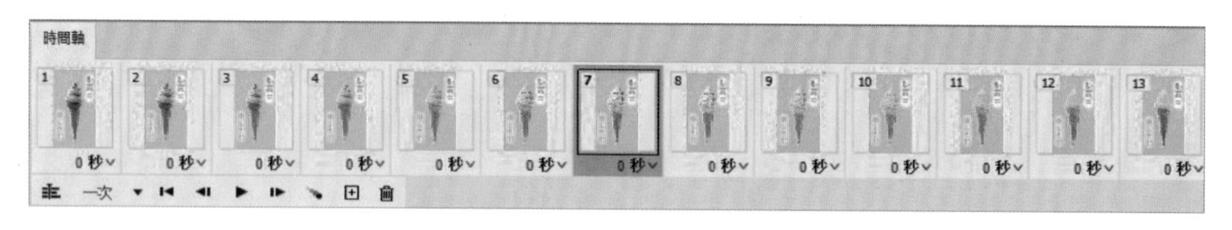

13 逐格設定文字圖層的不透明度，調整成閃動的文字。點選時間軸第一格，並在圖層面板上設定文字圖層為不顯示。

TIPS ▶

傳遞影格選項的補間影格的動畫設定，可以設置三種參數：位置、不透明度、效果。因此如果選取的兩格影格，第一格的圖層影像與第二格的圖層影像，有移動位置，會根據設定的增加影格數，產生位置移動平均分配運動距離的動態效果。同理，若兩格影格的圖層影像是設定圖層的不透明度，又或是圖層樣式中混合選項的各種效果（如陰影、光暈、筆畫…），皆會依據設定的增加影格數，產生補間的影格動畫。

14 點選時間軸第二格，並在圖層面板上設定文字圖層為顯示，不透明度 100%。

15 點選時間軸第三格，並在圖層面板上設定文字圖層為不顯示。

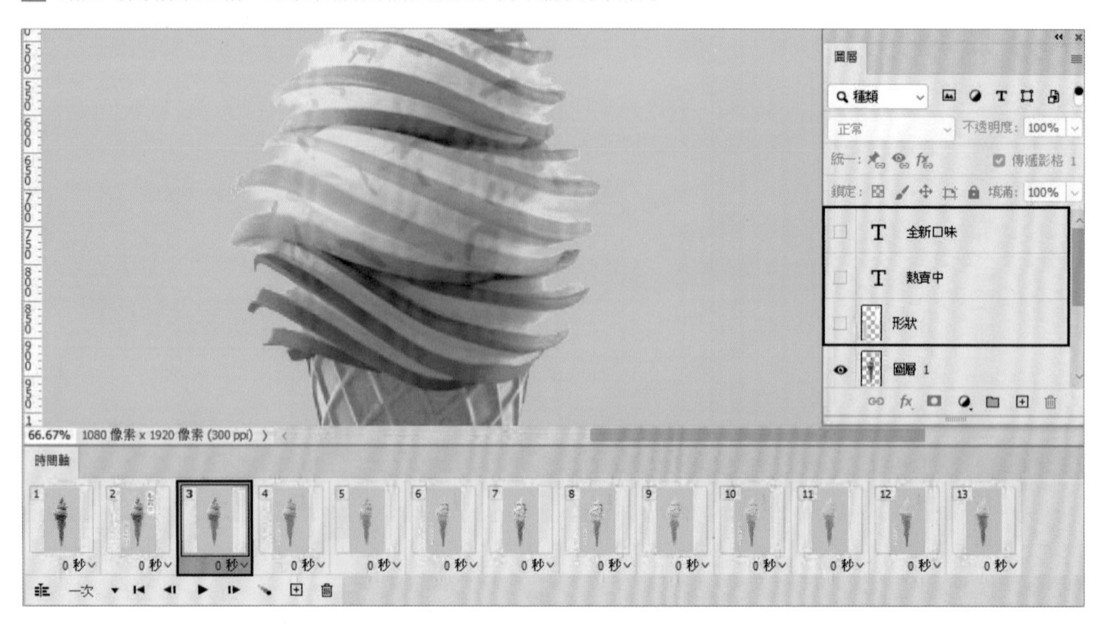

16 點選時間軸第四格，並在圖層面板上設定文字圖層為顯示，不透明度 100%。之後以此類推逐格進行設定，文字即會以閃動的方式呈現。

3. 儲存給網頁用

1 點選「檔案＞儲存檔案」，完成製作後記得先儲存檔案，以便之後如需調整設定使用。

2 儲存完成後，再轉存為網頁用。點選「檔案＞轉存＞儲存為網頁用（舊版）」。

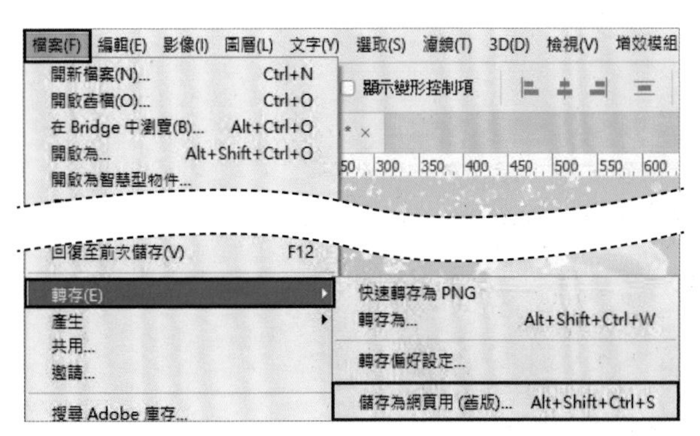

3 在儲存為網頁用的選項視窗內調整儲存的參數，將類型設定為「GIF」，動畫的重複播放次數選擇「永遠」。

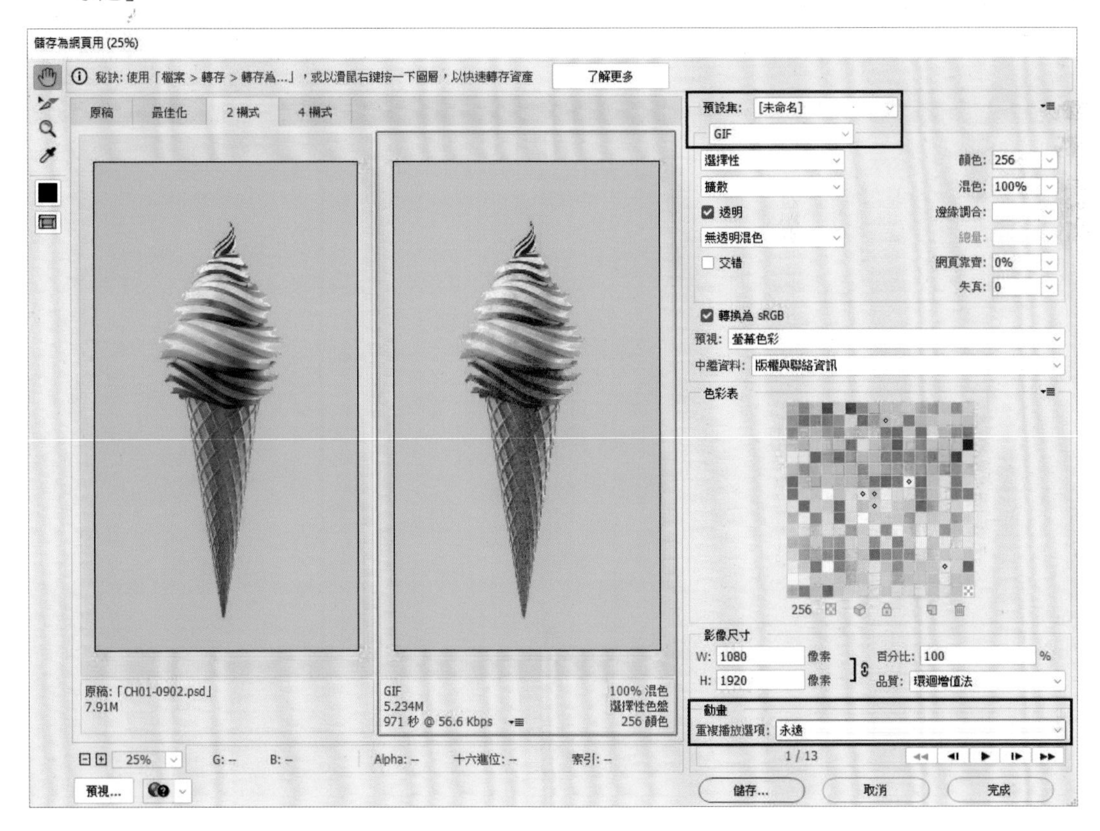

4 儲存完成即可以將 GIF 檔案上傳到網站上檢視動態播放，亦可以直接將檔案拖曳到瀏覽器視窗中檢視動畫效果。

延伸練習

使用時間軸影格動畫功能，並設定補間動畫中的（位置、不透明度、效果）三種參數，製作動態 banner 輸出 gif 檔。

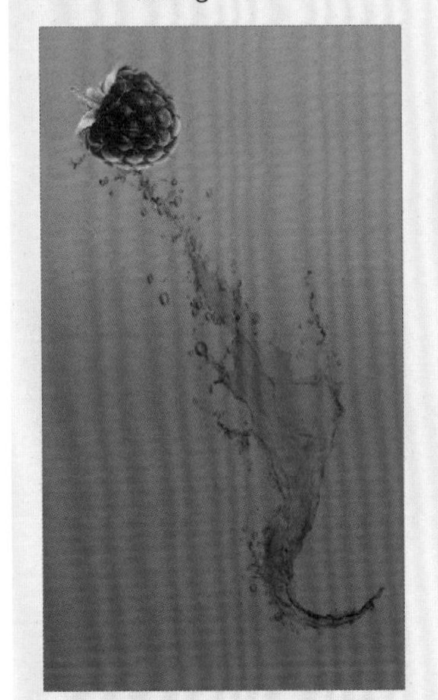

線上下載

CH01-9 > CH01-0902 延伸練習.jpg、CH01-0903 延伸練習.jpg、CH01-0902 延伸練習.psd

PART II

Illustrator

❖ 插畫繪製與設計

PART II

PHOTOSHOP

ILLUSTRATOR

品牌形象 LOGO 設計

變形、基本工具與路徑管理員

2-1

由基本工具直接進行設計，結合不同形狀工具、路徑管理員與對齊功能，即可製作出多種 Logo 方式表現，並可結合文字功能完成 Logo，建議可多觀摩公司企業設計的 Logo，使用基本工具練習製作。

▼ 關鍵技巧

1 檔案設定＞檔案規格與工作區域的設定，檔案儲存

2 形狀工具、路徑管理員、對齊＞使用基本功能進行設計

3 顏色＞瞭解顏色模式與功能

4 文字＞文字功能設定與建立外框功能

CH02-1 ＞ CH02-01.ai、CH02-01-CS3.ai

MAGIC.JING

1. 基本工具與參考線校準

1 點選「檔案＞新增」，選擇列印形式之 A4 文件，按下「建立」鈕。

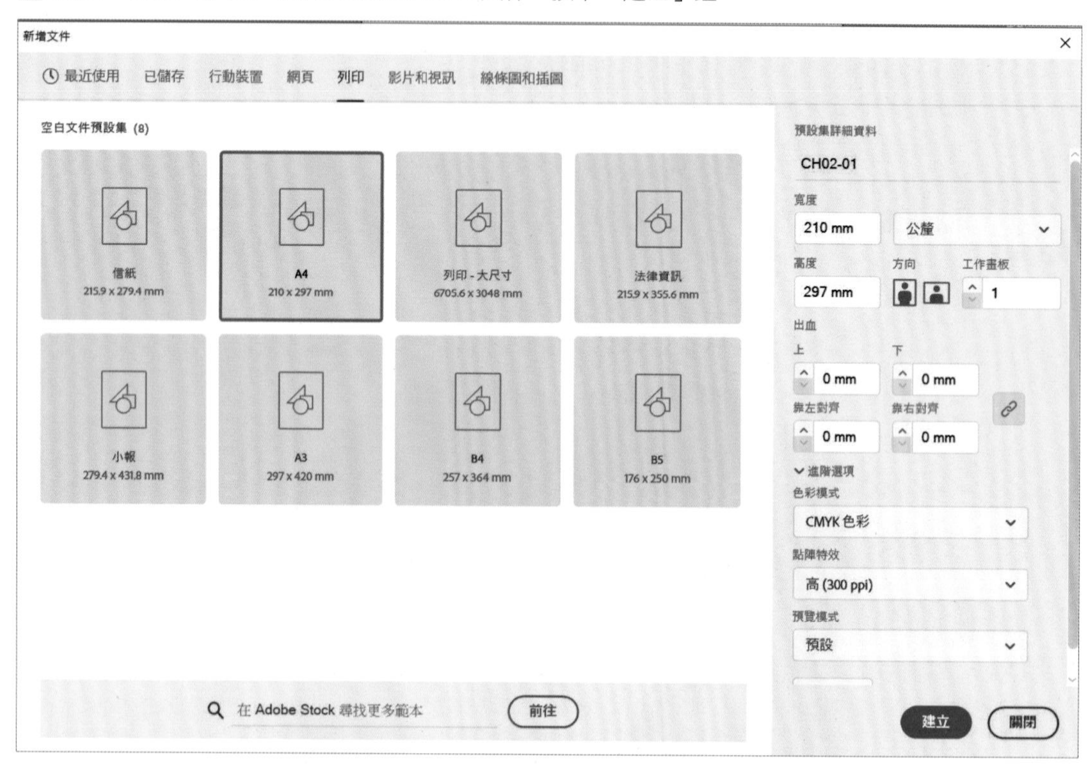

2 至工具箱選擇形狀工具中的橢圓形工具，並在畫面上同時按住「Shift」鍵，畫出正圓形。

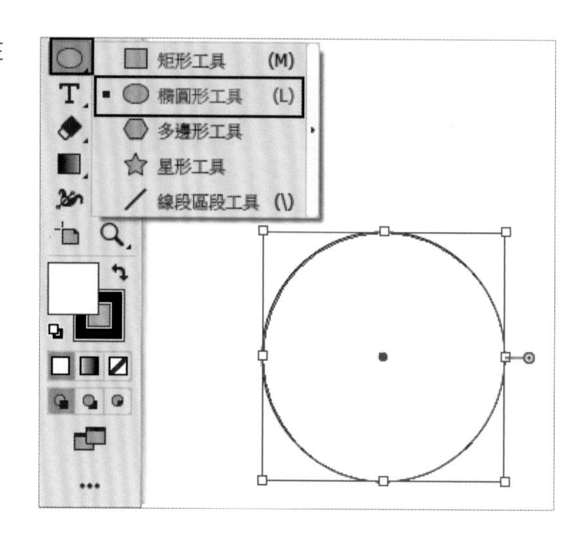

TIPS ▶ 新增文件的預設及設定

1. 尺寸：選擇預設集，可以直接帶入各尺寸的預設集設定，單位以及色彩模式也會對應到相對應的選項，如印刷是 CMYK 色彩模式、網頁與行動裝置等為 RGB 模式。因此，如果要製作網頁設計的作品，建議先選擇網頁的預設集形式，再自行調整寬度與高度即可。
2. 進階預設設定：CMYK 色彩模式、300ppi 印刷高解析度設定，選擇預設集後進階設定自動更新相關規格。
3. 工作區域數量：當一次要處理多個頁面，或製作成型錄的檔案時，可利用工作區域輸入要處理的頁面數量，將頁面開在同一個檔案中，排序與間距也可在視窗中進行設定，製作時，配合 Illustrator「視窗 > 工作區域」的功能選項，可快速切換工作區域。
4. 出血：設定是用於印刷，設計印刷物時，編排範圍必須要超出印刷成品版面的尺寸，目的在於滿版編排時，印刷的成品經裁切後不會留下白邊。出血的範圍通常設為四周各留 3mm，但建議還是要先和輸出中心確認再進行製作為佳。

3 使用選取工具選取物件，點選「編輯 > 拷貝」，再點選「編輯 > 貼上」，依序複製出 4 個圓形。（可使用選取工具移動貼上物件的位置）

編輯(E) 物件(O) 文字(T) 選取(S) 效果(C) 檢視(V)
還原(U)縮放 Ctrl+Z
重做(R) Shift+Ctrl+Z
剪下(T) Ctrl+X
拷貝(C) Ctrl+C
貼上(P) Ctrl+V

編輯(E) 物件(O) 文字(T) 選取(S) 效果(C) 檢視(V)
還原(U)縮放 Ctrl+Z
重做(R) Shift+Ctrl+Z
剪下(T) Ctrl+X
拷貝(C) Ctrl+C
貼上(P) Ctrl+V

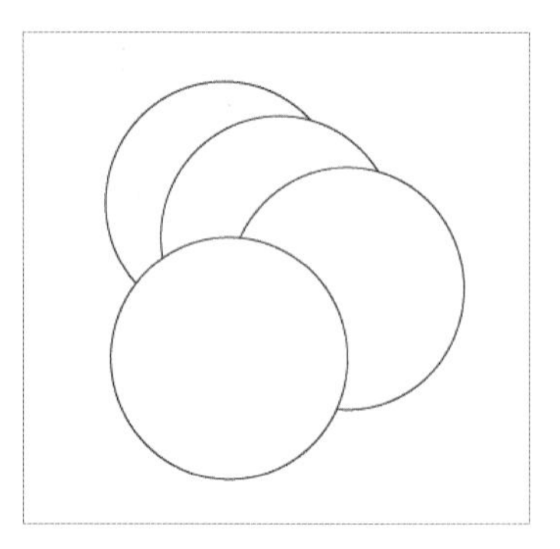

4 點選「檢視 > 尺標 > 顯示尺標」，點選「檢視 > 參考線 > 顯示參考線」，選取一圓形物件，在尺標上的 X 軸與 Y 軸，以圓形中心點為參考線建立的位置，拖曳出水平與垂直各一條參考線。

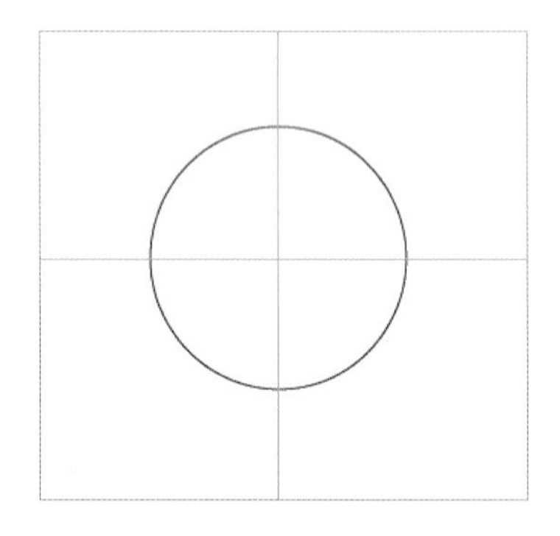

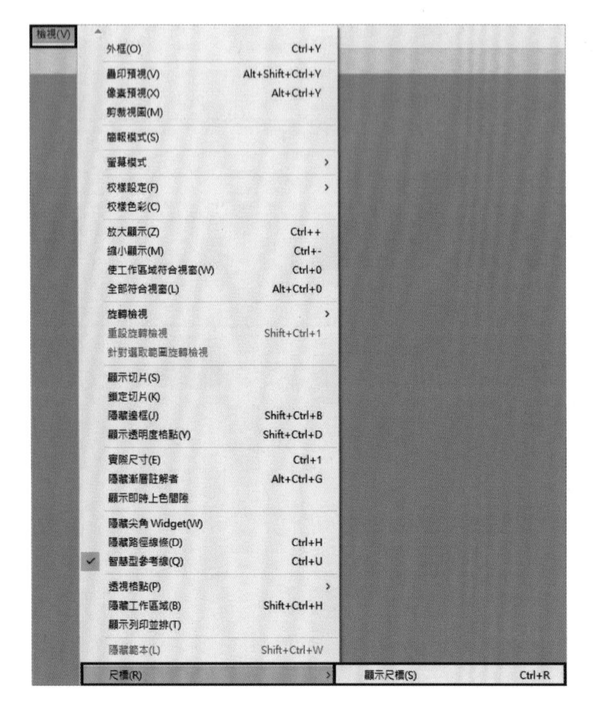

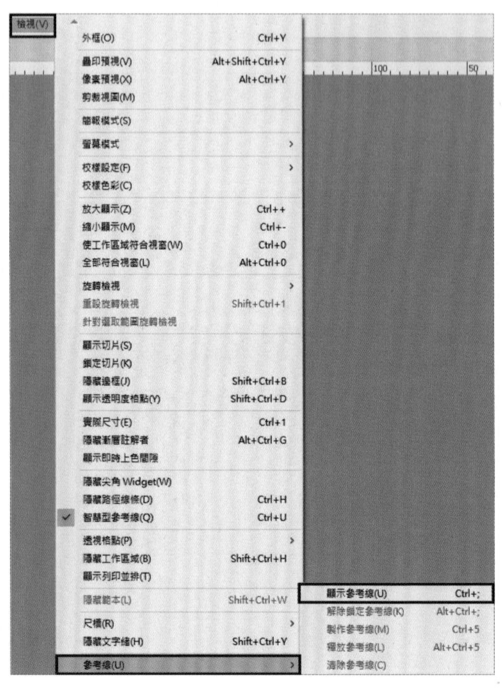

5 使用選取工具，將一個圓形向右移動並對準參考線。(編輯過程中為避免移動到參考線，可執行「檢視 > 參考線 > 鎖定參考線」)

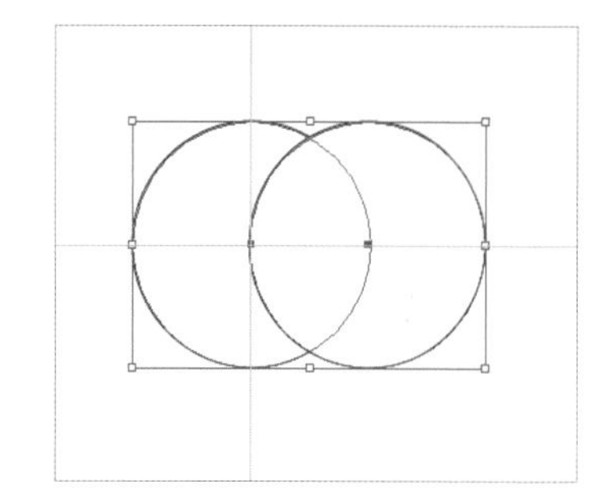

6 使用選取工具，將一個圓形向右下移動並對準參考線。

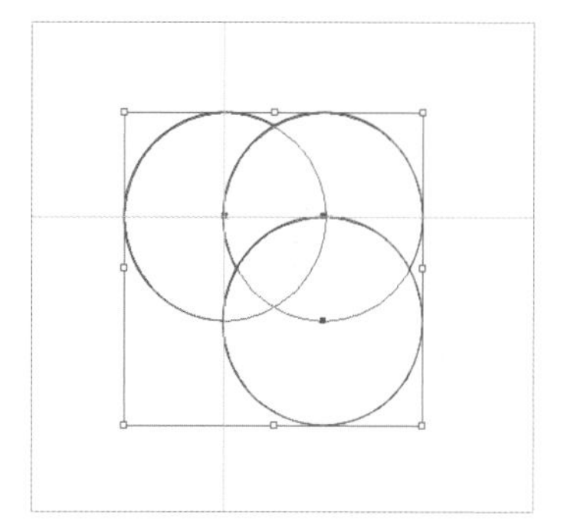

7 使用選取工具，將一個圓形向下移動並對準參考線，並將四個正圓形排列如圖示。

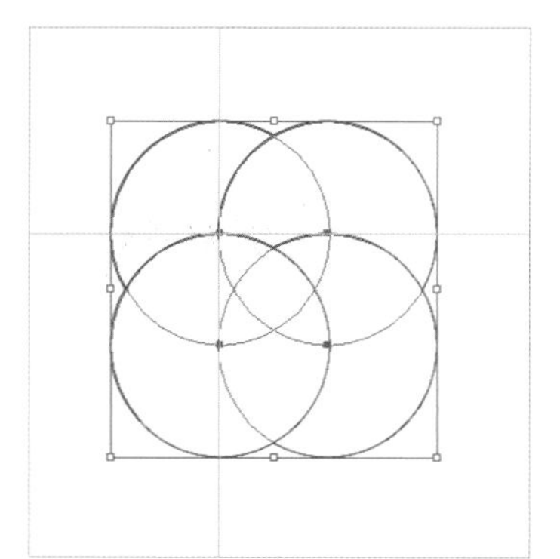

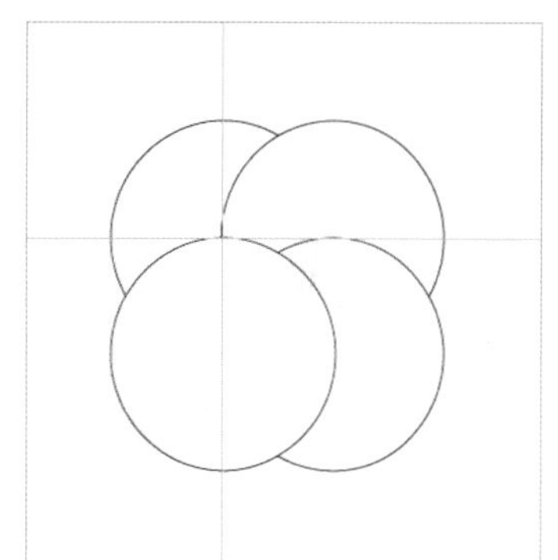

TIPS ▶ 檢視工具 - 尺標與參考線

尺標用於顯示 X 軸及 Y 軸的數值提供精準的定位功能，提供物件對齊、編輯、變形物件等功能。如果要顯示或隱藏參考線，請選擇「檢視 > 參考線 > 顯示參考線」或是「檢視 > 參考線 > 隱藏參考線」。建立垂直參考線，將指標放在左側尺標往畫面中央進行拖曳；建立水平參考線，則是將指標由上方尺標往畫面預定放置參考線的位置拖曳。

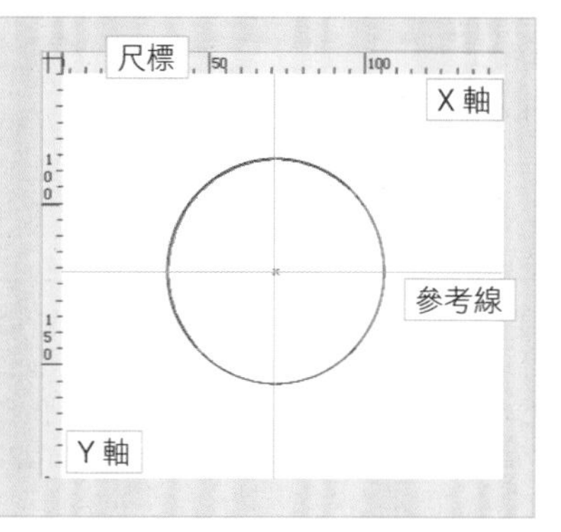

2. 路徑管理員

1 使用選取工具，同時選取四個橢圓。

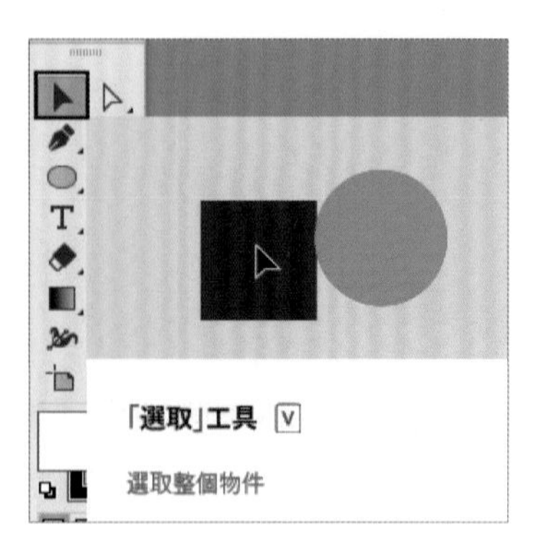

TIPS ▶ 選取工具運用方式

選取物件的工具有三種，在製作過程中，大部份都是先使用選取功能再進行操作：

- 實心的選取工具，可選擇整個物件，在作業過程中，使用完其他工具後會切換回實心的選取工具，以避免重複作用所選用工具的功能。選取物件時，如圖形為已群組物件，則在物件上點兩下會進入分離模式，選取到圖形群組的下一個階層。重複點選後，會一直往下一個階層進行選取。要退回正常編輯模式，可在選項列下方重複按下返回上一層級，或是按下鍵盤的「Esc」鍵退出分離模式。
- 空心的直接選取工具，可選擇物件上的節點，再進行編輯。
- 有 + 號的群組選取工具，如圖形為已群組物件，則可依照群組的階層，從最底層的單一物件，重複點選後，往上層級一併選取。

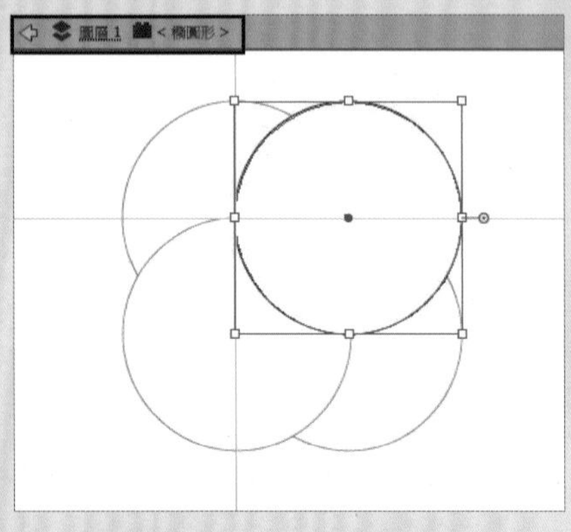

圖形進入分離模式編輯的狀態

2 點選「視窗＞路徑管理員」，開啟路徑管理員視窗，執行「聯集」。

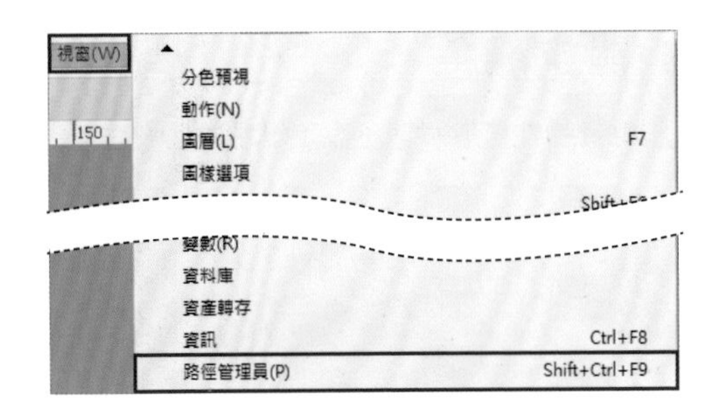

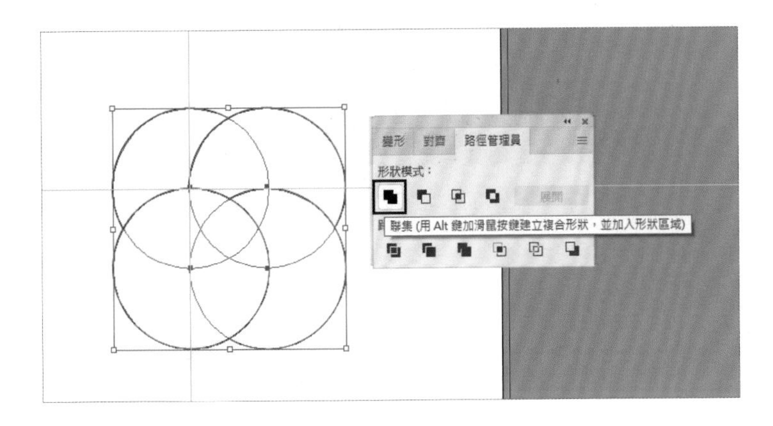

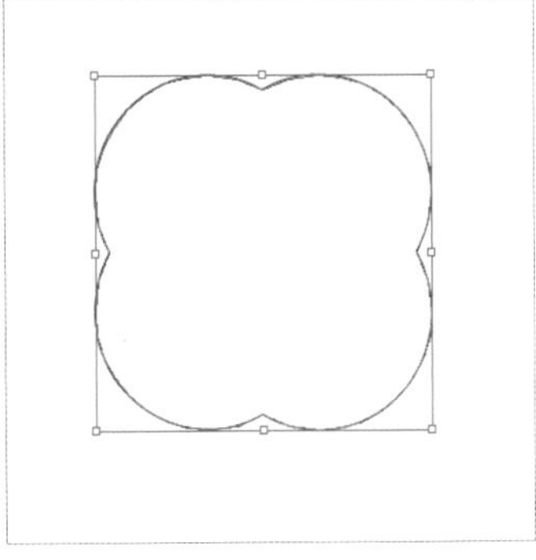

TIPS ▶ 路徑管理員的運用

使用路徑管理員，可透過簡單的形狀製作出複雜的圖形，形狀模式總共有四種，如同數學中的聯集、差集、交集。在繪製物件時，先繪製的在下層、後繪製的在上層，因此若要減去上層的物件順序需要調整時，可點選「物件＞排列順序」，或是點選「視窗＞圖層」，進行上下層的調換。

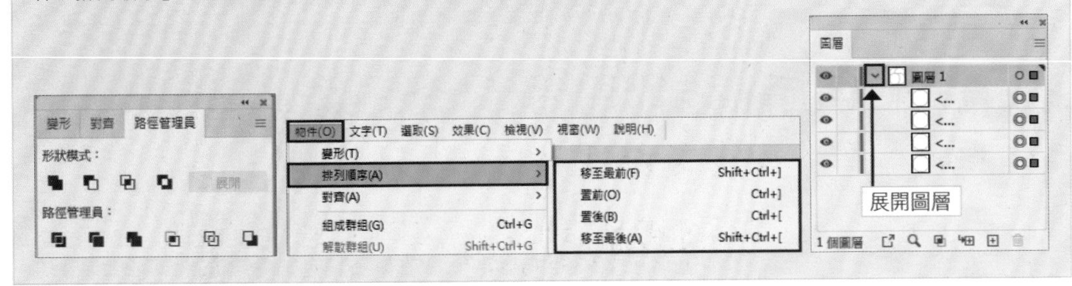

3. 設定顏色

1 保持物件選取狀態，設定填色為「桃色」，筆畫為「無」。

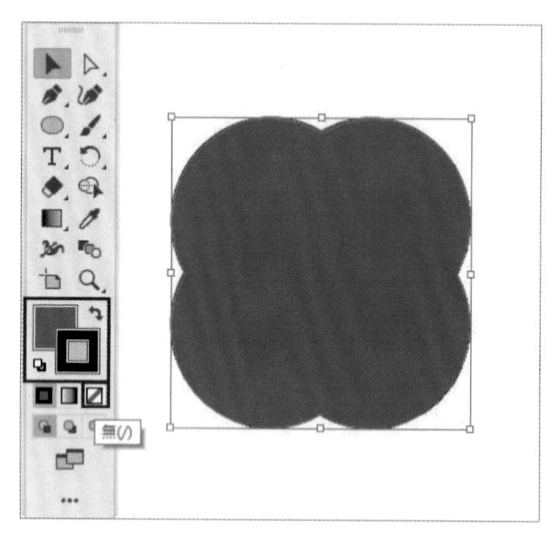

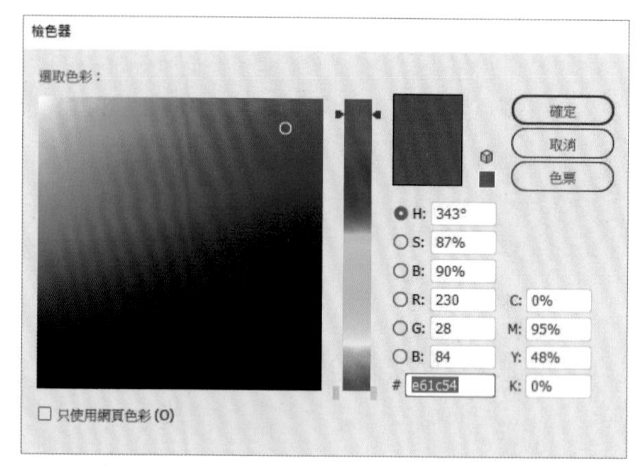

TIPS ▶

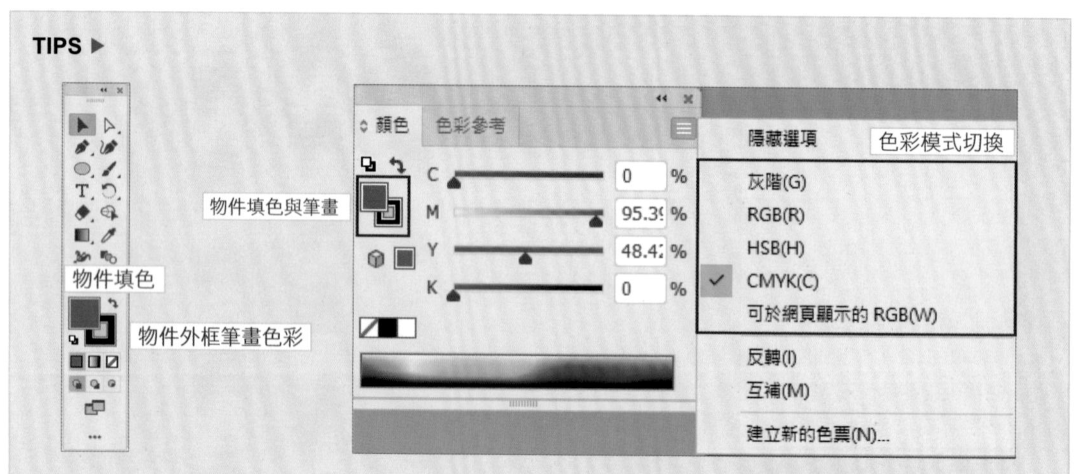

4. 製作內部字母設計

1 在工具箱選取文字工具，在畫面上輸入品牌標準文字。

2 將工具切換成選取工具，將文字放在繪製的圖形上方，並點選「視窗 > 文字 > 字元」，開啟字元視窗，設定文字字體等選項，並設定文字填色為「白色」，筆畫為「無」。

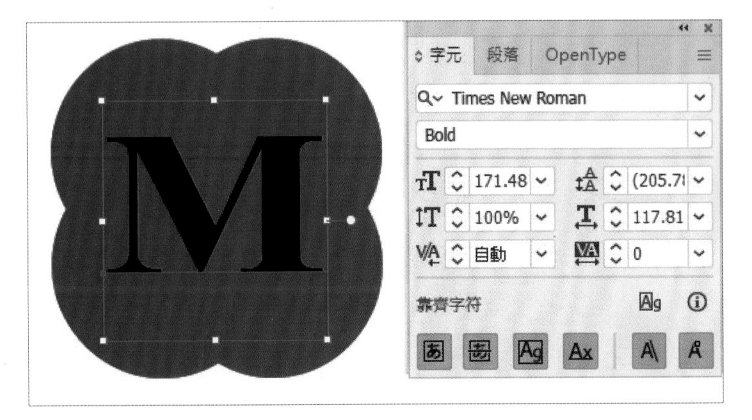

TIPS ▶ 文字工具

- 文字調整時，可以用選取工具選取整段文字修改，或使用文字工具，標記要修改的文字，再進行修改。改變尺寸時，可以在選單下方的選項列直接輸入數值，或用選取工具選取文字，按住「Shift」鍵，等比例的放大縮小。
- 字體可在網路上搜尋 .ttf 的字型檔案，放入控制台中的字體資料夾，軟體即會將字體帶入。

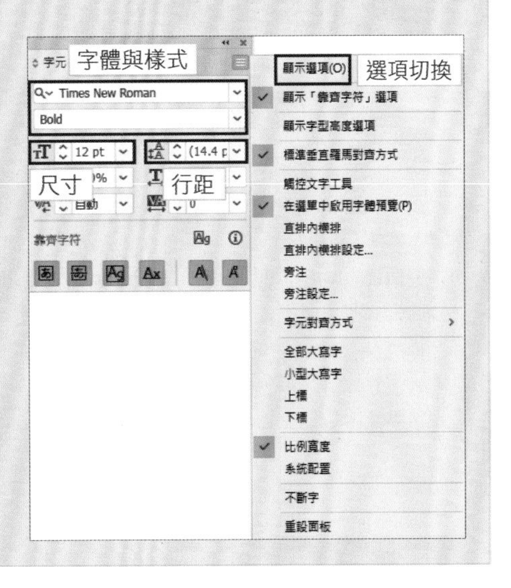

3 使用選取工具，選取文字後，點選「文字＞建立外框」，將文字轉換成路徑形式，品牌標準字完成。

TIPS ▶ 文字建立外框

將文字建立外框，有時會在設計過程中進行，由於文字已成為物件的路徑組成方式，因此可以運用直接選取工具，或鋼筆工具內的功能，進行節點的變形控制。

另外，文字模式時，可以任意調整文字內容，當要進行輸出之前，可先儲存檔案，再將文字轉外框另存新檔，以提供印刷廠無法更改文字的方式印製，避免在不同電腦開啟檔案字體遺失的問題。

4 使用選取工具選取 Logo 圖形，點選「視窗＞對齊」開啟對齊功能視窗，將製作好的轉外框文字與圖形進行水平居中及垂直居中。（調整好位置的 LOGO，可以將兩個圖形進行「物件＞組成群組」，以避免不小心移動到物件之間的相對位置）

TIPS ▶ 對齊面板

- 對齊視窗中的物件，可一次選取多個物件進行對齊，分水平齊左、水平居中、水平齊右，以及垂直齊上、垂直居中、垂直齊下。
- 均分物件可一次針對三個或三個以上的物件，進行均分的動作，分垂直依上緣均分、垂直依中線均分、垂直依下緣均分，以及水平依左緣均分、水平依中線均分、水平依右緣均分。

5 在工具箱選取文字工具，在畫面上輸入品牌文字「MAGIC.JING」。

6 使用選取工具，按住「Shift」鍵，等比調整文字大小，並點選「視窗＞對齊」，將繪製好的圖形與文字進行水平居中。

7 點選「檔案＞儲存」。

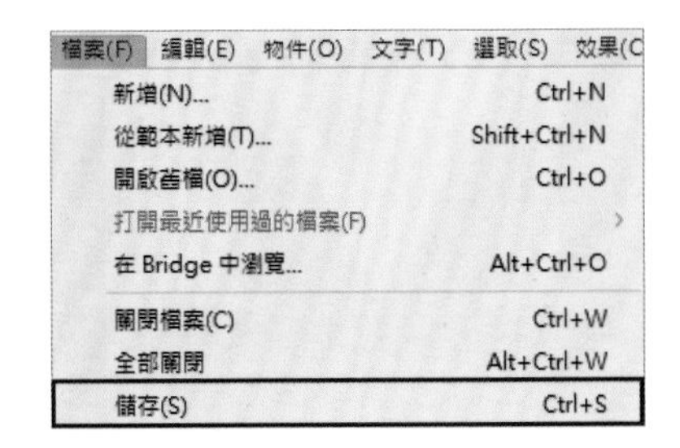

8 使用選取工具，選取文字後，點選「文字＞建立外框」，將文字轉換成路徑形式，並點選「檔案＞另存新檔」，另命名檔案存檔。

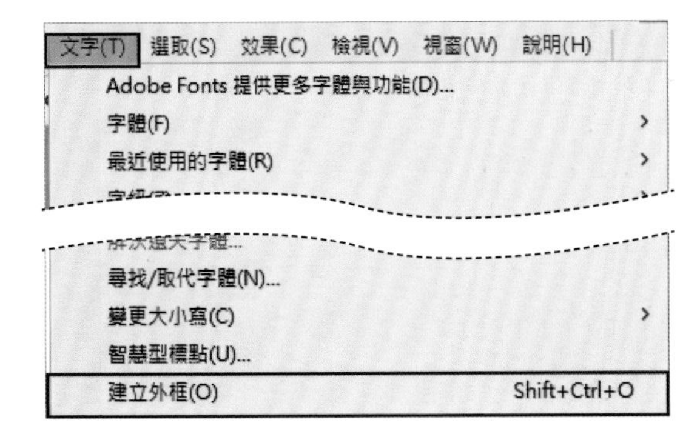

檔案(F) 編輯(E) 物件(O) 文字(T) 選取(S) 效果(C
新增(N)... Ctrl+N
從範本新增(T)... Shift+Ctrl+N
開啟舊檔(O)... Ctrl+O
打開最近使用過的檔案(F)
在 Bridge 中瀏覽... Alt+Ctrl+O
關閉檔案(C) Ctrl+W
全部關閉 Alt+Ctrl+W
儲存(S) Ctrl+S
另存新檔(A)... Shift+Ctrl+S

TIPS ▶ 檔案製作與存檔

- 製作中若有涉及文字，在輸出時，必須將文字進行建立外框，以免檔案交換或輸出中心沒有字體，造成無法正確顯示或輸出的狀況，因此建議完成製作時，先儲存一份檔案，以方便之後修改使用；同時再儲存一個文字建立外框的檔案，進行輸出或交付客戶。
- 輸出儲存時，檔案版本必須與輸出中心先行確認，目前一般輸出中心多為 CS6 以上的版本，儲存成對方使用的版本，可避免無法輸出或輸出檔案錯誤的狀況。

9 檔案製作完成。

延伸練習

請使用不同的形狀工具，配合路徑管理員與對齊功能，加上字體，進行 LOGO 設計。

線上下載

CH02-1 > CH02-01 延伸練習.ai、CH02-01 延伸練習-CS3.ai

吉祥物公仔插畫

鋼筆與路徑製作

2-2

將鋼筆工具結合筆刷，可讓線條更有手感；結合色票與漸層進行顏色的填色方式，可以讓設計物更有漫畫風格。

▼ 關鍵技巧

1 鋼筆工具＞鋼筆與貝茲曲線編輯

2 色票與漸層填色＞使用預設的色票與漸層色彩進行設計

3 鏡射功能＞中心點與設定

4 筆刷設計筆刷線條

線上下載

CH02-2 ＞ CH02-02.ai、CH02-02-CS3.ai

設計實作

1. 鋼筆工具實作

1 點選「檔案＞新增」，選擇列印形式之 A4 文件，按下「建立」鈕。

2 在工具箱中選擇鋼筆工具，在畫面上畫出狗的圖形。

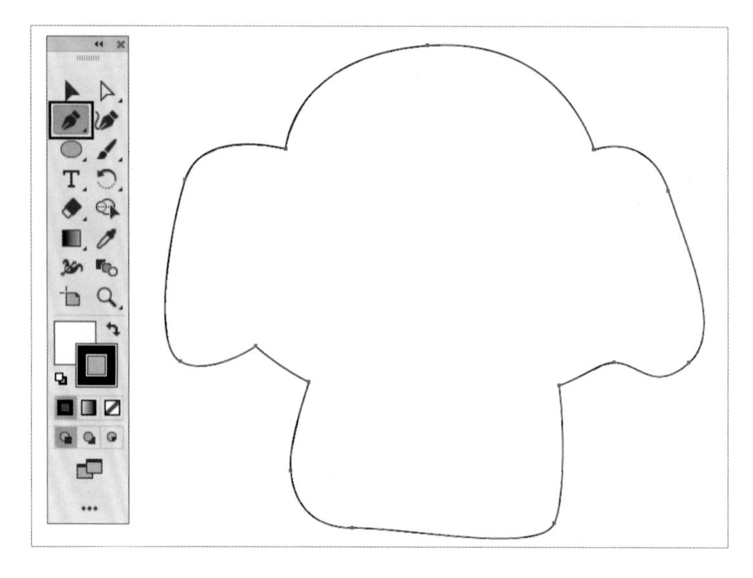

TIPS ▶ 使用鋼筆工具

以路徑配合鋼筆工具，幫助設計者可以自由且更精確的繪製圖形，並可任意放大縮小，而不會有失真的狀態產生。直接點按滑鼠產生的是直線屬性的路徑，按下滑鼠不放，往左右拖曳，會產生貝茲曲線的把手，協助弧形路徑的繪製。

以圓形為例，繪製的技巧為，在弧形的頂端產生貝茲曲線把手，控制左右路徑的弧度，愈靠近把手的位置，把手對弧度的控制度愈高。繪製圖形盡量以愈少錨點愈好，一方面可有效縮減檔案大小，更重要的是，愈少錨點的作用影響，繪製弧度可以更漂亮。

要繪製封閉路徑，需注意最後一點繪製到第一點位置時，滑鼠位置會產生圓形符號代表封閉，此時再點選滑鼠完成路徑繪製。

完成路徑繪製後，可配合工具箱中的路徑選取工具，選取整個路徑移動，或使用直接選取工具，選取路徑上單一或一個以上的點，進行細部調整。

另外，尚可使用增加錨點、刪除錨點、轉換錨點工具，進行路徑弧度的調整。

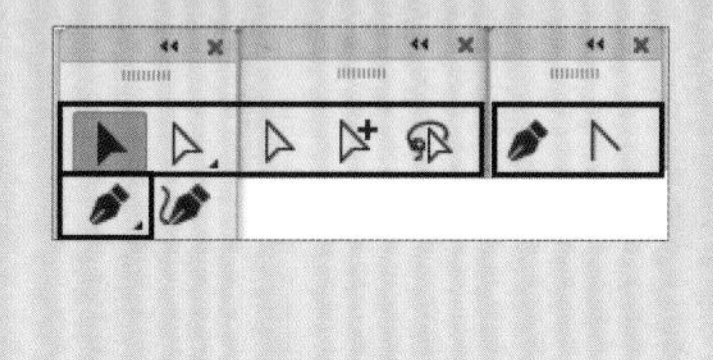

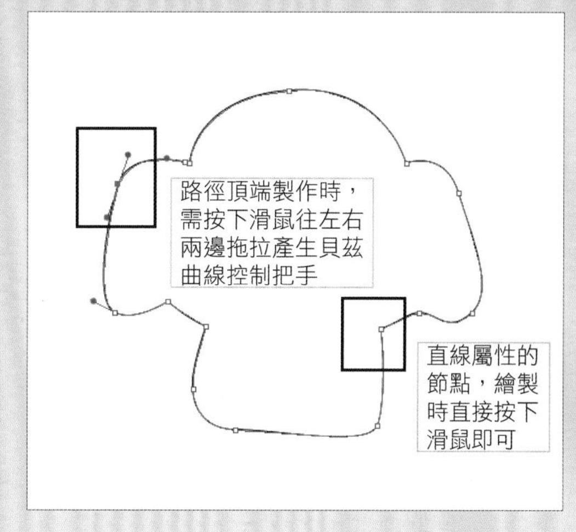

2. 色票應用

1 以鋼筆工具在畫面上畫出圍巾的圖形。

2 使用選取工具設定圍巾的筆畫為「無」。

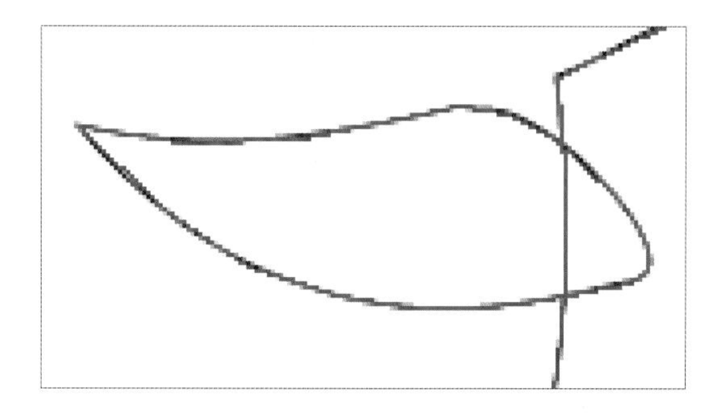

3 點選「視窗＞色票」，在色票視窗中開啟小孩物品色票，進行圍巾的填色上色。

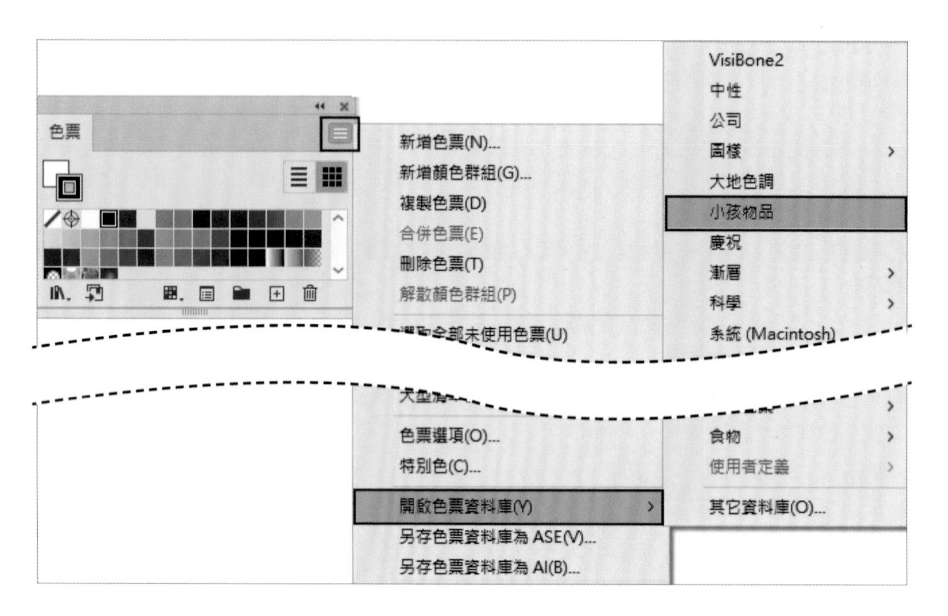

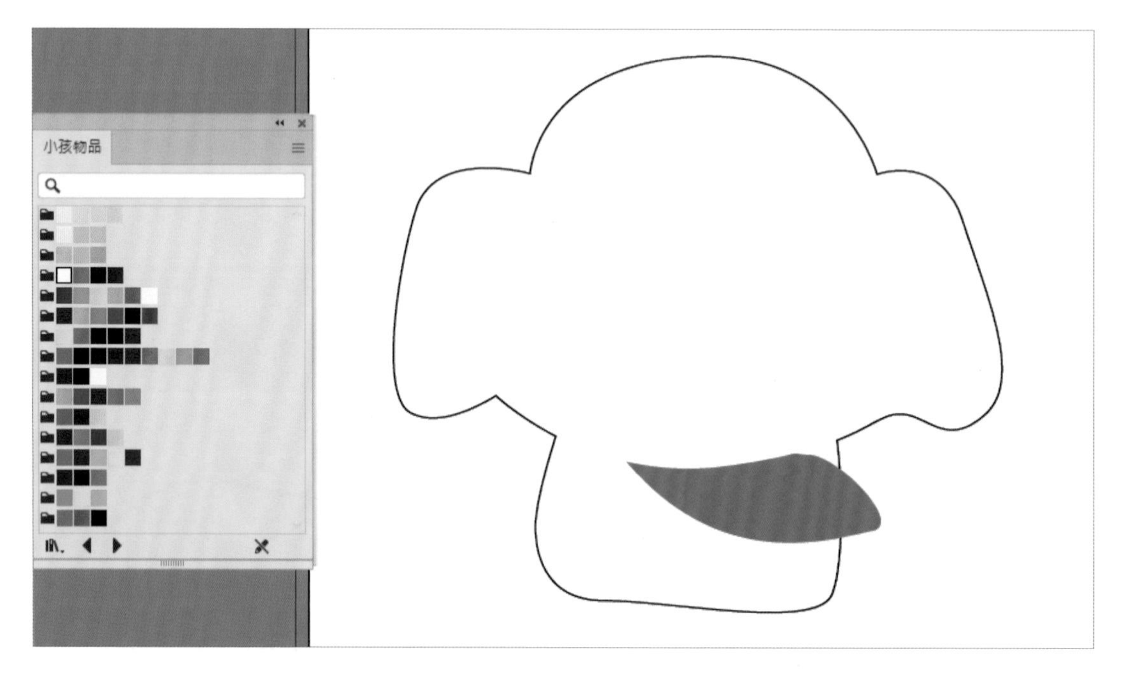

TIPS ▶ 風格色票填色

色票資料庫中有軟體預設的配色色盤，開啟製作的風格配色色票，可進行色彩的搭配。

圖樣色票：以連續圖案方式設計的色票

漸層色票：兩種以上顏色進行漸層變化的色票

系統色票與色表：電腦系統預設值的色票與色表，有各種輸出標準色系統的色票，若設計是以標準色的方式，輸出時要與輸出中心確認以標準色的色票號碼進行印刷。

應用在企業 CIS 視覺識別系統時，以標準色定義，可在輸出前以標準色系統提供已印刷好的色票，與客戶溝通配色及完成品的色彩呈現，並可以色票要求印刷廠商印出的顏色，但此種方式必須另外開版印製，費用比合版印刷高出許多。

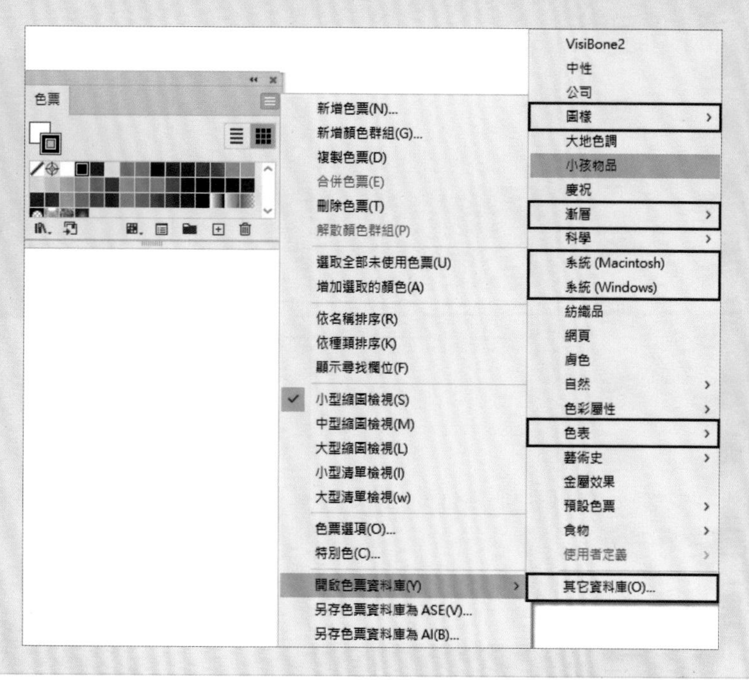

TIPS ▶ 傳統印刷與合板印刷

傳統印刷以自行開版的方式製作印刷物，因此一份印刷物必須以印刷數量來估價，估價內容包含開版費、紙張費、印刷費等。此種方式可依設計者的需求挑選紙張、特別色的印刷，但成本較高。

合版印刷是以工業型的大型印表機器印刷，採用的色彩模式是 CMYK 四色配色的方式，印刷中心提供大部份消費者常使用的印刷紙張進行選擇，印製時，將客戶使用同種紙張材質的拼成一個版進行輸出，因此可降低成本及時間。

4 使用橢圓形工具，以不同圓形組成方式，為小狗繪製眼睛，並設定筆畫：無與填色搭配。

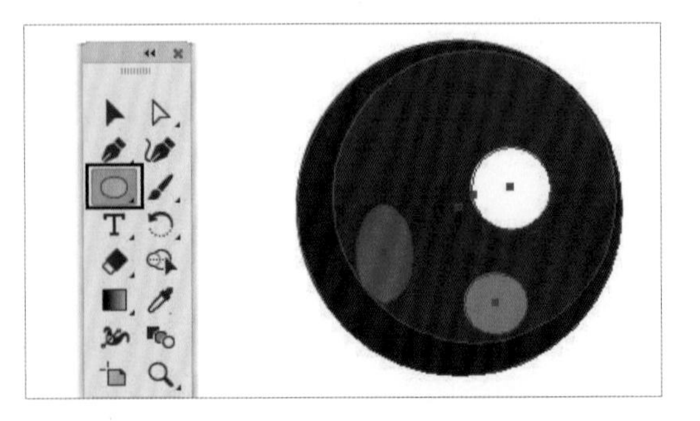

5 點選「物件＞組成群組」，使用選取工具將小狗眼睛組成群組。

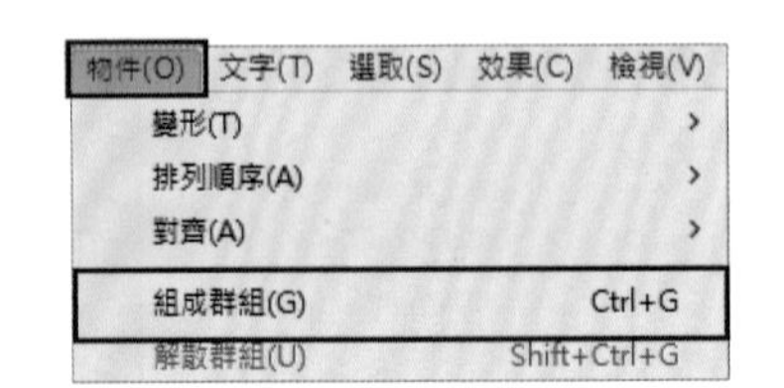

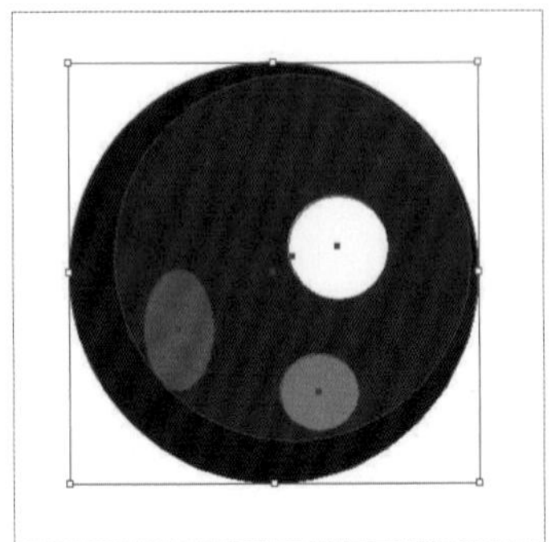

3. 鏡射功能

1 使用鏡射工具，在欲鏡射的雙眼中心點位置，同時按住「Alt」鍵並按下滑鼠，設定拷貝垂直鏡射，製作小狗第二隻眼睛。

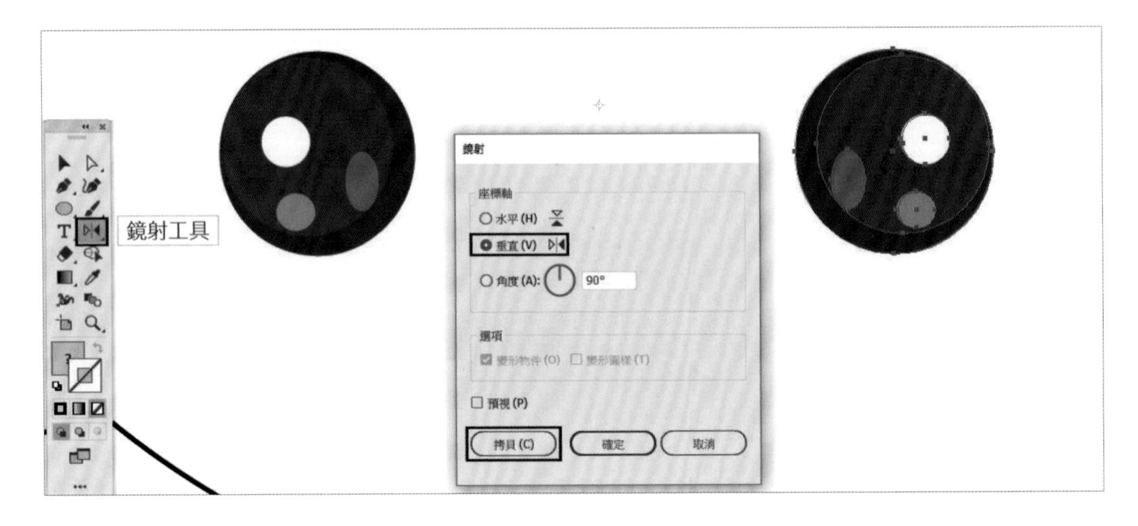

TIPS ▶ 中心點設定

鏡射、旋轉、縮放、傾斜工具，皆可以在製作時同時按住「Alt」鍵並按下滑鼠，設定中心點位置。

2 使用鋼筆工具，繪製小狗的鼻子與嘴巴。

4. 漸層填色

1 使用漸層工具，點選「視窗 > 漸層」，設定漸層色後，將類型改為放射狀，並在物件拉出漸層產生的範圍。

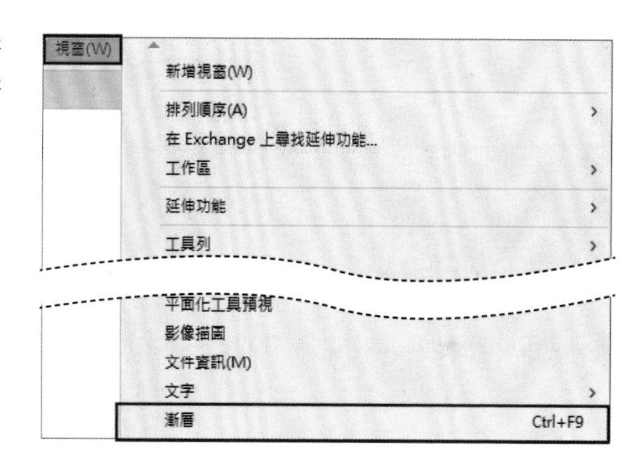

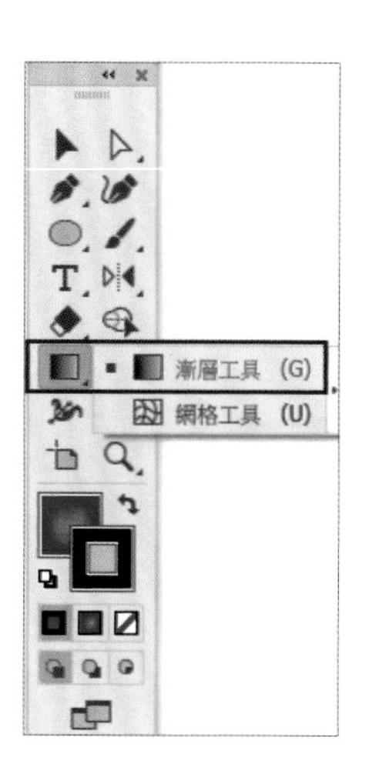

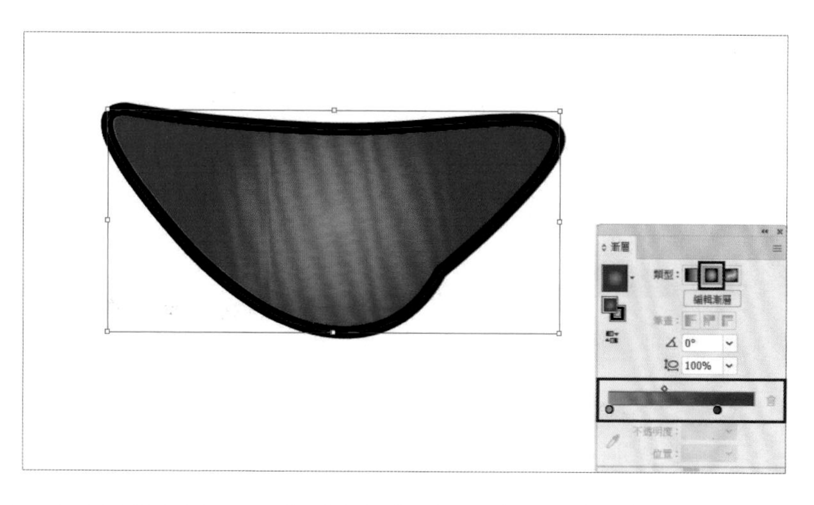

TIPS ▶ 漸層視窗

漸層視窗可修改漸層的類型，並可編輯漸層色彩，點擊兩下漸層色標會帶出顏色編輯器，可調整漸層的顏色變化。不透明度的調整則可使漸層到半透明的狀態。

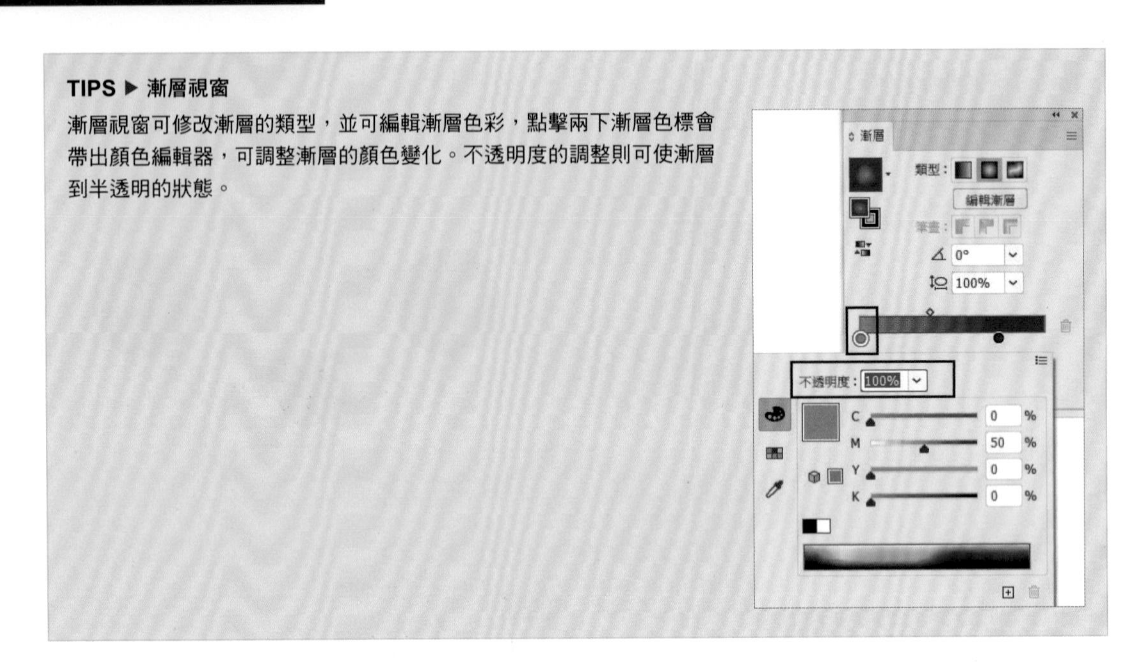

2 設定小狗的嘴巴筆畫為「無」，鼻子與眼睛的填色可自行搭配。

5. 設計筆刷線條

1 使用鋼筆工具，繪製如圖的封閉曲線。設定筆畫為「無」，填色為「K=100」。

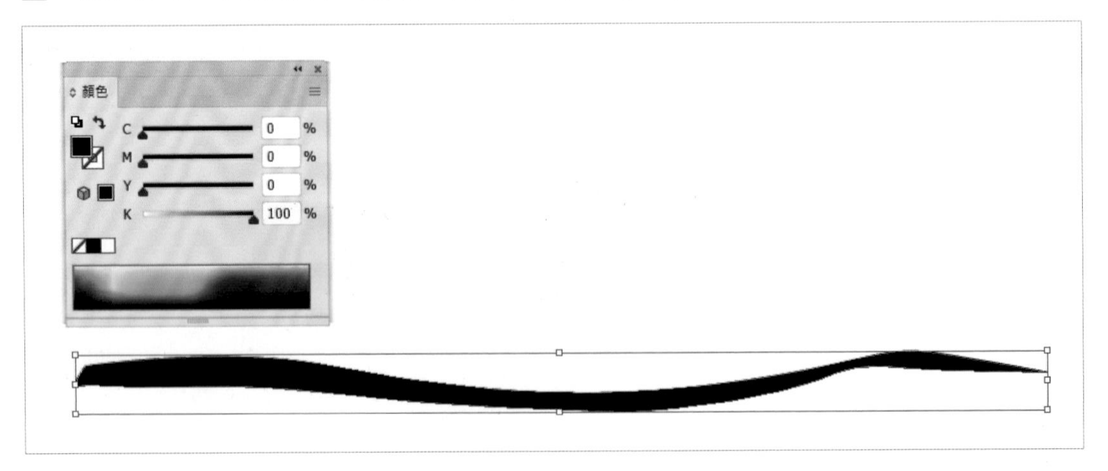

2 點選「視窗 > 筆刷」，在筆刷視窗中新增線條圖筆刷。

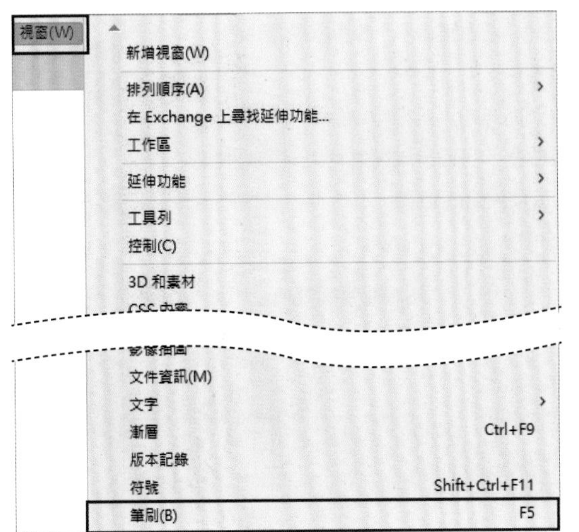

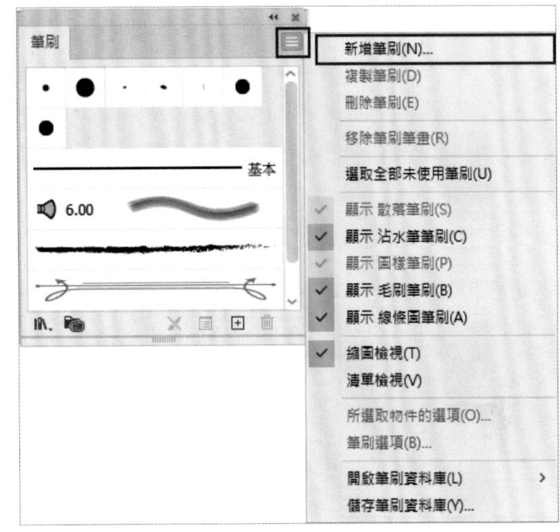

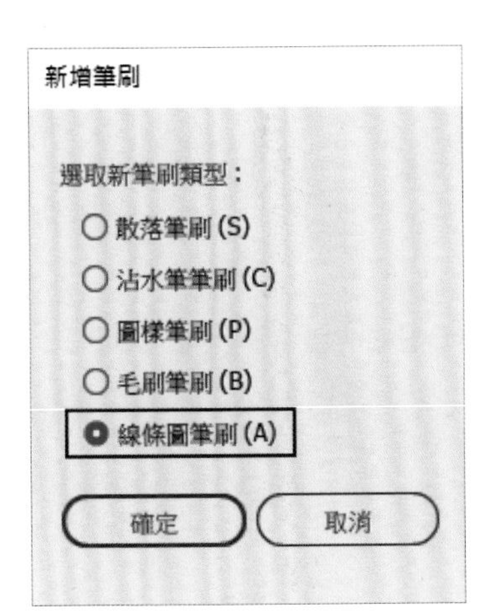

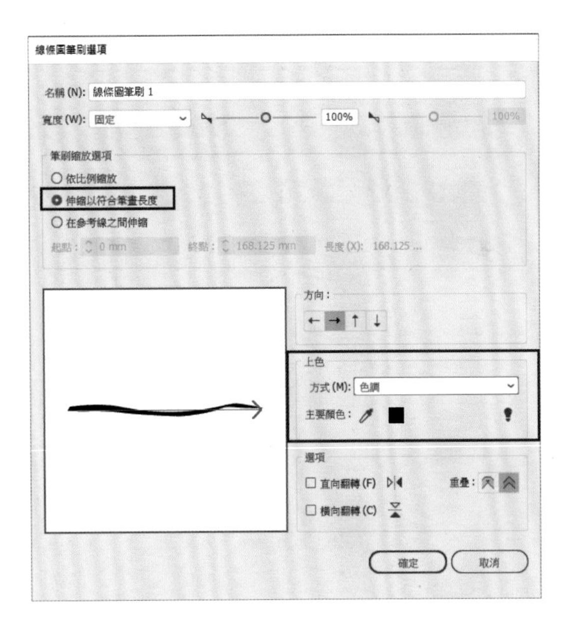

TIPS ▶ 新增筆刷

筆刷有五種類型：1. 散落筆刷、2. 沾水筆筆刷、3. 毛刷筆刷、4. 圖樣筆刷、5. 線條圖筆刷。

- 沾水筆筆刷與毛刷筆刷可在無選取物件時，直接進入設定。
- 散落筆刷與線條圖筆刷必須先繪製物件後，再依希望呈現的方式，選擇筆刷的表現形態。
- 圖樣筆刷則需要先設計圖樣與定義圖樣，再進行筆刷的設定，可設計成裝飾框與緞帶的效果。

物件在製作時以灰階色彩定義，在設定筆刷時，上色模式可以設定成色調，之後進行筆刷應用時，筆畫所設定的色彩，將依照原始筆刷灰階的濃淡，來表現色彩的濃淡效果。

新增筆刷

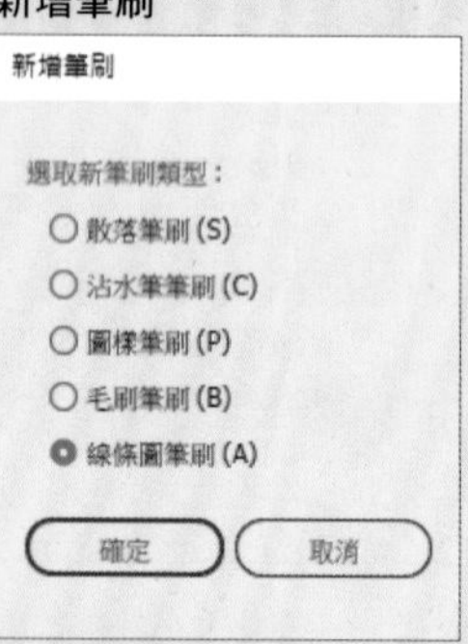

散落筆刷選項

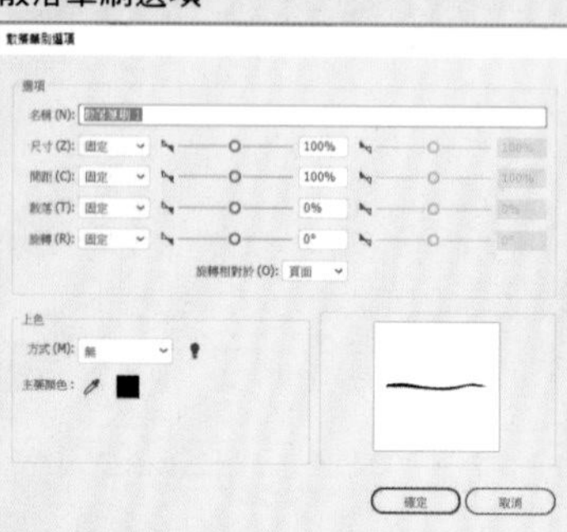

沾水筆筆刷選項

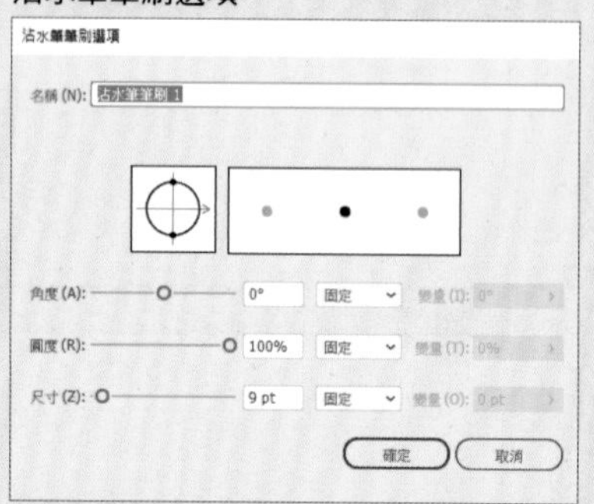

毛刷筆刷選項

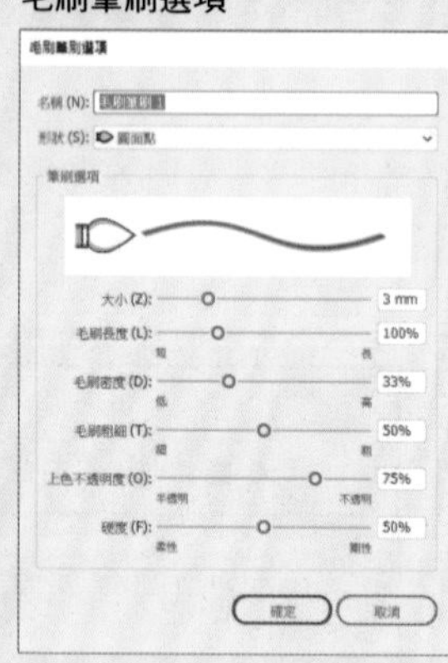

圖樣筆刷選項

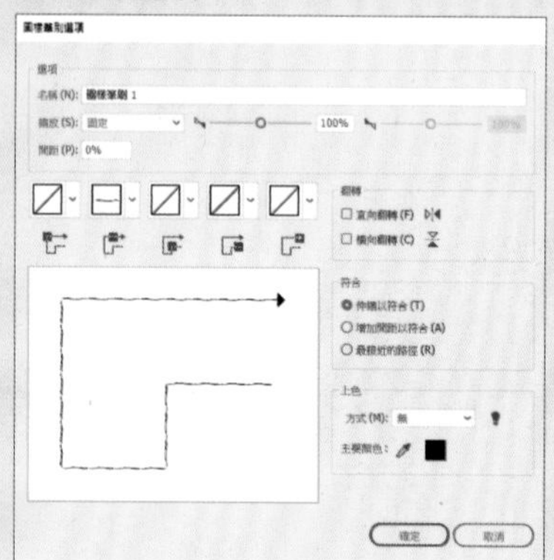

線條圖筆刷選項

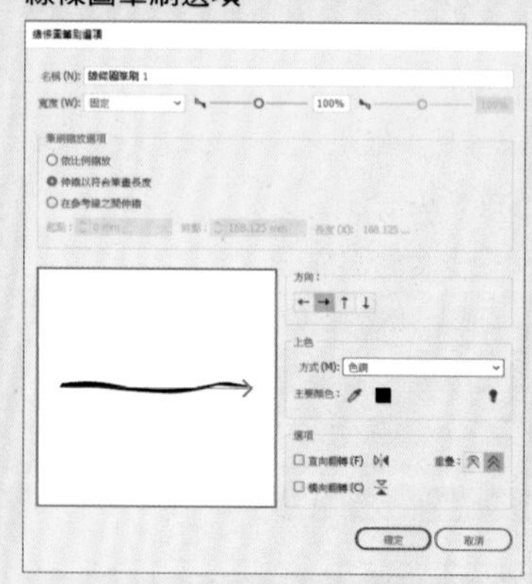

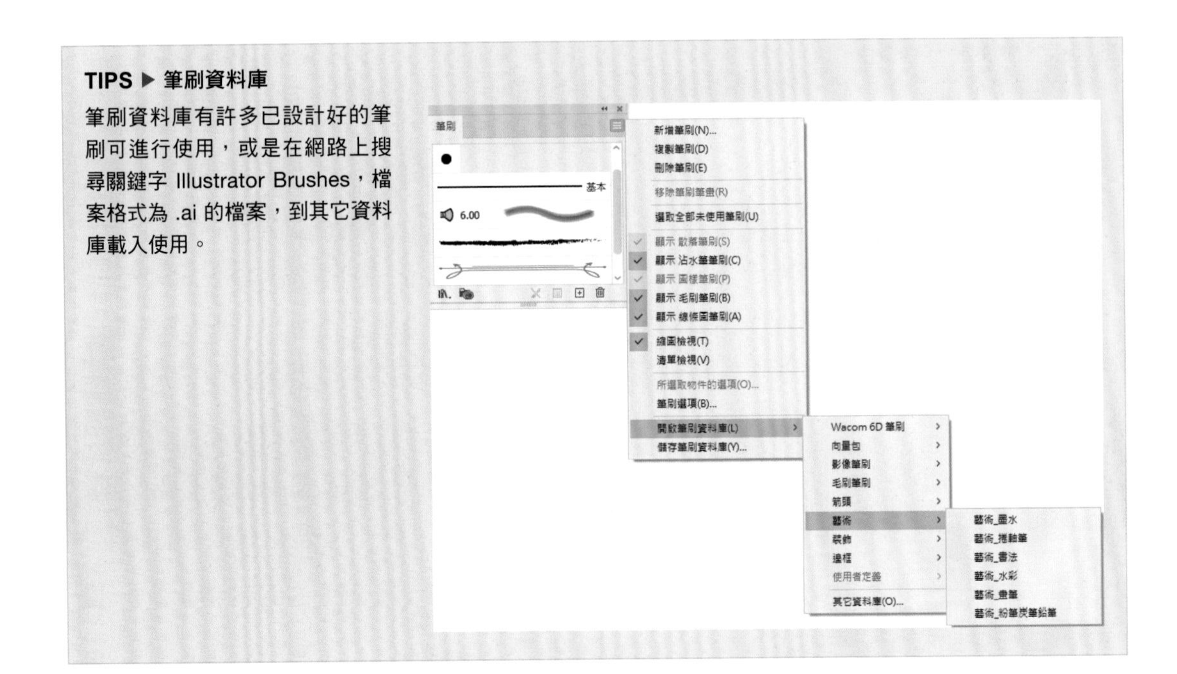

TIPS ▶ 筆刷資料庫

筆刷資料庫有許多已設計好的筆刷可進行使用，或是在網路上搜尋關鍵字 Illustrator Brushes，檔案格式為 .ai 的檔案，到其它資料庫載入使用。

3 選取小狗的外框線條，設定成設計的線條圖筆刷。

4 設定小狗的外框線條色彩。

5 製作完成。

延伸練習

請使用鋼筆工具，配合筆刷設計與色票、漸層填色功能，繪製卡通角色。

CH02-2 > CH02-02 延伸練習.ai、CH02-02 延伸練習-CS3.ai

個人商務形象名片

圖片置入、解析度與字符、圖樣功能

2-3

圖片在 Illustrator 進行印刷品製作時，需先至 Photoshop 設定正確的圖片輸出解析度。本單元將說明印刷品在設定與輸出時的出血細節，以及連續性圖樣的設計技巧。

▼ 關鍵技巧

1 網址的 QR Code 製作與圖片置入＞印刷圖片解析度的設定

2 名片設計＞名片尺寸大小設定與文字大小注意事項

3 字符＞運用文字字體進行圖案的設計

4 設計與定義圖樣＞CS6 圖樣選項新技巧運用

5 漸層設計＞漸層面板的使用

6 輸出 pdf 檔案＞印刷輸出的檔案設定

CH02-3 ＞ CH02-03.ai、CH02-03.pdf、CH02-03qrcode.png

1. 網址的 QR Code 製作

1 以 Google 搜尋關鍵字 QR Code Generator，即可至 https://www.qr-code-generator.com/ 網站產生 QR Code 圖片。(目前有許多提供 QR code 線上產生器的網站，方便使用者自行使用。)

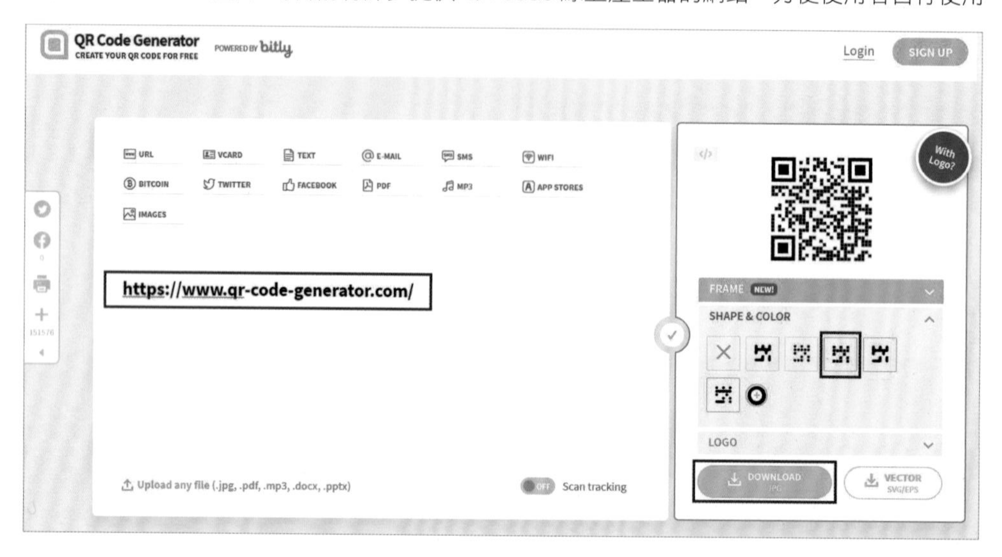

2 下載圖片後，至 Photoshop 開啟，點選「影像＞影像尺寸」，取消勾選「影像重新取樣」，文件尺寸解析度設定為「300 Pixels/Inch」。

TIPS ▶Photoshop 影像處理

在 Illustrator 或其他排版軟體中，印刷物將使用到影像的部份，必須先到 Photoshop 設定文件解析度，輸出時才不至於因為解析度不足，而產生圖片如馬賽克或毛邊的狀況。取消勾選影像重新取樣，可讓圖像依據原始的影像像素，依照解析度的參數值，對應畫面可印製的印刷尺寸。

2. 名片設定

1 點選「檔案＞新增」，新增文件尺寸寬 90mm，高 54mm，上下左右各出血 1mm 的名片檔案。

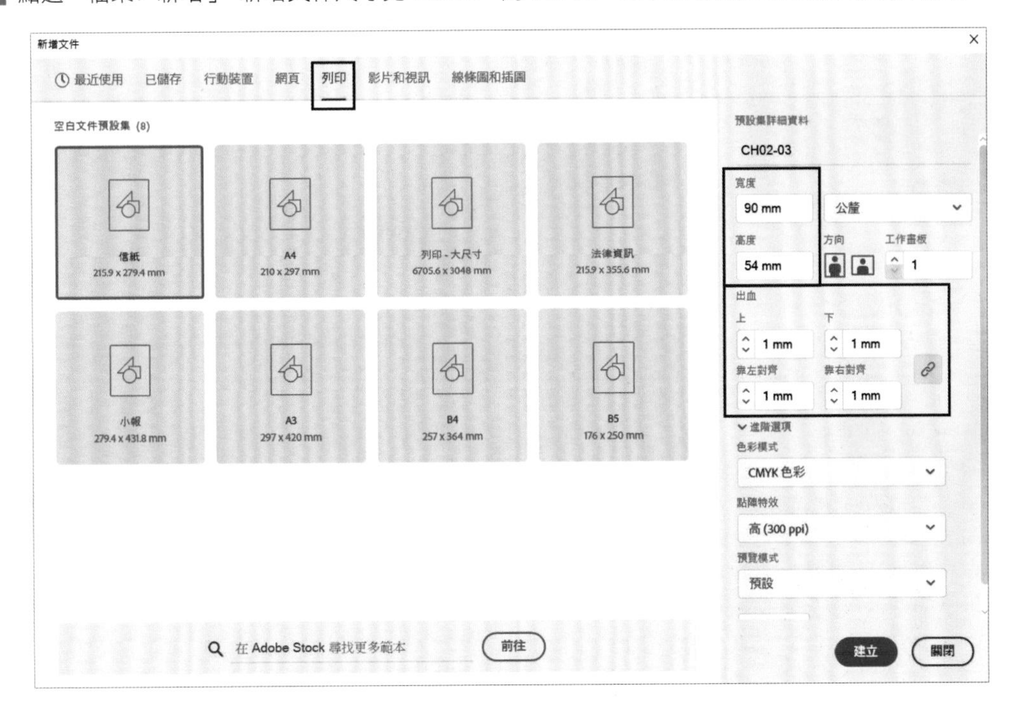

TIPS ▶ 名片檔案印刷設定

目前一般名片尺寸為 90mm x 54mm，出血設定要與輸出中心確認，大部份上下左右各以 1mm 出血即可。檔案製作時，必須完稿到出血的位置，印刷出的成品裁切後才不至於留下白邊。另外，由於出血參數比較小的情況下，部分印刷廠會是以設定尺寸直接增加上下左右需要的出血 1mm，設定文件尺寸 92mm x 56mm，進行機器自動裁切的方式印製。

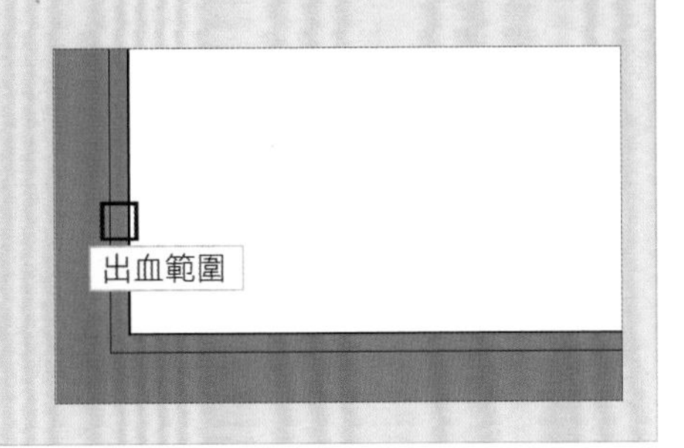

3. 置入圖片

1 點選「檔案＞置入」，取消「連結」選項，選擇 QR Code 圖片。

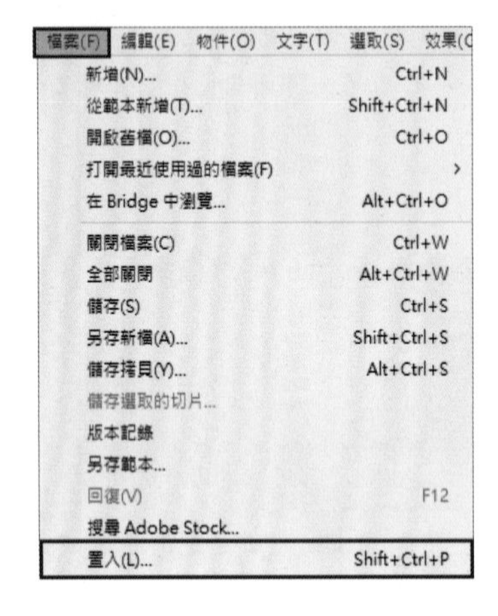

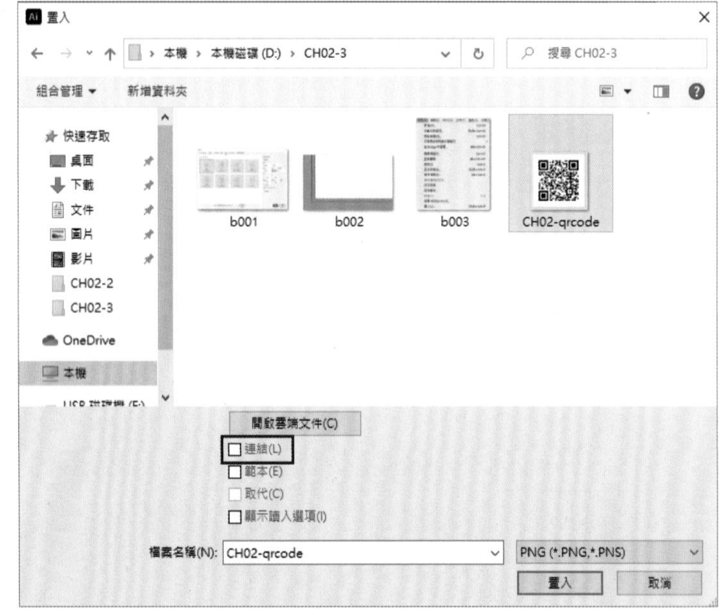

> **TIPS ▶ 置入功能與連結選項的勾選**
>
> 用於要在不同軟體間編輯檔案，如影像放到向量製作軟體 Illustrator，則要使用置入功能，將外部圖片放入編輯，勾選連結選項時，在軟體中編輯，檔案會紀錄圖片存在硬碟中的相對路徑，若外部圖片有進行編修，輸出會以圖片最新的樣貌印製，並且必須將外部圖片的原始檔案一併交付輸出中心，若取消連結選項，輸出時僅需要提供 Illustrator 儲存的檔案即可進行交付。

2 使用選取工具，按住「Shift」鍵等比縮放。

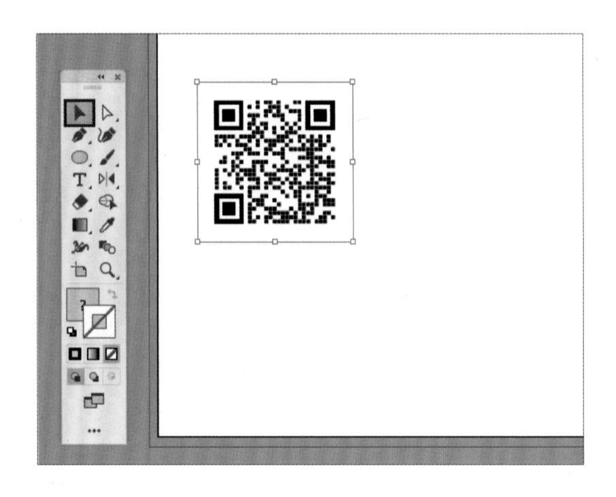

4. 使用字符

1 使用文字工具，在畫面上點擊一下後，點選「文字 > 字符」，設定字體後，連續點擊兩下要選用的圖形。

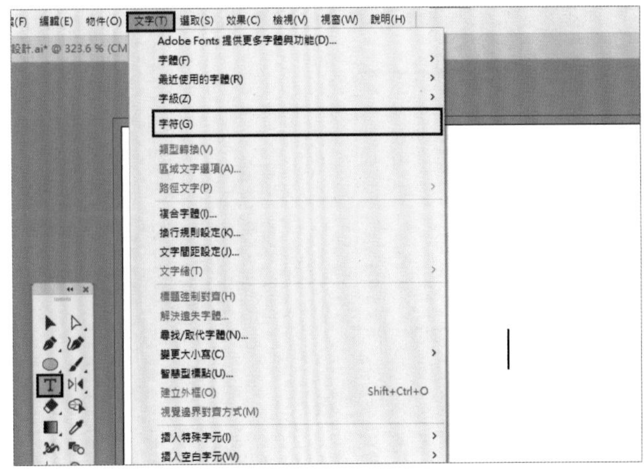

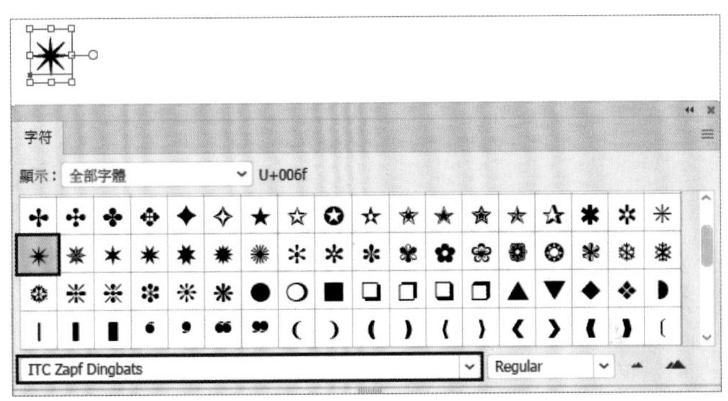

TIPS ▶ 新增字符工具

字符選項可以直接看到字體的全部形態。於 Google 搜尋 symbol font 可以下載以符號方式設計的字體，將 .ttf 格式的檔案放到控制台中的字型資料夾，即可在軟體中進行應用。

2 關閉字符選項，使用選取工具，點選「文字 > 建立外框」，將符號文字轉為路徑。

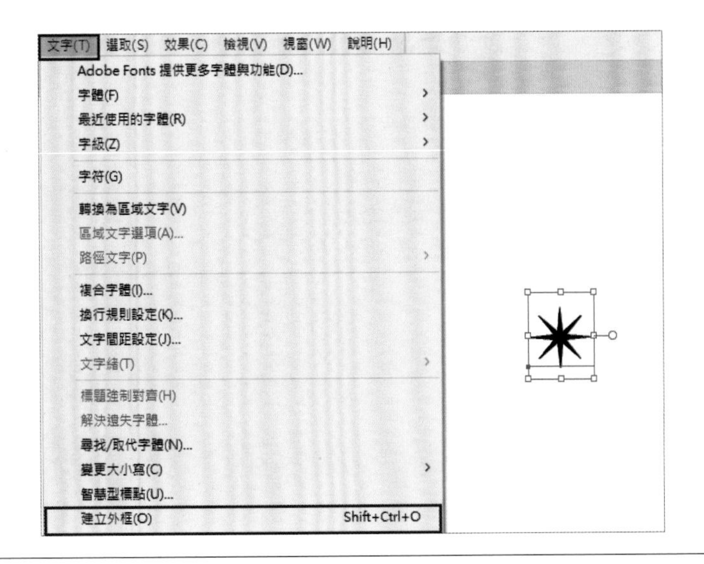

5. 設計圖樣

1 使用矩形工具，繪製正方形。

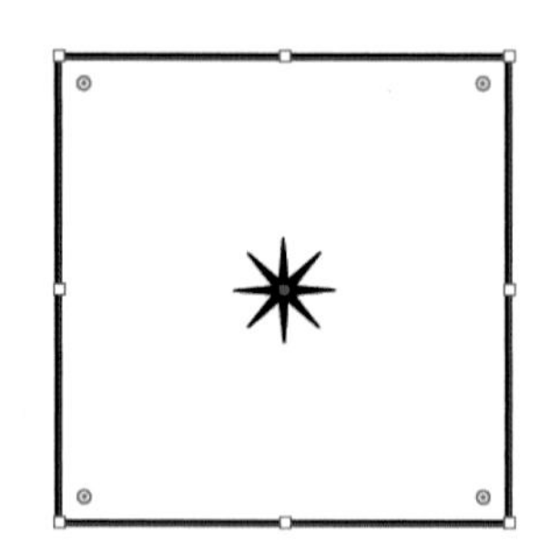

2 點選「物件＞排列順序＞移至最後」。

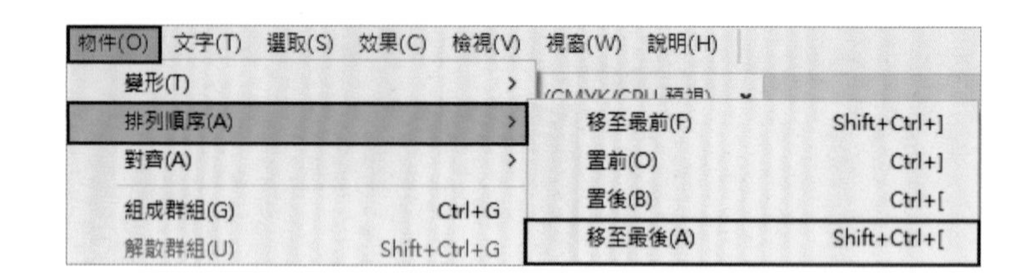

3 開啟色票視窗，開啟「漸層＞彩筆」與「漸層＞水」風格色票。

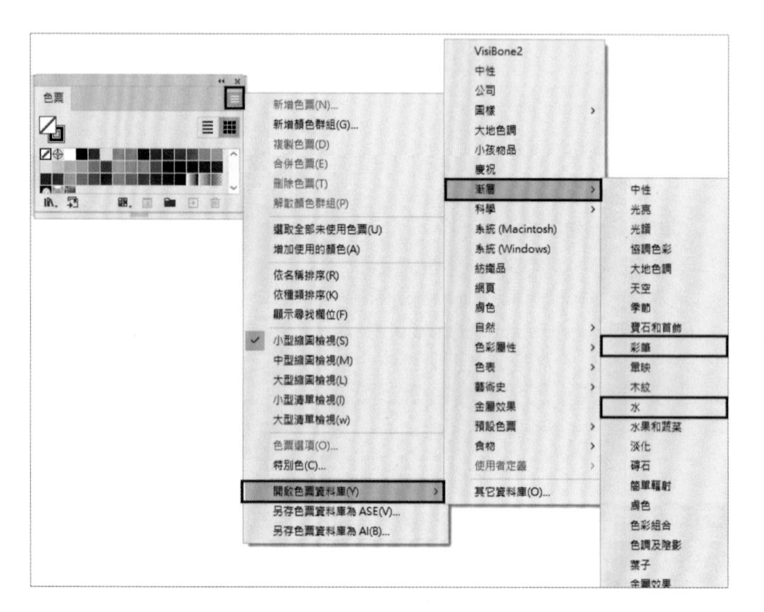

4 設定矩形筆畫為「無」，「漸層＞彩筆」配色色票填色光芒；與「漸層＞水」配色色票填色矩形。

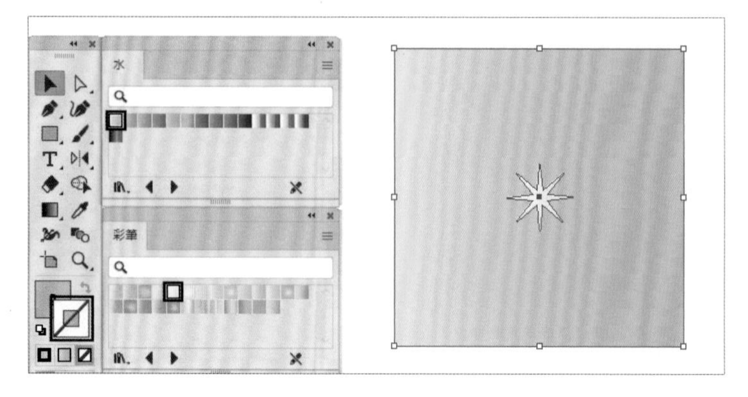

5 選取矩形，點選「視窗＞漸層」，調整「類型＞放射狀」。

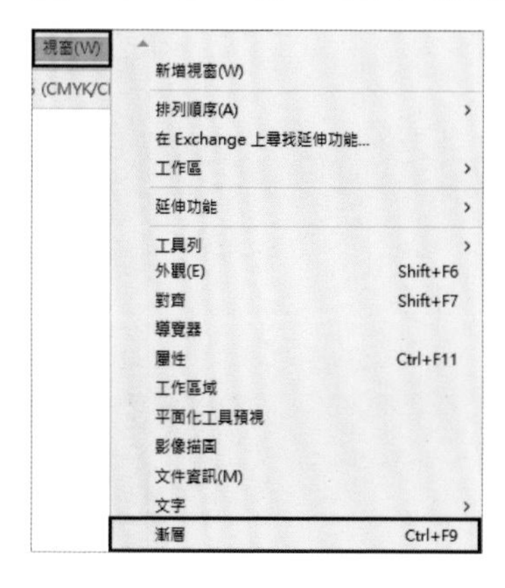

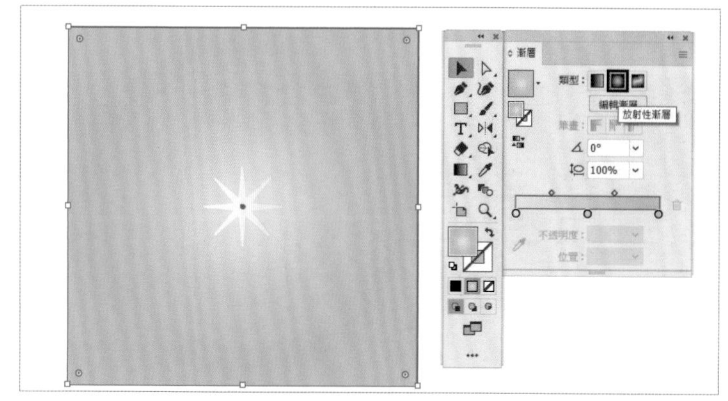

6 同時選取光芒與矩形，點選「視窗＞對齊」，將光芒與矩形進行水平居中、垂直居中對齊。

7 複製四個光芒，修改填色，並點選「檢視＞智慧型參考線」，將光芒中心點對齊放置到矩形四個角。

6. 定義圖樣

1 點選「視窗 > 圖層」，將圖層 1 展開，拷貝矩形，將矩形貼到下層。

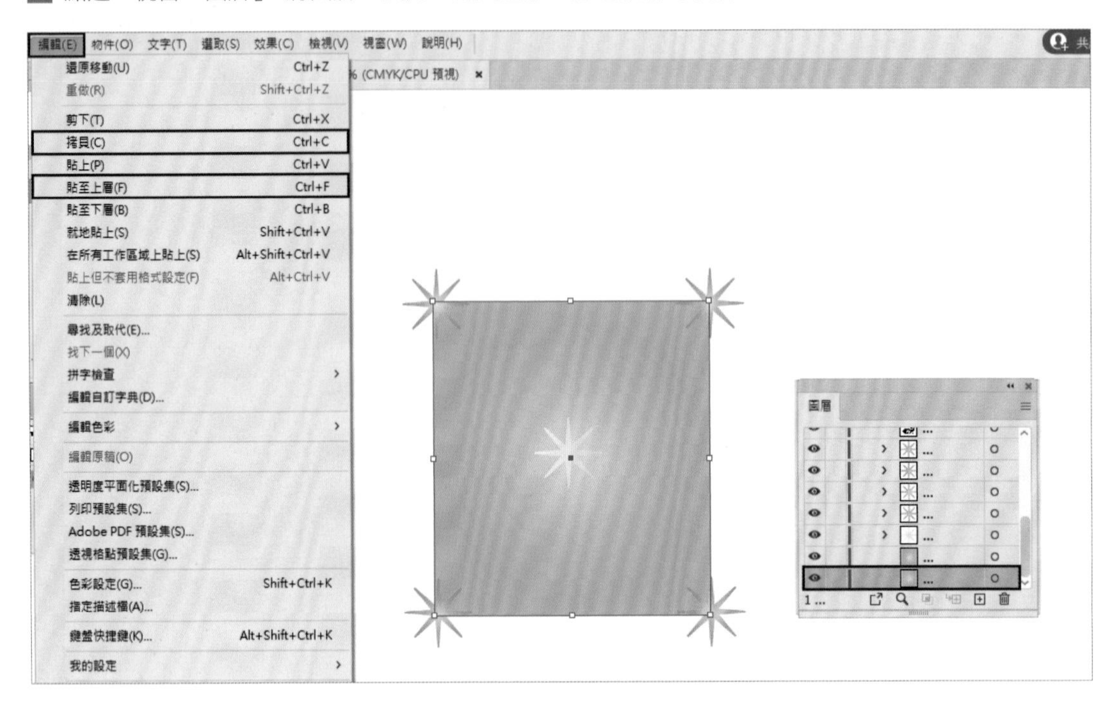

2 設定下層的矩形填色與筆畫皆為「無」。

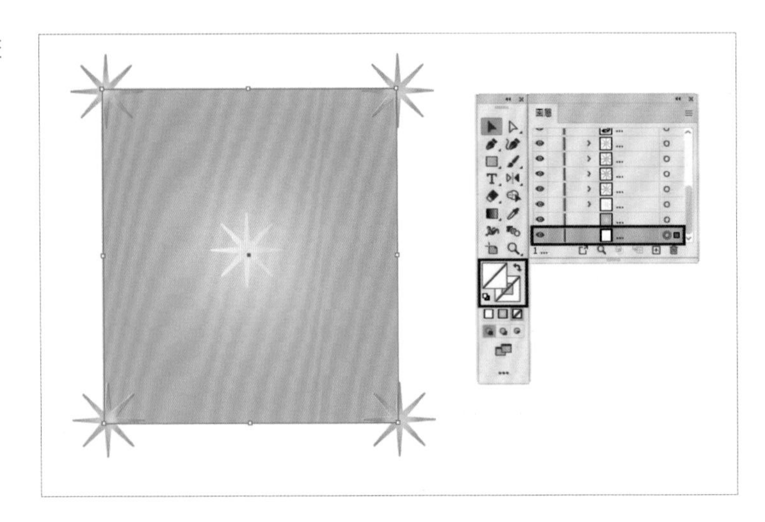

3 全選所有圖形，點選「視窗＞圖樣選項」，於圖樣選項視窗中選擇製作圖樣，開啟圖樣編輯模式進行編輯。

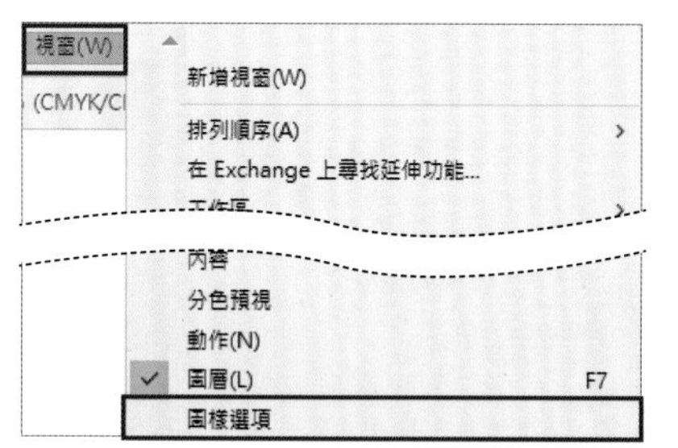

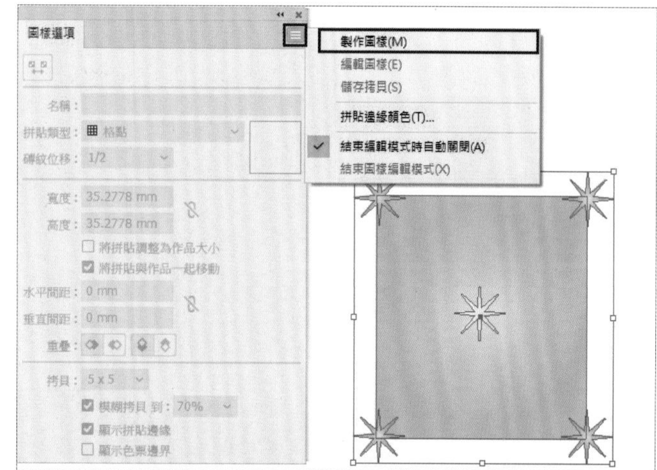

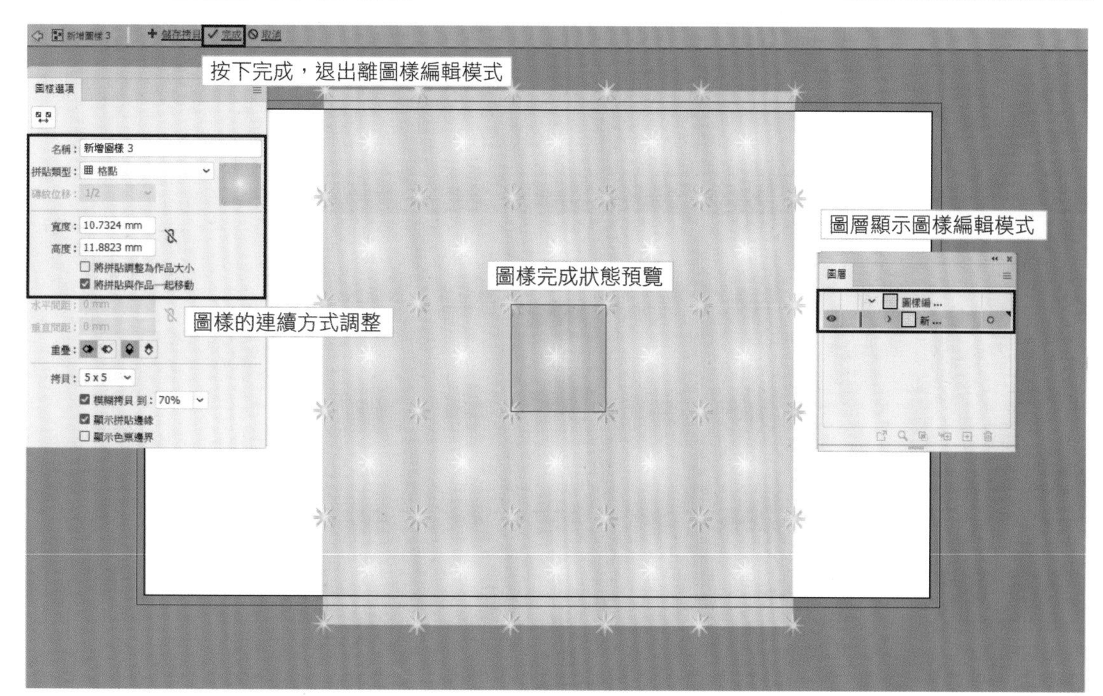

TIPS ▶CS6 以上版本的定義圖樣功能

定義圖樣的方式，在 CS6 增加了更多的彈性，Illustrator CS6 將圖樣功能獨立到視窗中的圖樣選項，可直接進行圖樣預覽狀態下的編輯，在 CS5 之前製作圖樣的方式，請選取物件後，點選「編輯＞定義圖樣」。

圖層中最下層填色與筆畫為無的矩形物件，是用來定義圖樣範圍所用，CS6 以上的版本，在圖樣選項有更多拼貼設定，可不需要以此方式定義範圍，在圖樣選項調整拼貼方式即可。

4 刪除製作圖樣的所有圖形，使用矩形工具，繪製與名片出血一樣大的矩形，設定填色為設計好的圖樣。

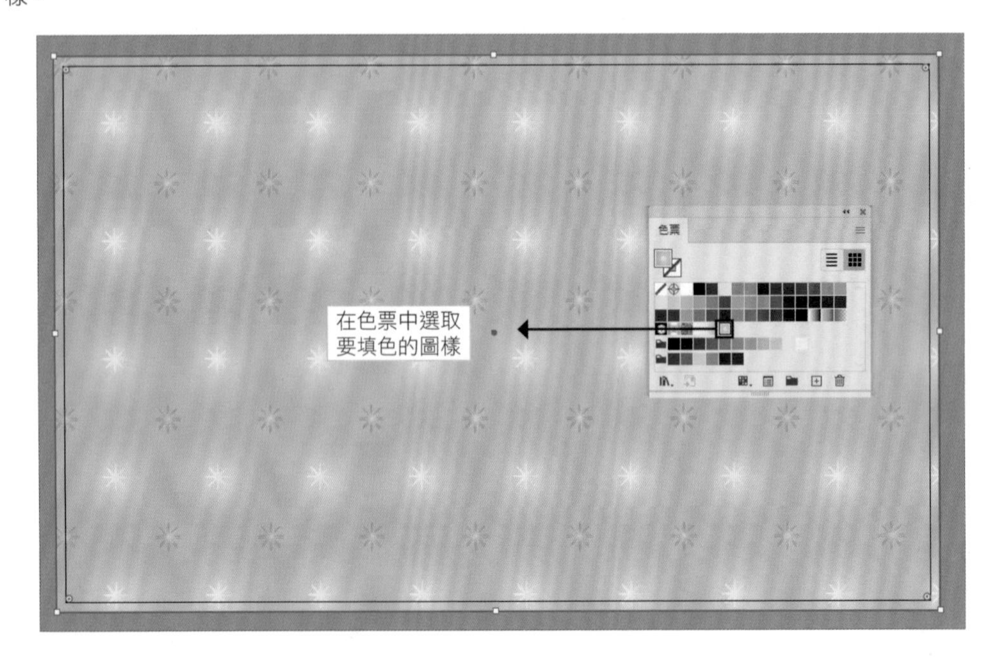

5 將填色為圖樣的矩形，點選「物件＞排列順序＞移至最後」。

7. 漸層面板

1 使用矩形工具，繪製與名片出血一樣大的矩形，填入漸層色票。
選取矩形與 QR Code，點選「物件＞排列順序＞移至最前」。(也可以在圖層視窗中，展開圖層直接拖曳上下層的組成關係)

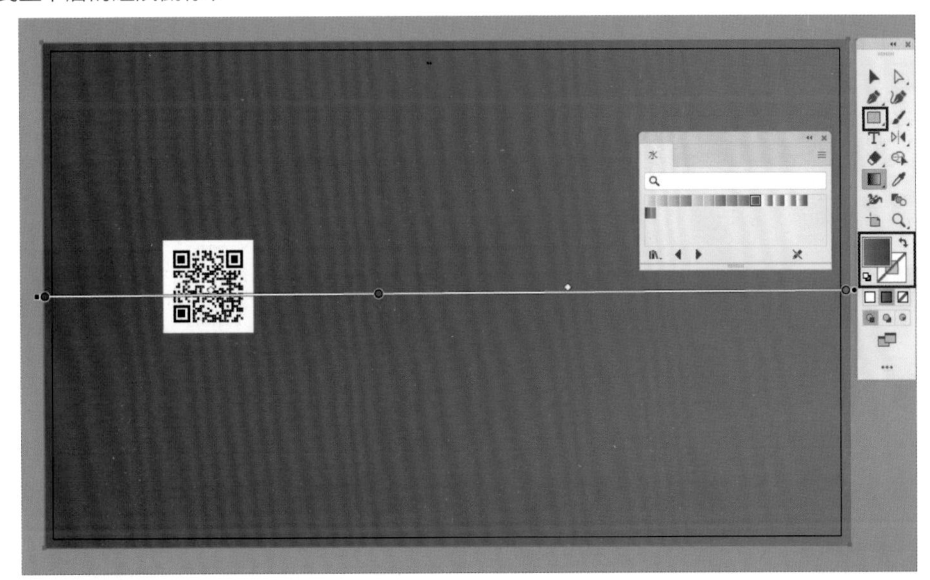

2 點選「視窗＞漸層」，在漸層面板上調整漸層色票透明度。

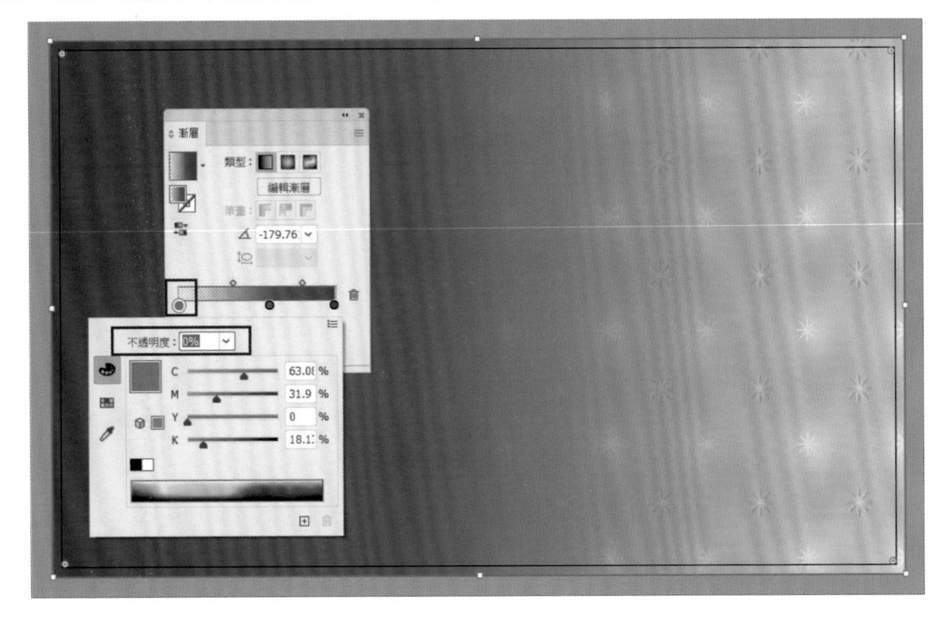

3 在漸層面板上，操控漸層滑桿調整漸層效果。

8. 輸入文字完成設計

1 使用文字工具完成名片製作。

TIPS ▶ 名片文字尺寸建議

名片設計時，需注意文字大小印刷後是否會有過小不易辨識的問題，一般閱讀字體約 10-12pt，名片文字最小不要小於 7pt，實際製作時建議先以印表機印出與印製同樣大小的樣本，並裁剪出來進行檢視是否有文字太小，或是重要物件太靠出血邊緣的問題。

9. 輸出 pdf 檔案

1 點選「檔案 > 儲存」，儲存成 .ai 格式檔案，日後才能彈性的編輯原稿。

2 點選「選取 > 全部」，再點選「文字 > 建立外框」，將檔案中有文字的部份建立成外框曲線圖形。

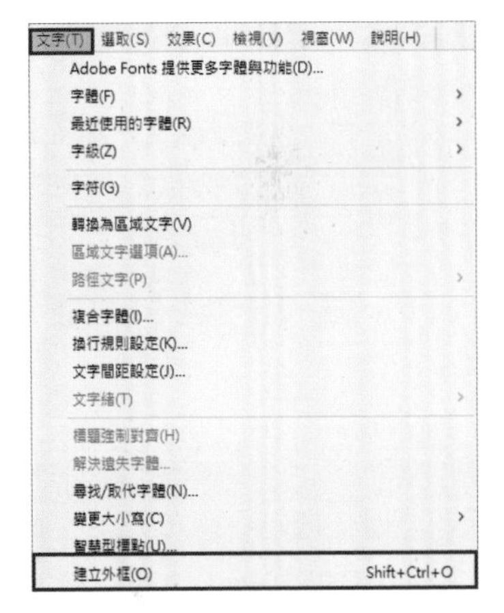

3 點選「檔案>另存新檔」，選擇 .pdf 格式儲存。

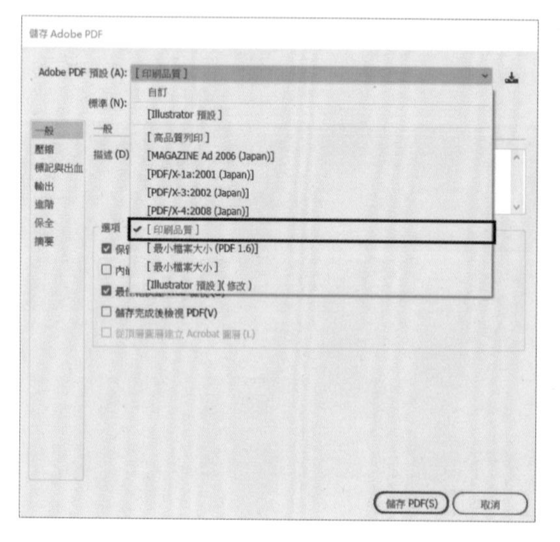

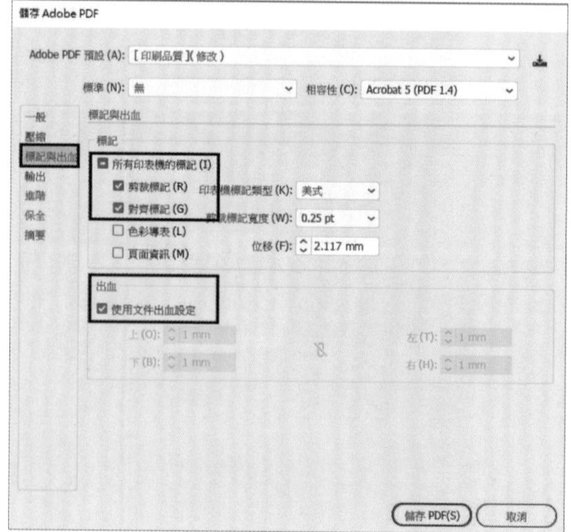

TIPS ▶PDF 印刷製檔

pdf 是可攜式檔案格式，方便沒有 Adobe 製作軟體的人員亦能檢視 Adobe 軟體製作的檔案，預設集已有相關的選項可以選擇，檔案要輸出印刷時，僅需要選擇印刷品質，再修改標記與出血的選項，開啟剪裁標記、對齊標記與出血的設定即可送印。

4 檔案製作完成。

延伸練習

請使用字符工具，設計五種以上的圖樣設計，並設計自己工作室的名片。

線上下載 CH02-3 > CH02-0301 延伸練習.ai、CH02-0302 延伸練習.ai

節慶活動文宣設計

剪裁遮色片與素材繪製

2-4

要快速抓住節慶氣氛意象製作商業文宣品，使用剪裁遮色片對於圖片顯示範圍的設定、縮攏與膨脹工具及旋轉工具製作節慶素材，配合主標與副標文字設計，加上用色，製作優雅質感不失年味的文宣品設計，關鍵技巧延伸應用在印刷品、電商 Banner、傳單等範疇。

戰年終，獨家贈品

會員限定好運到紅包袋 -

▼ 原始素材

▼ 關鍵技巧

1 剪裁遮色片＞用創意的形狀呈現圖片
2 縮攏與膨脹工具＞快速繪製節慶感十足的質感素材
3 文字設計＞掌握文宣品主標與副標文字在畫面設計上的層次分級

線上下載

CH02-4 > CH02-0401.jpg、CH02-04.ai、CH02-04-CS3.ai

1. 設定活動文宣與置入圖片

1 點選「檔案>新增」，設定單位為英吋、寬度 4in、高度 6in、出血 3mm 的文宣檔案。

2 點選「檔案>置入」，取消勾選「連結」選項，選取商品形象圖片 CH02-0401.jpg 置入。

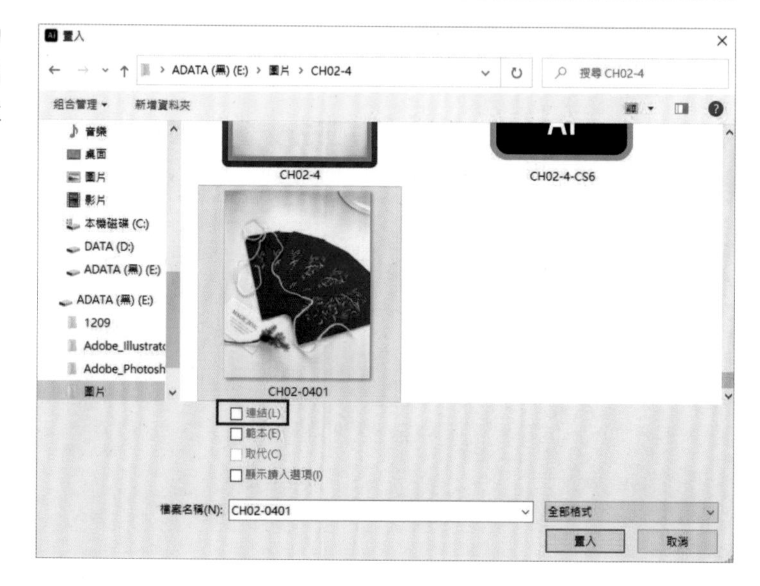

2. 製作剪裁遮色片

1 使用矩形工具，繪製與檔案出血同大的矩形，設定填色色彩、筆畫為「無」，並將排列順序移至最後。

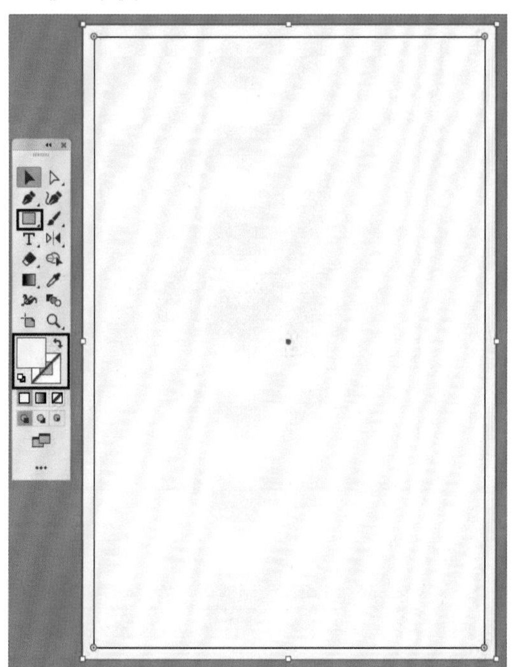

2 使用矩形工具，在畫面上繪製一個矩形，點選「物件 > 排列順序 > 移至最前」。

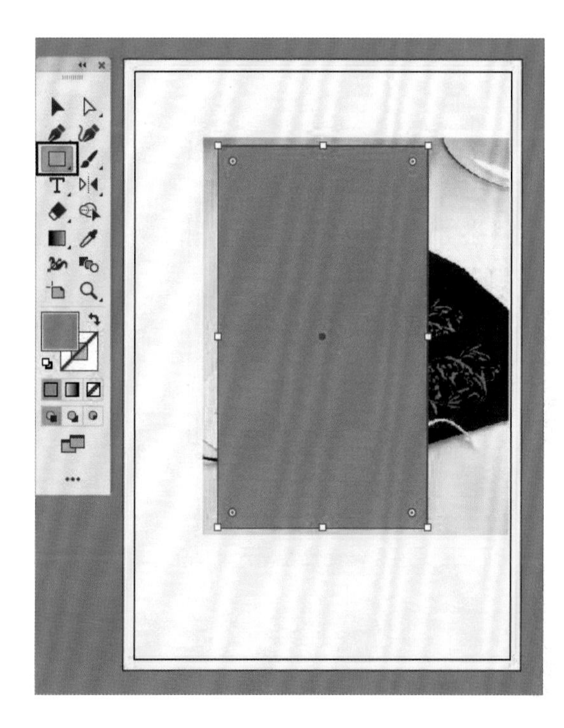

3 使用選取工具，選取矩形轉角內其中一個即時尖角 Widget，往內部拖曳將四角調整為圓角。

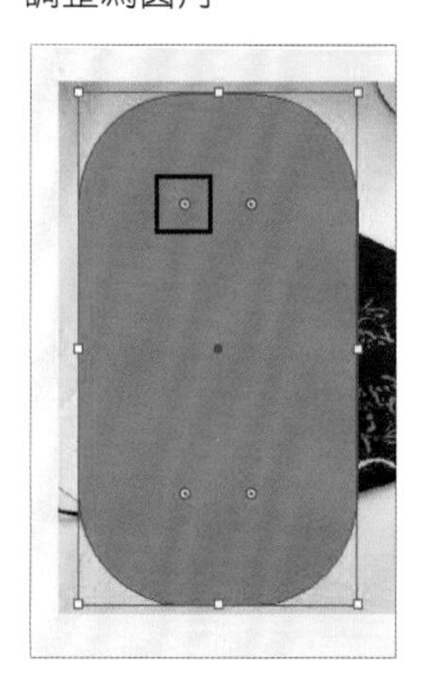

TIPS ▶

即時尖角 Widget：路徑上的轉角錨點，使用「選取工具」選定時，每個轉角點旁會顯示即時尖角 Widget。拖曳 Widget 會使轉角點變更形狀，使用「直接選取工具」則可單獨編輯單一個即時尖角 Widget，以控制轉角的形狀，若要選取幾個特定的尖角，按住「Shift」鍵，再選取要編輯的即時尖角 Widget，即可在多選狀態下一次編輯相關轉角的形狀變化。

4 使用選取工具同時選取圓角矩形與照片。

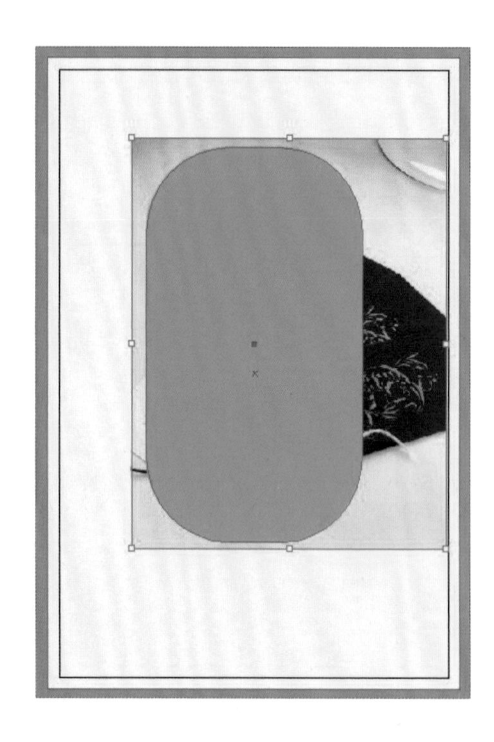

5 點選「物件＞剪裁遮色片＞製作」。

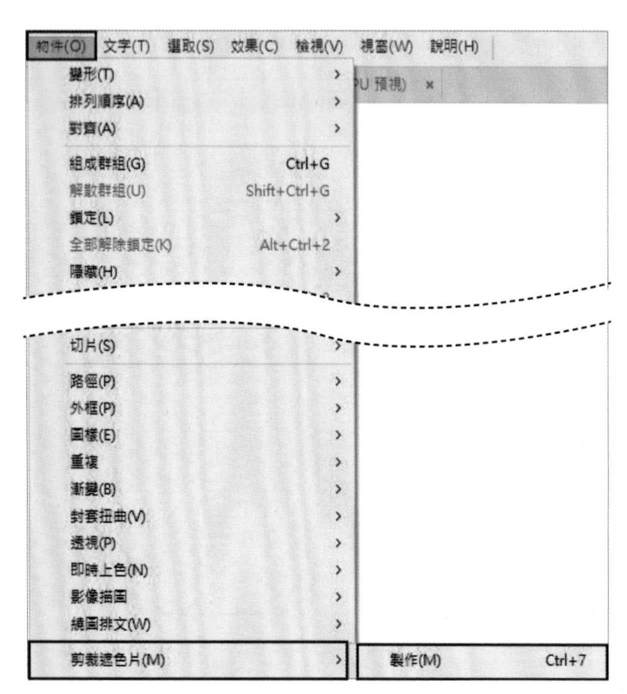

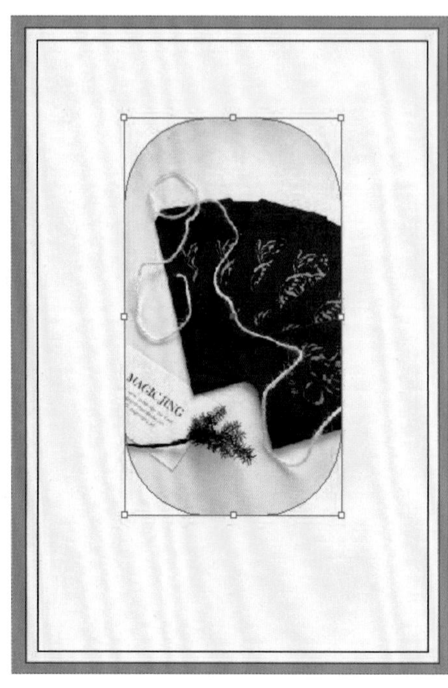

6 同時選取照片與矩形，點選「視窗＞對齊」，將照片與矩形進行水平居中對齊。

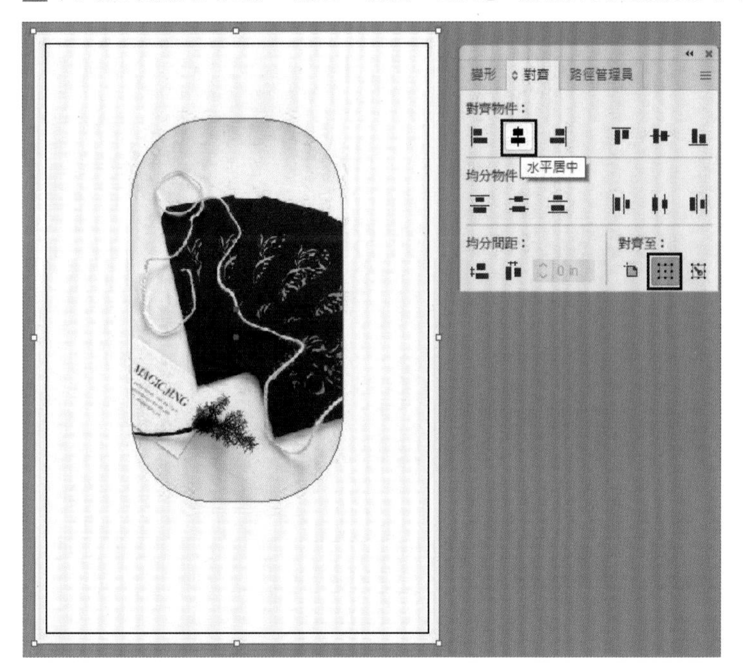

TIPS ▶ 剪裁遮色片與編輯

當選取多個物件，執行剪裁遮色片時，會以最上層的物件作為外部形狀的定義，讓下層所有物件在內部顯示。若要將圖片以剪裁遮色片的範圍移動，在畫面上先取消選取後，再以選取工具選擇圖片，則剪裁遮色片與圖片可同時選取，並進行移動。若是要移動或編輯剪裁遮色片的範圍、或是剪裁遮色片內部的物件，則以群組選取工具，直接選取剪裁遮色片的路徑或內部物件，即可針對路徑與物件進行編輯，亦可以使用選取工具，進入物件分離模式，即可選擇物件進行調整。

3. 年節質感素材製作

1 製作花瓣。使用星形工具，在畫面上繪製一個星形，自行設定填色，並將筆畫設定為「無」。

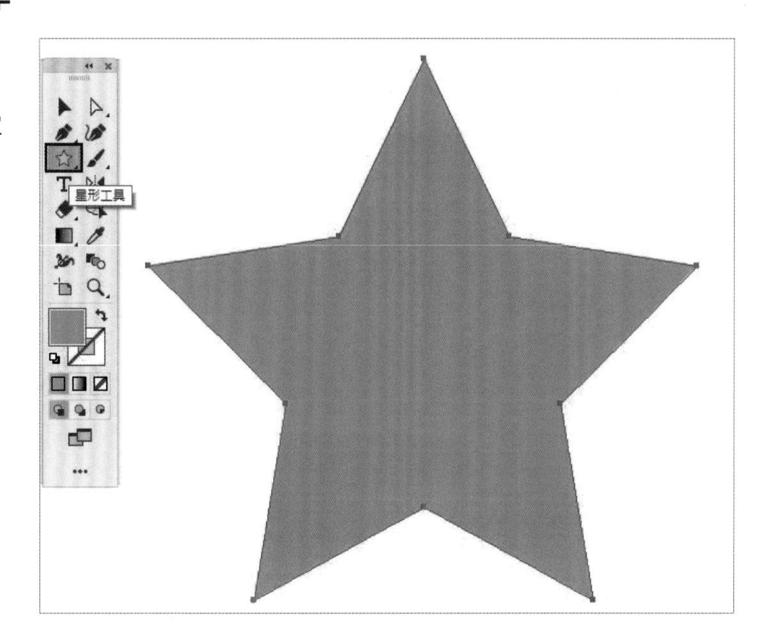

2 選取星形，點選「效果＞扭曲與變形＞縮攏與膨脹」。

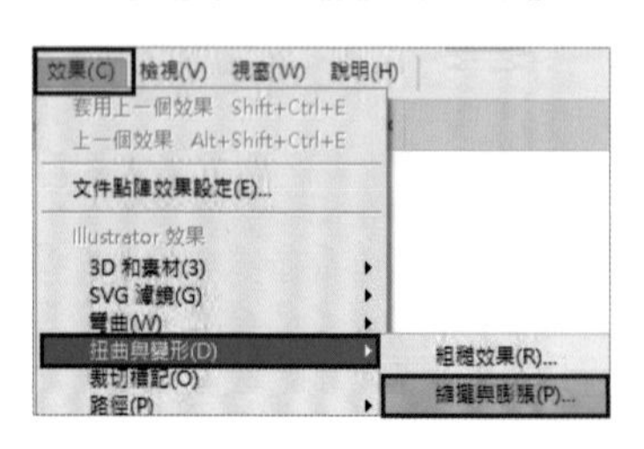

3 在縮攏與膨脹面板上，操控滑桿調整效果，按下「確定」鈕，完成花瓣。

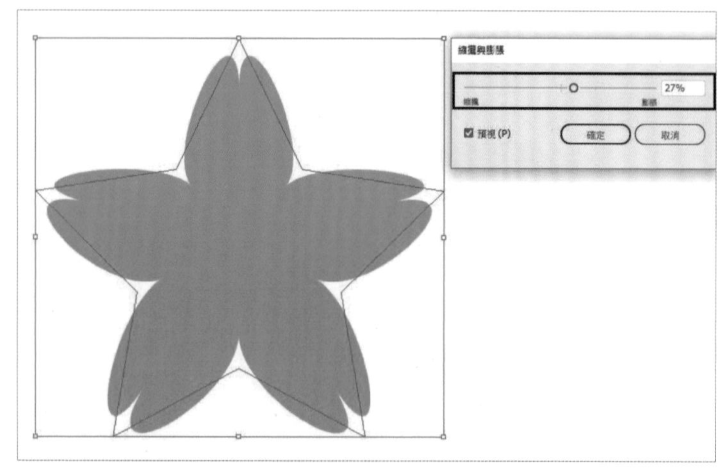

TIPS ▶ 扭曲與變形效果

扭曲與變形效果下有粗糙效果 (R)、縮攏與膨脹 (P)、螺旋 (W)、變形 (T)、鋸齒化 (Z)、隨意扭曲 (F)、隨意筆畫 (K) 等功能。可快速改變向量物件外框的簡便方式，選取物件，點選「效果＞扭曲與變形」，執行指定效果。

如果後續要調整效果的參數，需到「視窗＞外觀」的外觀面板，點選效果進入編輯。

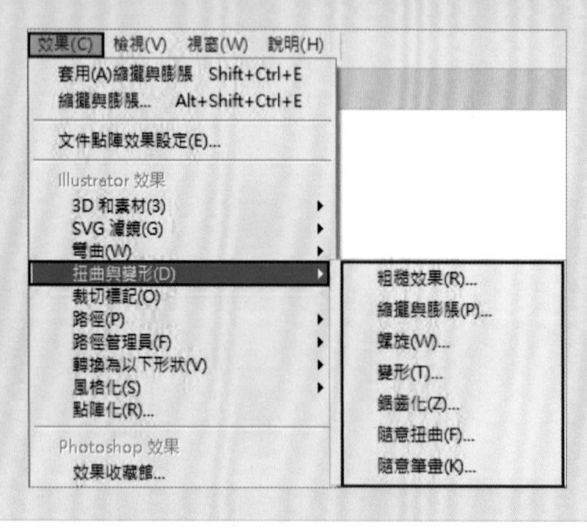

4 點選「視窗＞漸層」，在漸層面板上調整漸層填色效果。

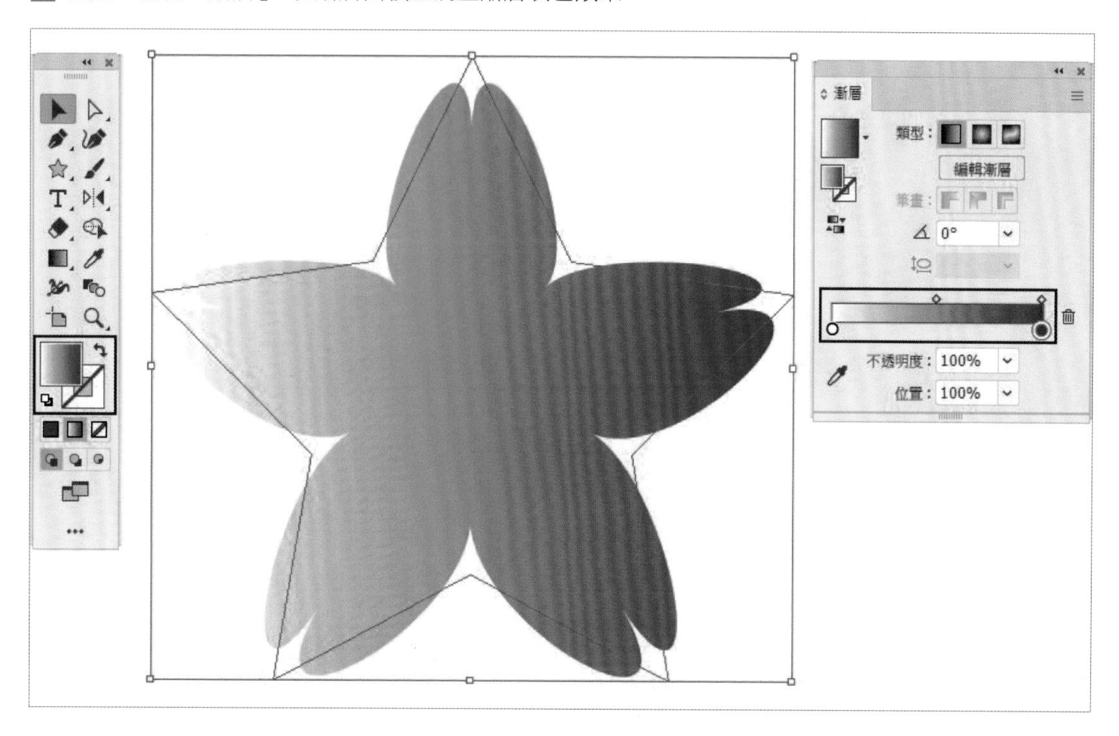

5 製作花蕊。使用橢圓形工具，同時按下「Shift」鍵在畫面上繪製一個正圓形，筆畫為「無」。

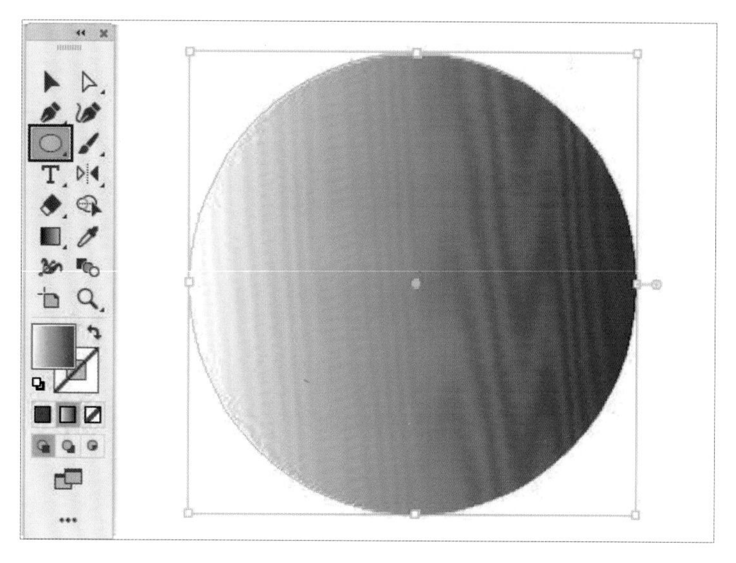

6 使用矩形工具，在畫面上繪製一個長方形。

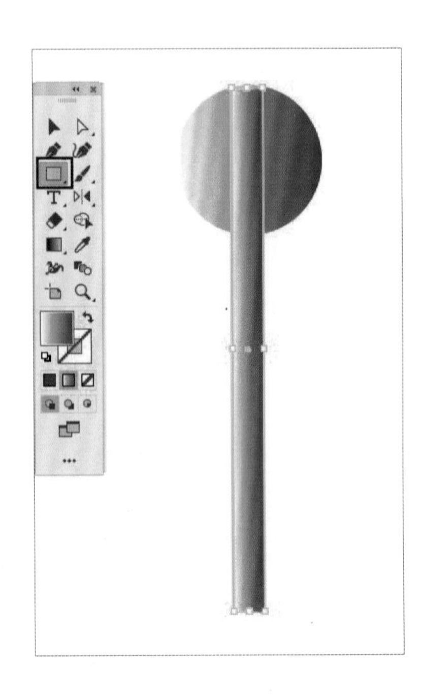

7 同時選取圓形與長方形，點選「視窗＞對齊」，將圓形與長方形進行水平居中、垂直齊上對齊。

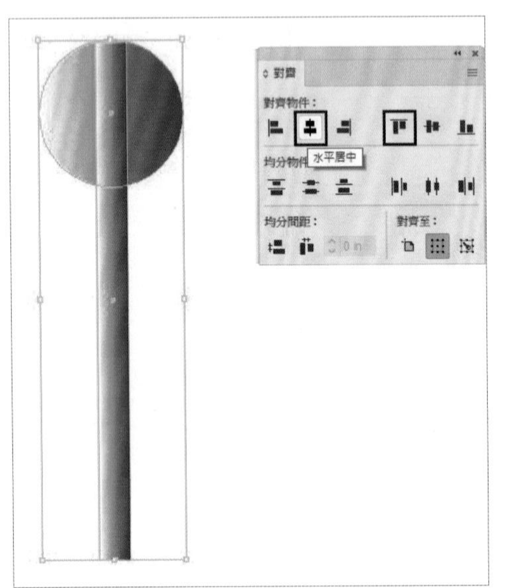

8 在兩個物件同時選取的狀態下，點選「視窗＞路徑管理員」，執行聯集。

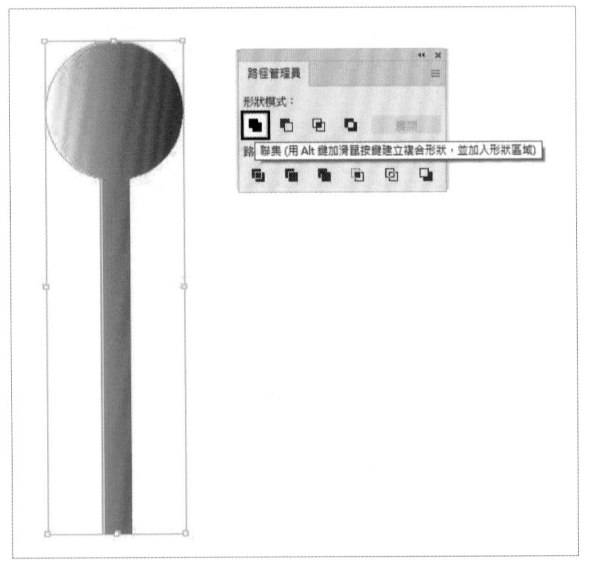

9 使用旋轉工具，按下「Alt」鍵並在物件上點選一下，設定旋轉中心，同時開啟旋轉工具面板，設定旋轉角度，按下「拷貝」鈕。

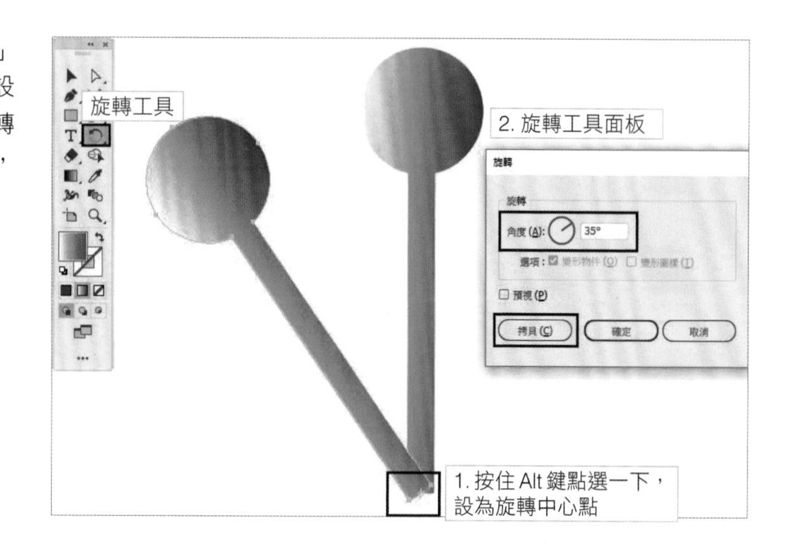

TIPS ▶ 旋轉工具

選取一個或多個物件，選取旋轉工具執行預設動作。

- 物件以自身為中心點圍繞旋轉，在畫面裡進行環形拖曳，達到預設角度。
- 物件以指定參考點為旋轉中心，在文件視窗的任意處按一下，以重新放置參考點，在畫面裡進行環形拖曳，達到預設角度。
- 以拷貝物件為旋轉中心而非物件本身，在畫面裡進行拖移之後，按住「Alt」鍵（Windows）或「Option」鍵（MacOS），達到預設角度。

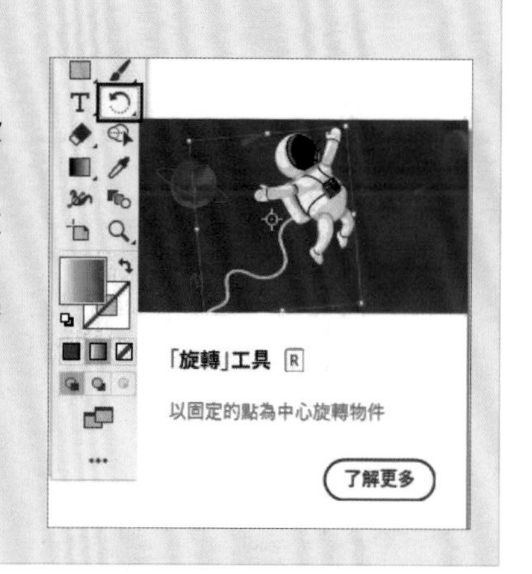

10 選取拷貝物件，按下「Ctrl + D」鍵重複執行物件旋轉並複製。

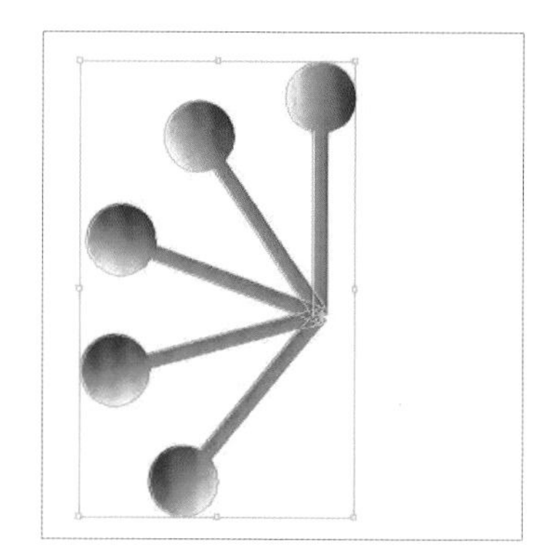

11 選取所有花蕊，點選「視窗>路徑管理員」，執行聯集。

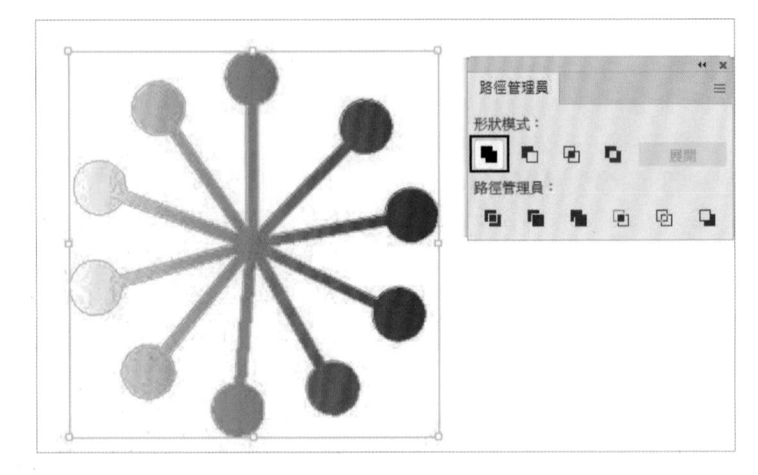

12 點選「視窗>漸層」，在漸層面板上設定填色效果。

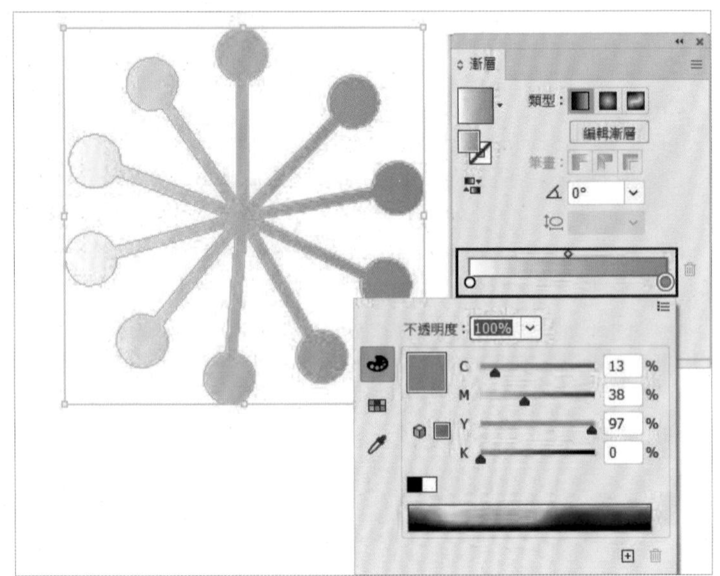

13 選取花蕊，按下「Shift」鍵等比縮放大小，將花蕊放於花瓣上層，素材繪製完成。

14 同時選取花瓣與花蕊，點選「物件 > 組成群組」。

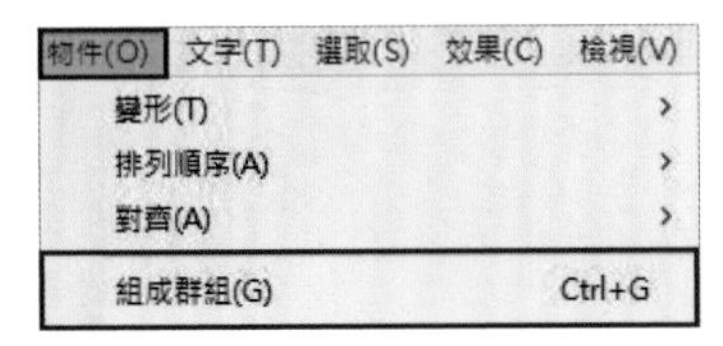

15 重複拷貝櫻花，按下「Shift」鍵縮放大小，在商品照片周圍貼上櫻花。

4. 活動主標與副標文字設計

1 使用文字工具，輸入活動主標文字，設定填色「桃紅色」，筆畫為「無」。

2 再使用文字工具，輸入活動副標文字，設定填色「灰色」，筆畫為「無」，字距：200。

3 選取副標文字，置於主標下方。

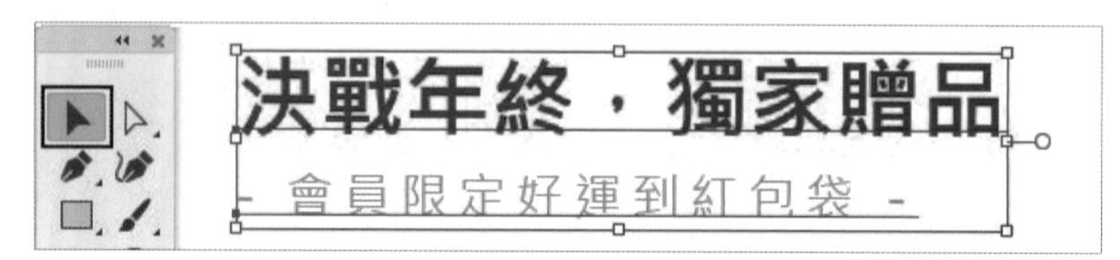

4 同時選取主標與副標文字，點選「視窗 > 對齊」，將主標及副標文字進行水平居中。

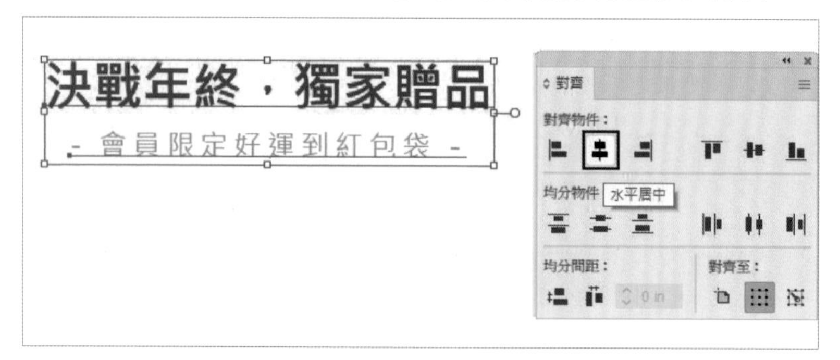

5 選取主標與副標文字，移置照片下方。

6 同時選取文字與背景矩形，點選「視窗 > 對齊」，將文字及背景矩形進行水平居中。

7 使用橢圓形工具，同時按下「Shift」鍵在畫面上繪製一個正圓形，設定填色「暗紅色」，筆畫為「無」。

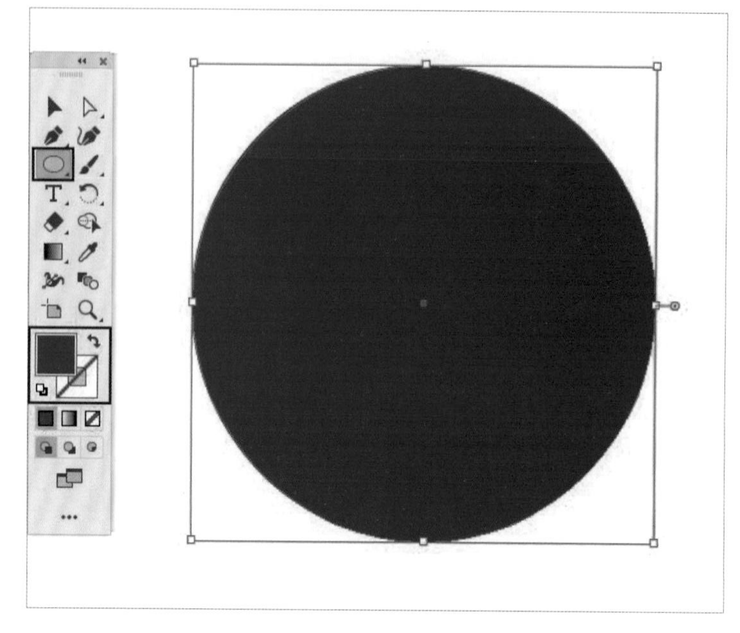

8 選取圓形，點選「編輯 > 拷貝」，接著點選「編輯 > 就地貼上」，設定填色「白色」。

編輯(E) 物件(O) 文字(T) 選取(S) 效果(C) 檢視(V)

還原移動(U)	Ctrl+Z
重做(R)	Shift+Ctrl+Z
剪下(T)	Ctrl+X
拷貝(C)	Ctrl+C
貼上(P)	Ctrl+V
貼至上層(F)	Ctrl+F
貼至下層(B)	Ctrl+B
就地貼上(S)	Shift+Ctrl+V

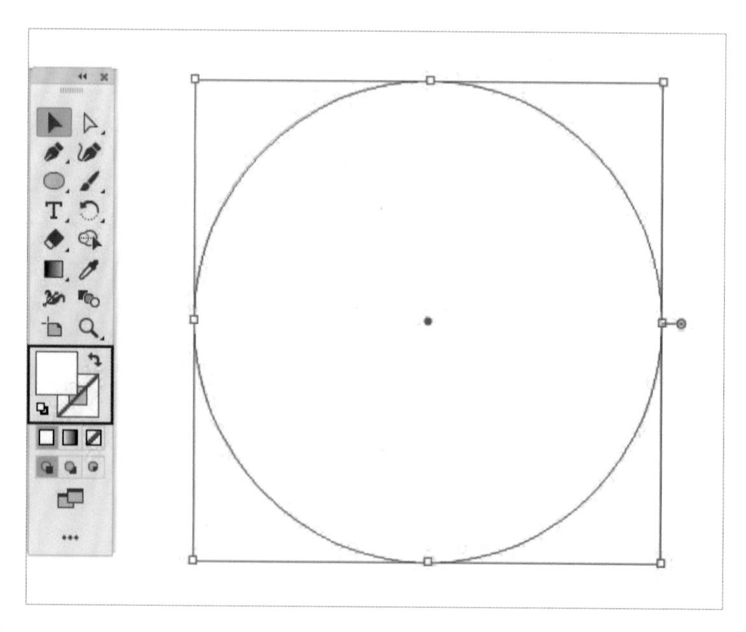

9 使用矩形工具，在圓形上層繪製一個紅色矩形（如圖示）。

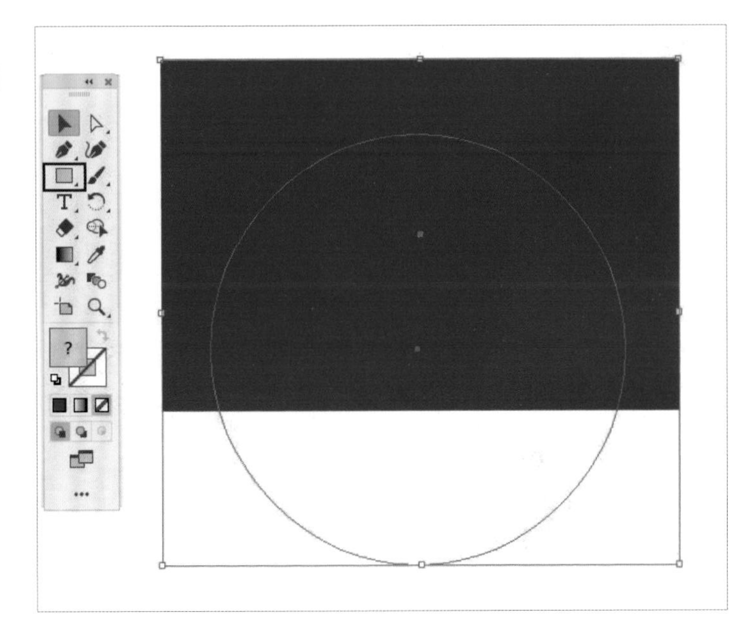

10 同時選取紅色矩形與白色圓形，點選「視窗 > 路徑管理員」，執行減去上層。

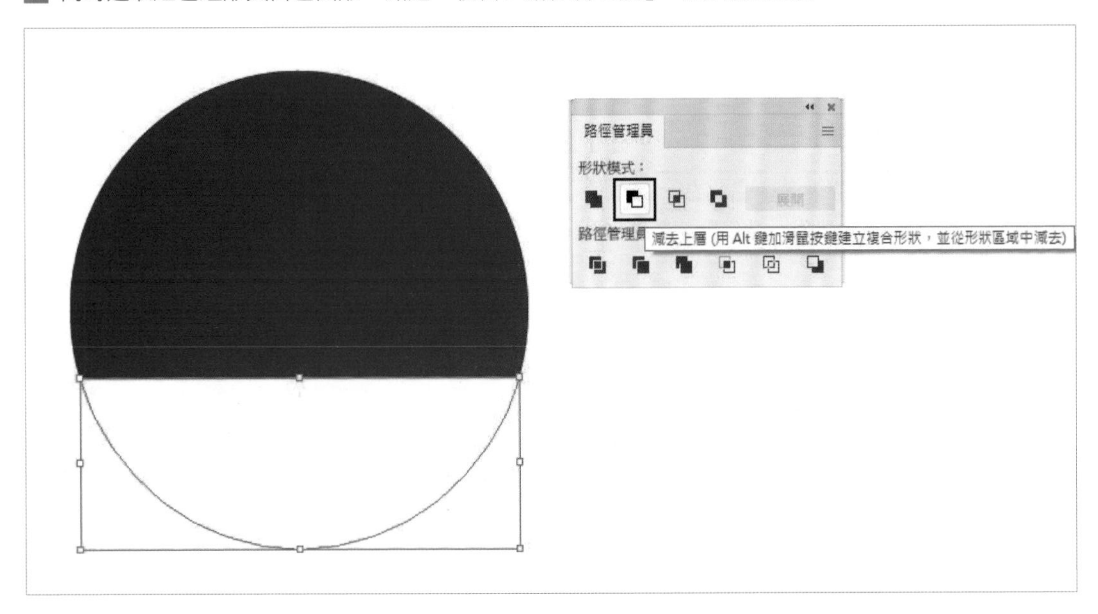

設計實作

11 使用文字工具輸入文字。

12 選取所有物件，點選「物件＞組成群組」。

13 選取群組物件，移置畫面左上角，縮放、旋轉到適當的構圖。點選「檔案 > 儲存檔案」，完成製作。

延伸練習

使用剪裁遮色片、縮攏與膨脹工具搭配標題文字，製作聖誕氣氛的 Banner。

線上下載

CH02-4 > CH02-0402 延伸練習.jpg、CH02-0402 延伸練習.ai、CH02-0402-CS3 延伸練習.ai

3D 立體瓶繪製

符號、路徑與文字結合

2-5

藉由 3D 迴轉特效結合符號功能，即可創造自己設計的立體物，範例中的影像描圖功能，可應用在各種影像轉換設定，轉成向量的影像進行編輯。

▼ 原始素材

▼ 關鍵技巧

1 認識圖層＞藉由圖層快速切換編輯製作
2 尺標與參考線設定＞運用尺標與參考線，讓設計時有所依據
3 風格化圓角效果＞藉由風格化特效，改變路徑形態
4 影像描圖＞將圖片轉為路徑
5 路徑文字＞設計隨路徑彎曲表現的文字標題
6 3D 迴轉功能＞以迴轉特效進行立體物設計
7 3D 突出與斜角＞以突出與斜角進行立體物設計

CH02-5 ＞ CH02-0501.psd、CH02-0502.jpg、CH02-0503.jpg、CH02-05.ai、CH02-05-CS3.ai

1. 置入圖片作為參考底圖

1 點選「檔案>新增」，設定 A4 檔案規格。

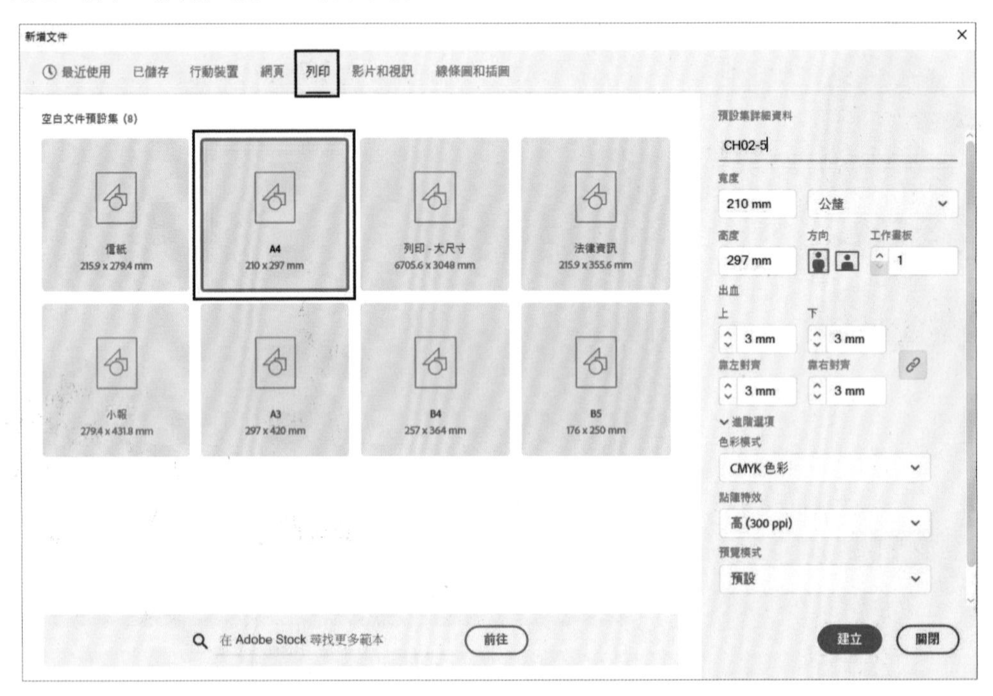

2 點選「檔案>置入」，取消勾選「連結」選項，選取餐點圖片 CH02-0501.psd 置入。

TIPS ▶

在 Illustrator 置入 psd 檔

- 圖片若在 Photoshop 製作時已去背，且儲存時保存圖像外圍為透明，則置入 Illustrator 時可直接有去除背景的效果。

連結視窗說明

- 「視窗＞連結」，連結視窗管理文件中置入的圖像，可進行重新連結置換與圖片選取。

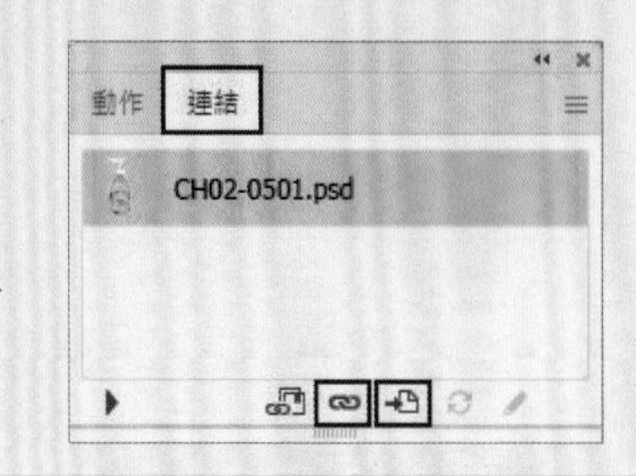

2. 繪製瓶身與瓶蓋

1 點選「視窗＞圖層」，鎖定圖層 1，製作新圖層「圖層 2」。（鎖定圖層可避免編輯到圖層上的物件）

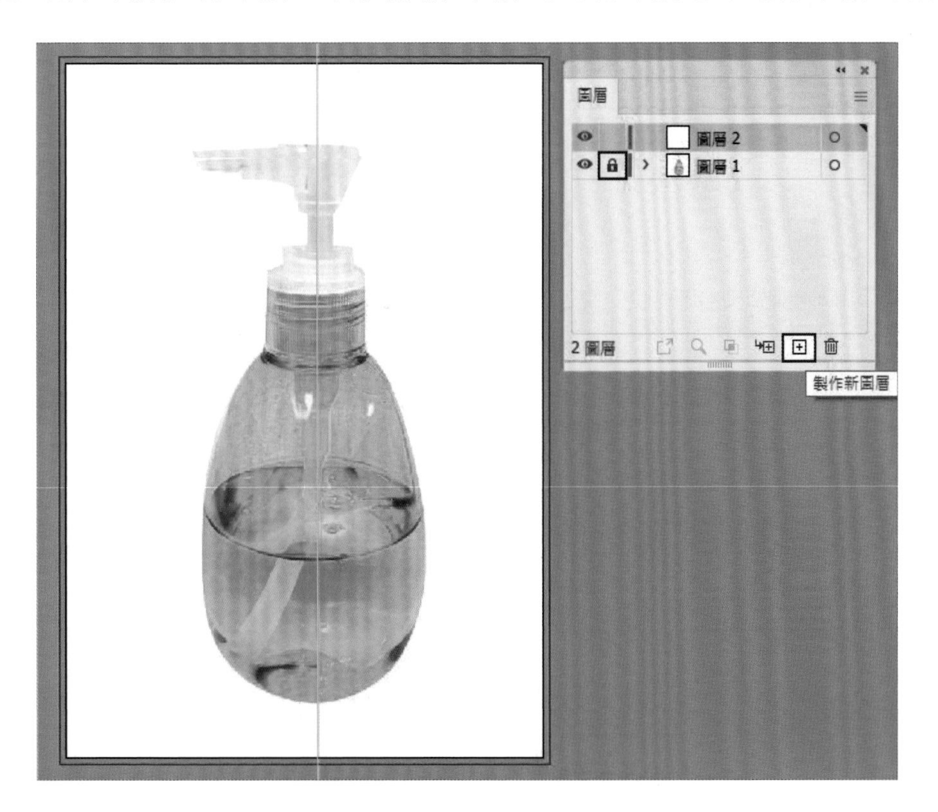

2 點選「檢視 > 尺標」，顯示尺標。

3 從尺標拖曳出作為瓶子中間的參考線。

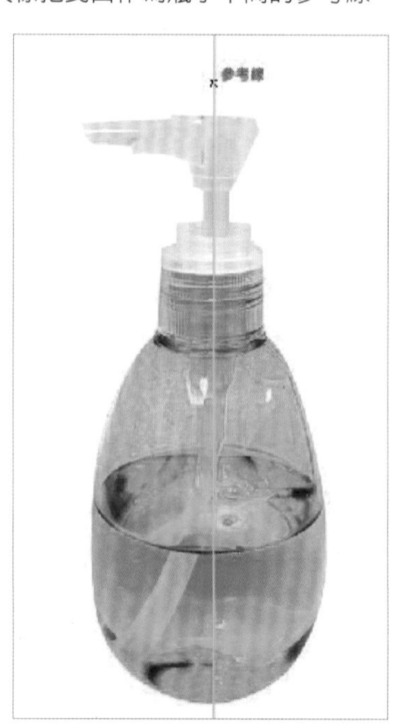

TIPS ▶ 參考線

參考線可從尺標的範圍拖曳，也可以直接在畫面上繪製圖形或直線，再點選「檢視 > 參考線 > 製作參考線」。

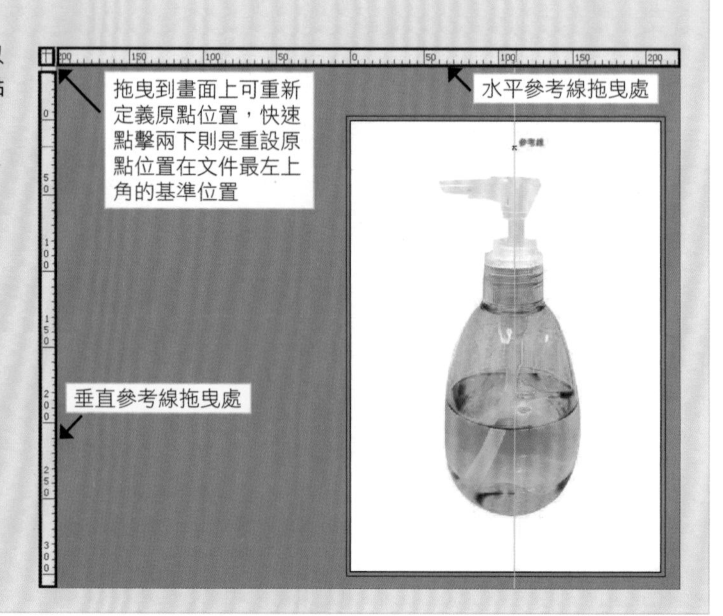

4 點選「檢視＞參考線＞鎖定參考線」。以避免編輯時，不小心移動到參考線而產生干擾。

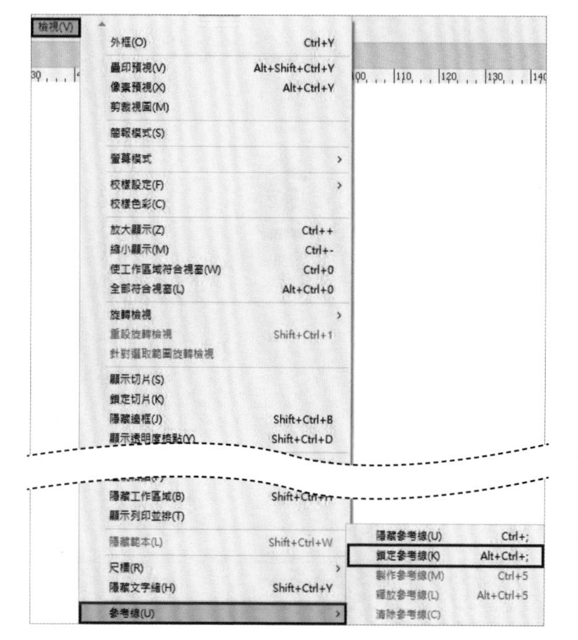

5 在圖層 2 以鋼筆工具繪製瓶身側面的封閉曲線。

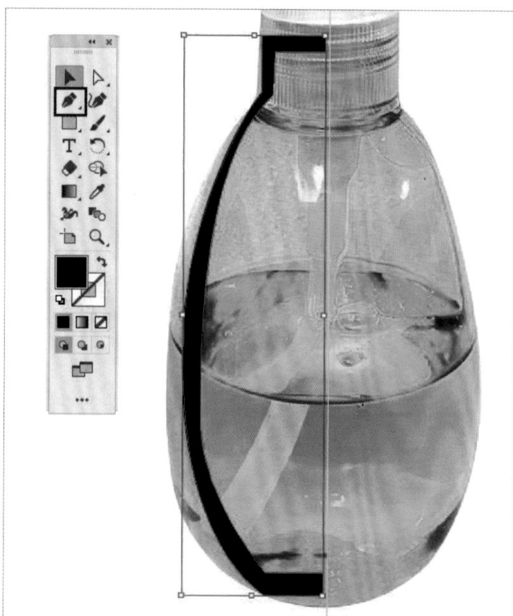

TIPS ▶ 鋼筆封閉曲線

以鋼筆繪製封閉曲線時，第一點與最後一點接合時，鋼筆會出現圓圈的符號提示封閉曲線完成。

6 點選「視窗＞控制」，開啟 Ilustrator 選單下方的控制面板選項列。

TIPS ▶

控制面板選項列，會根據選取的工具，以及在畫面上所選取的物件，對應出現調整的選項功能。

7 點選「檔案>置入」，取消勾選「連結」選項，選取西洋棋棋士瓶蓋剪影圖片 CH02-0502.jpg。

8 選取置入圖片，在控制面版選項列中點選「影像描圖>黑白標誌」。

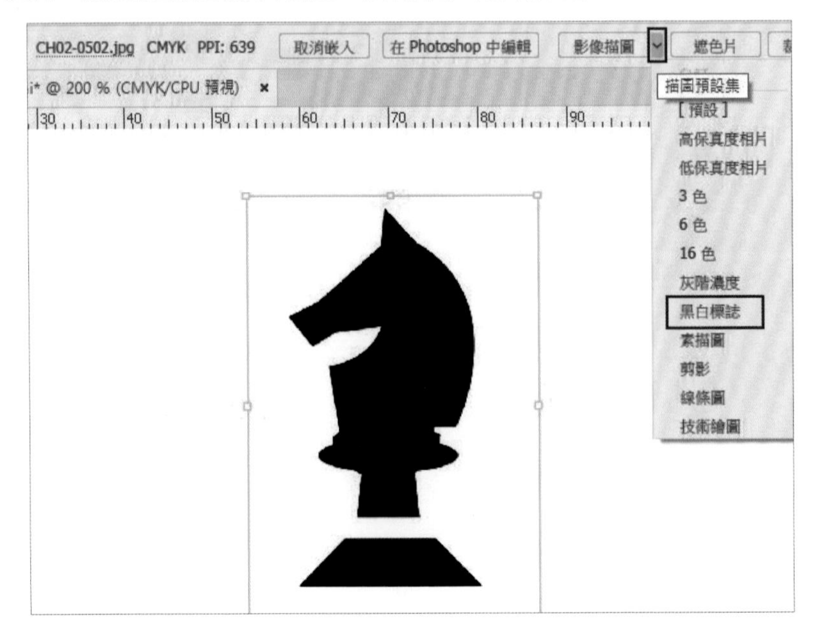

9 將描圖結果展開成路徑。

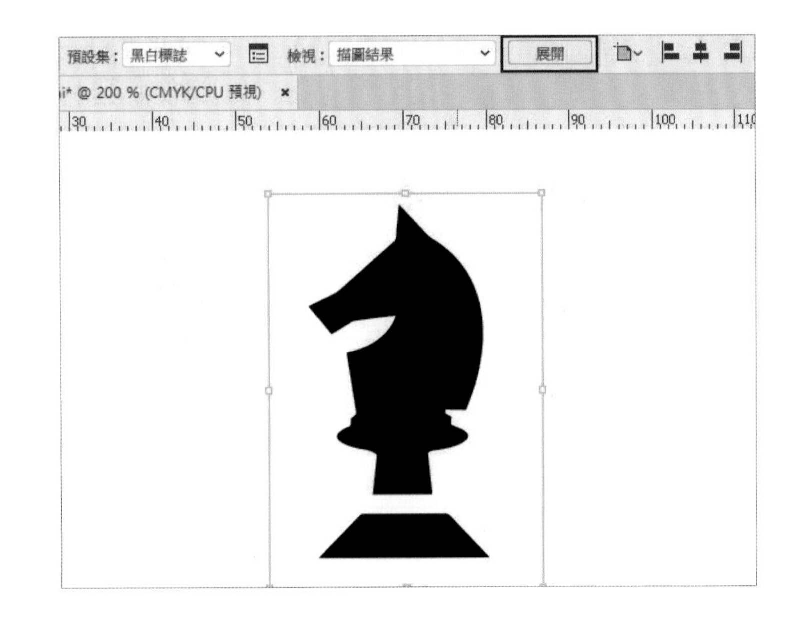

10 按下滑鼠右鍵，點選解除群組。

11 選取白色背景，按下「Delete」鍵刪除白色背景。

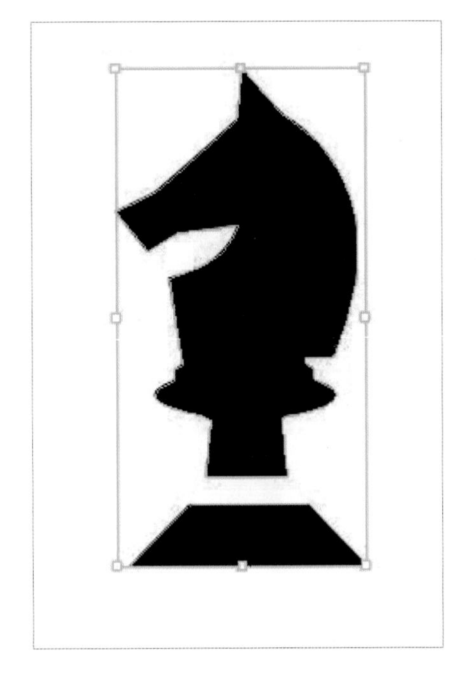

12 將瓶蓋物件置於瓶子物件上方。

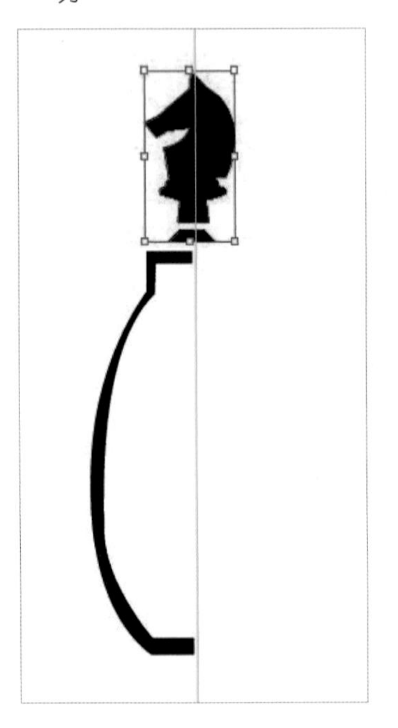

13 鎖定圖層 2，關閉圖層 1 顯示後，再新增圖層 3。

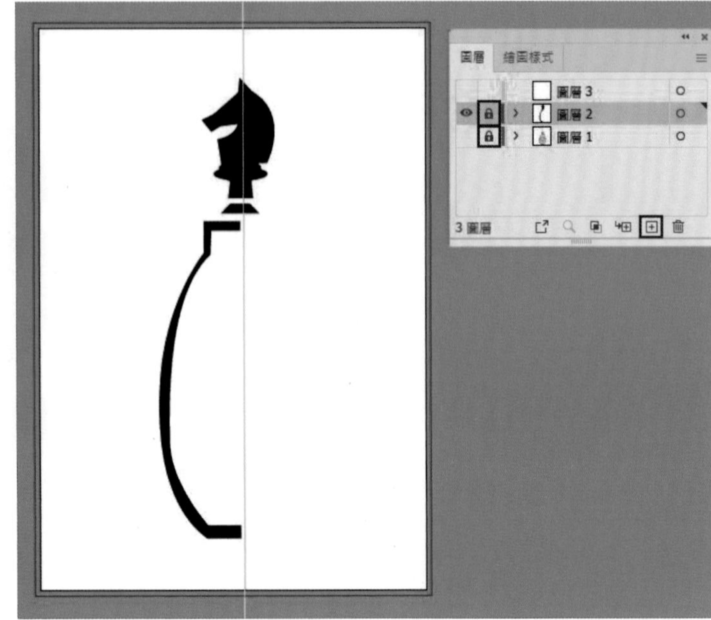

3. 繪製標籤圖樣

1 在圖層 3 繪製長方形，使用矩形工具，在畫面上繪製出一個長方形。

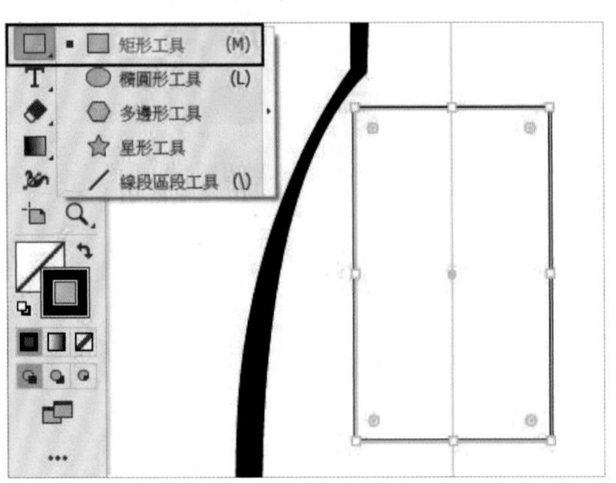

2 選取長方形，點選「效果 > 風格化 > 圓角」，按下「確定」鈕。

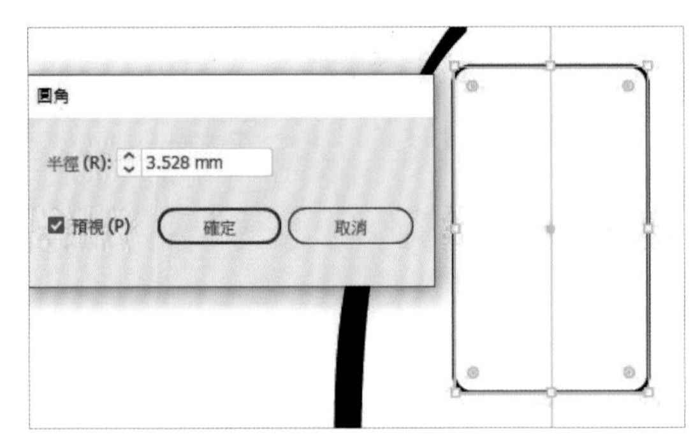

3 點選「物件＞擴充外觀」，將圓角的路徑狀態計算出來。

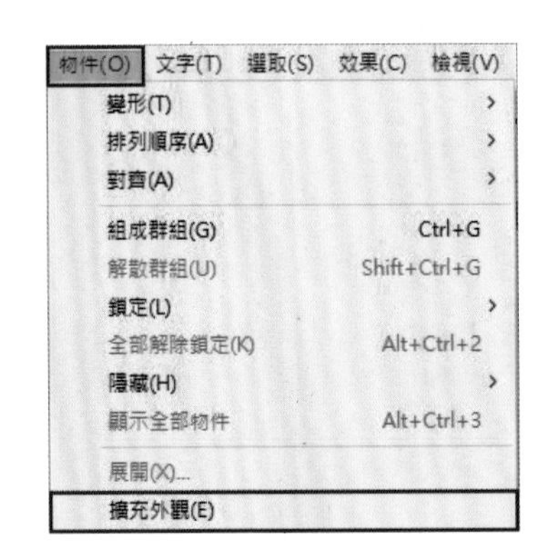

TIPS ▶ 物件擴充外觀

當物件加上特效，或是設定填色與筆畫後，如果需要實際路徑表現的狀態或效果，可以進行擴充外觀，將效果轉換成路徑的狀態編輯。擴充外觀後便不能回復，因此，如果物件還需要進行參數的調整，便須在尚未擴充外觀前，先點選「視窗＞外觀」設定。

4 點選「視窗＞漸層」，點選漸層面板將物件黑白漸層填色

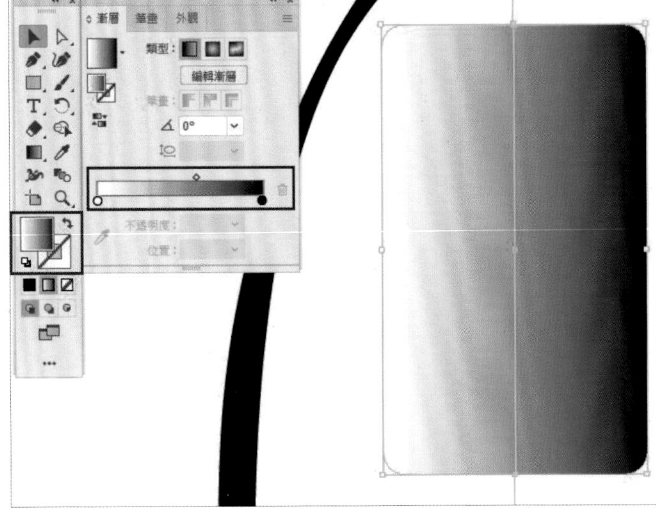

5 點選工具箱中的漸層工具，調整漸層漸變方向。

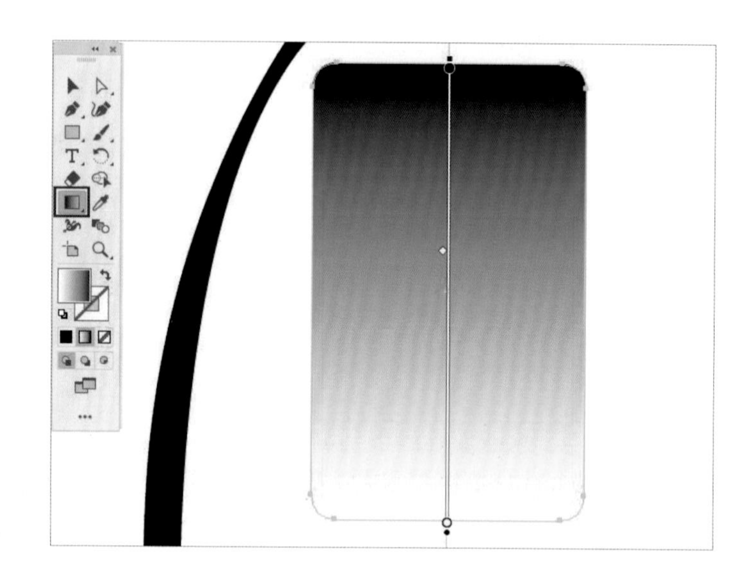

TIPS ▶ 漸層工具色彩調整

選取物件，點選工具箱中的漸層工具，物件上方會出現漸層滑桿（如圖紅框處），操縱漸層滑桿兩側與控制點可調整漸層色彩。

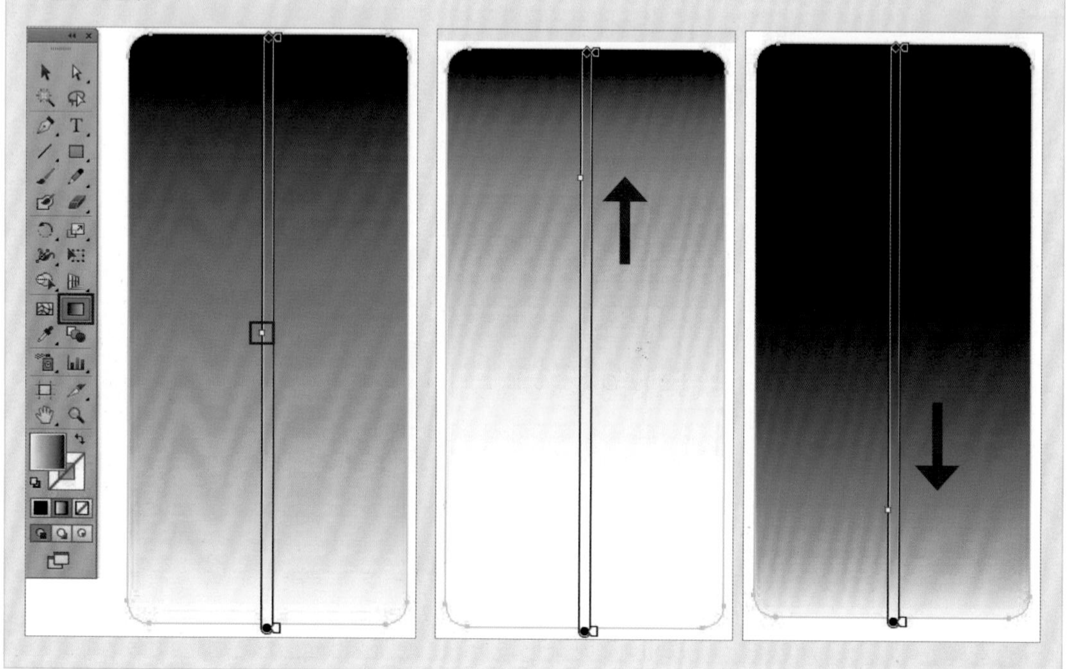

4. 以影像描圖製作標籤圖案

1 點選「檔案＞置入」，取消勾選「連結」選項，選取人像圖片 CH02-0502.jpg 置入。並在選項列執行影像描圖。

2 在選項列的影像描圖預設集中選擇黑色標誌。

TIPS ▶ 影像描圖參數設定

影像描圖設定可開啟影像描圖面板進行細部參數的調整。設定完可將描圖結果轉為路徑，在 Illustrator 中進行編輯。轉換成路徑的圖片，就沒有影像解析度的問題。

3 將描圖結果展開成路徑。

4 使用選取工具，調整人像的大小，放置在標籤中。

5 按下滑鼠右鍵，點選解散群組。

6 選取所有白色色塊，並按下「Delete」鍵，刪除所有白色色塊。

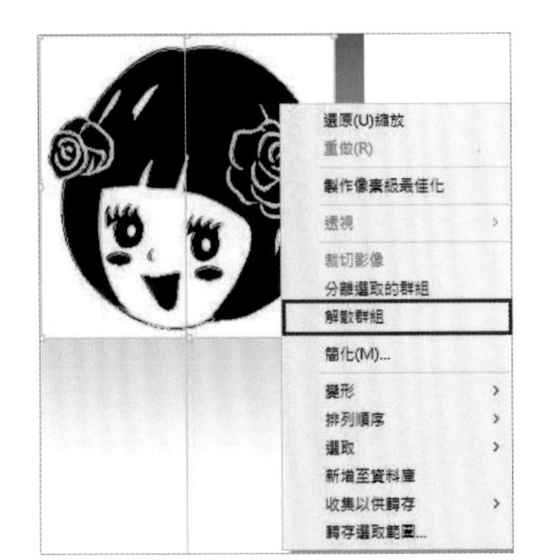

7 點選「檔案＞漸層」，在漸層面板的漸層滑桿色塊處上點一下，物件填入黑白漸層色彩。

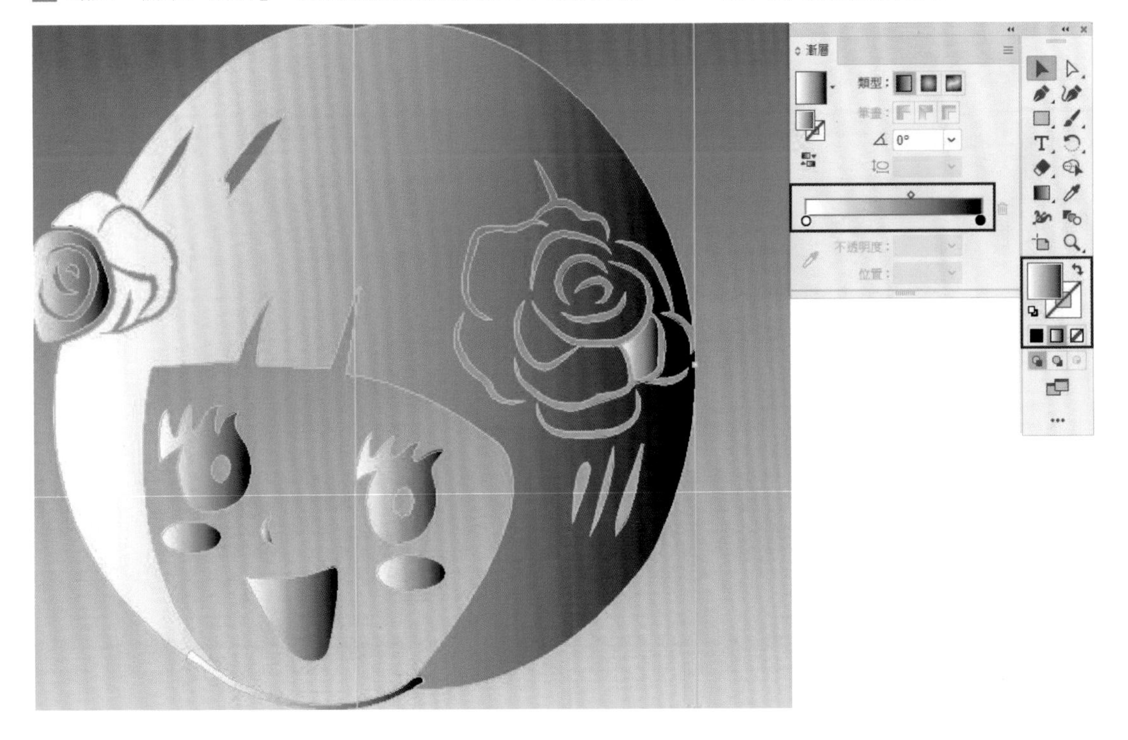

8 點選工具箱中的漸層工具，調整漸層方向。

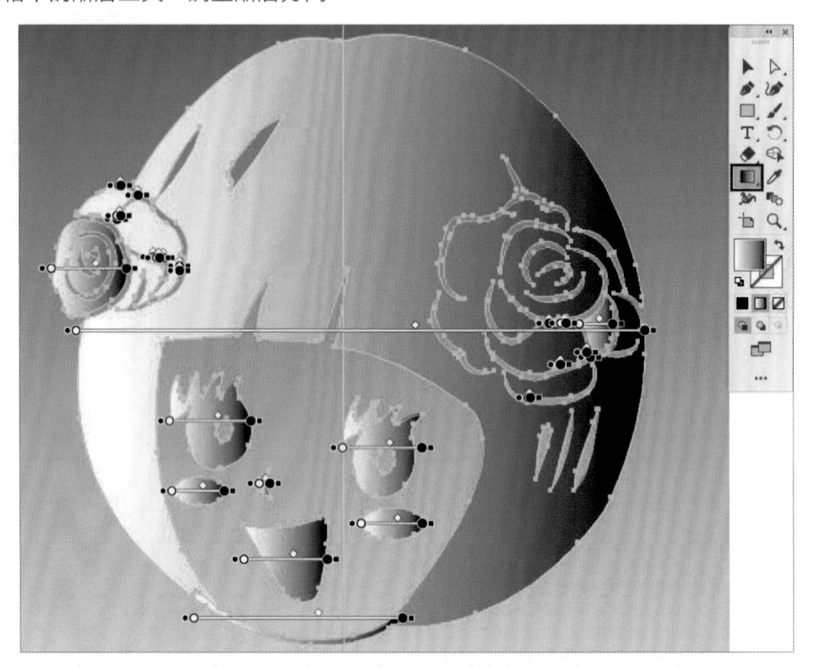

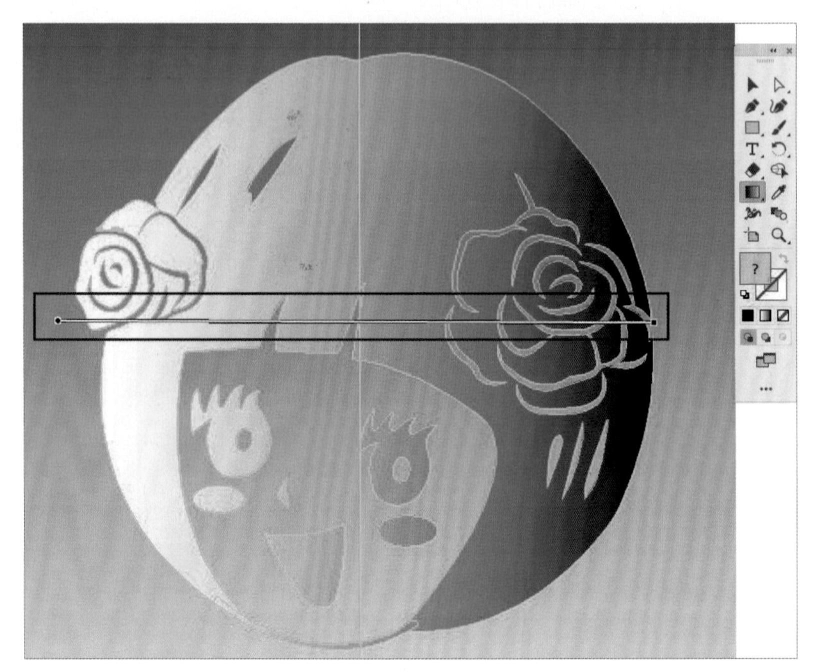

5. 製作曲線文字

1 使用鋼筆工具，在畫面上繪製彎曲的曲線。

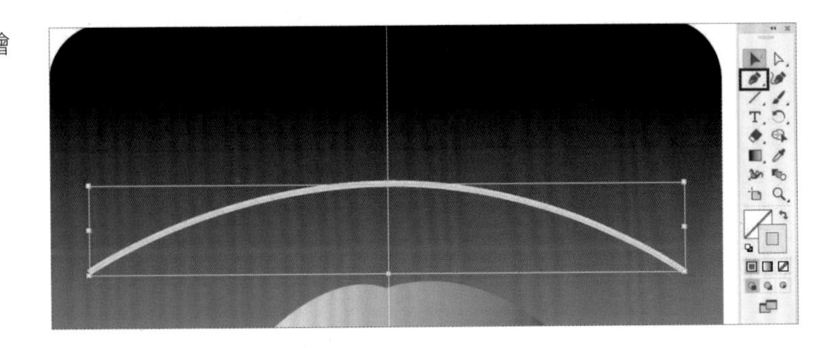

2 選取物件，使用工具箱中的鏡射工具，按住「Alt」鍵並在參考線上點一下開啟鏡射面板。

3 在鏡射面板上，選擇座標軸為水平，按下「拷貝」鈕，完成物件鏡射。

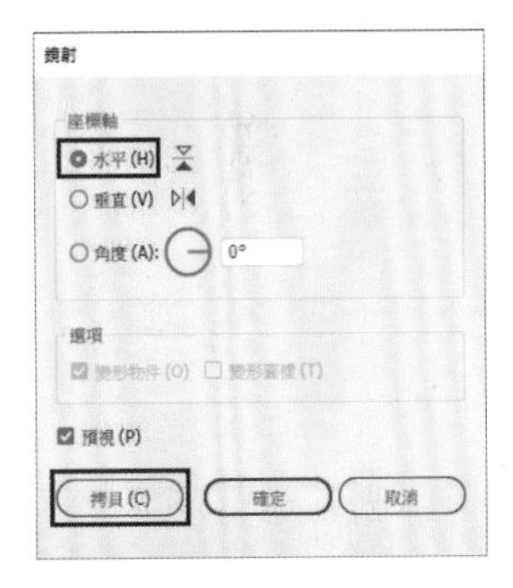

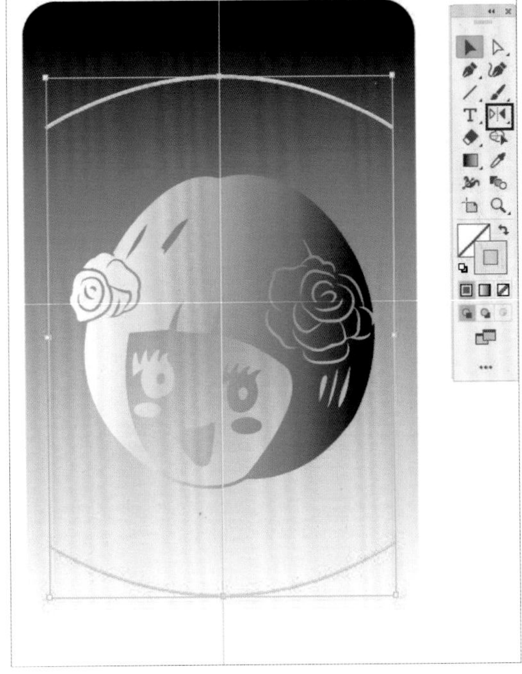

設計實作

4 使用文字或路徑文字工具，在路徑上點一下，輸入「Since 2022」與「Super Beauty」，並設定字體。

TIPS ▶ 文字字型安裝

若你的電腦裡沒有適當的字體，可上網搜尋 google font 或 font free download，下載免費字型並安裝到「控制台＞字型」中，即可在設計時運用。

6. 製作立體瓶

1 開啟圖層 2，關閉圖層 3，選取瓶身的曲線，點選「效果＞ 3D 和素材＞迴轉」。

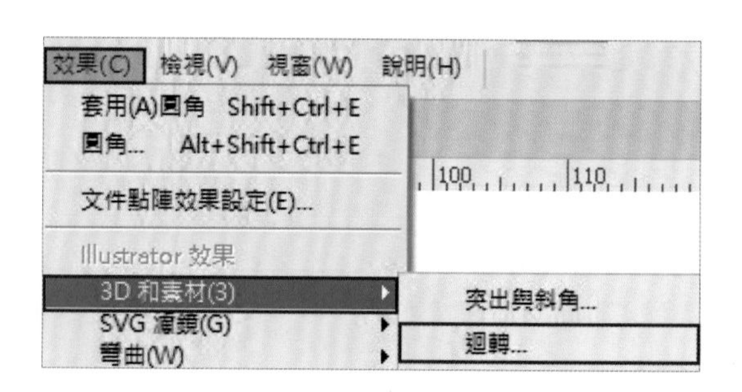

2 在 3D 和素材面板中，點選「物件＞迴轉」，設定自右側迴轉。

3 在 3D 和素材面板中，點選「素材＞基本屬性」，調整數值。

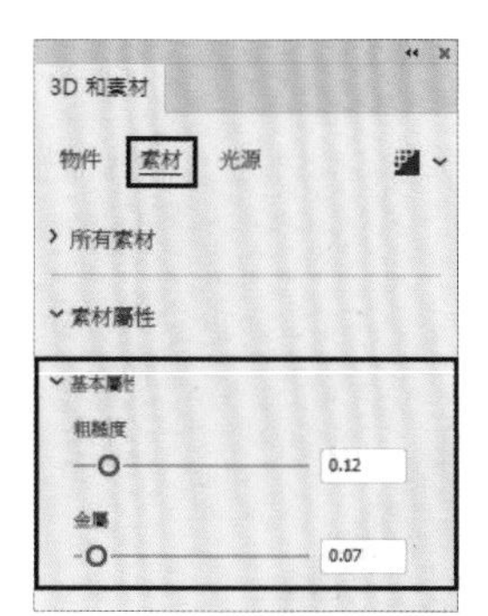

4 在 3D 和素材面板中，點選「光源＞預設集」，設定標準光源。

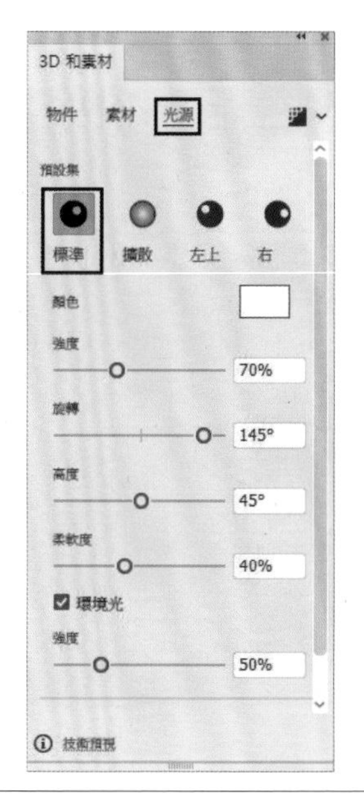

設計實作

5 確定後設定瓶身曲線的填色，可改變瓶子顏色。

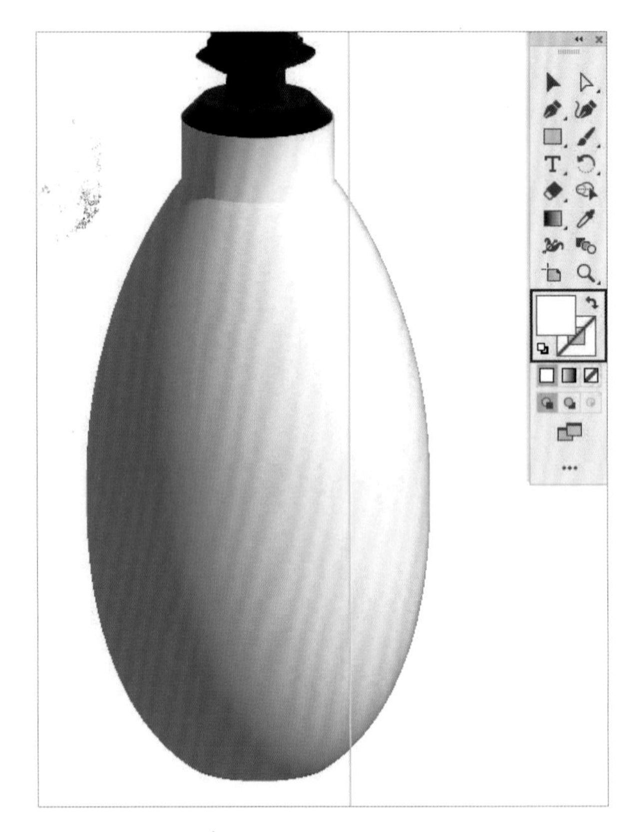

6 選取瓶蓋梯形物件，在 3D 和素材面板中，點選「物件＞迴轉」，選擇右側迴轉。

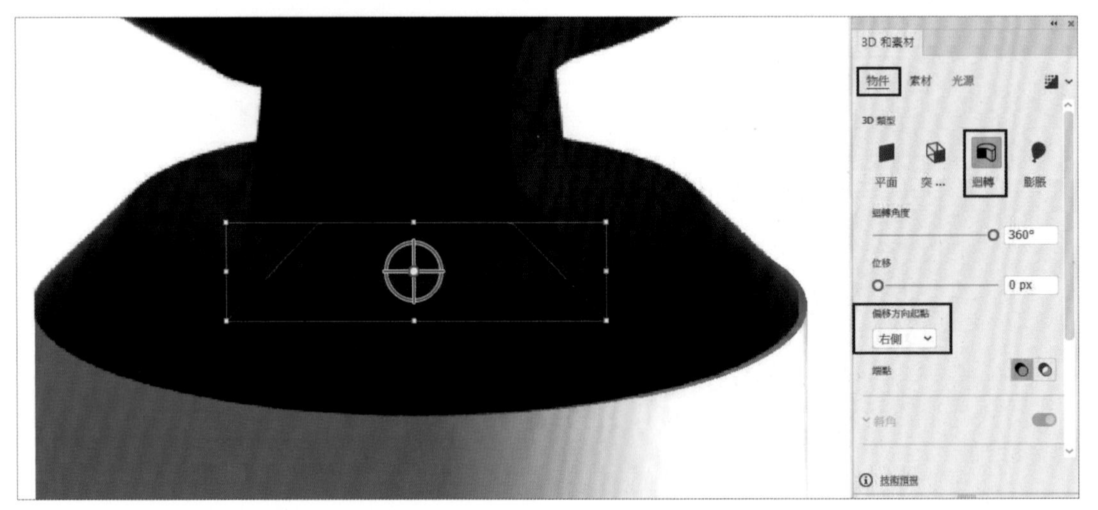

7 接著在 3D 和素材面板中，點選「素材＞基本屬性」，調整數值。

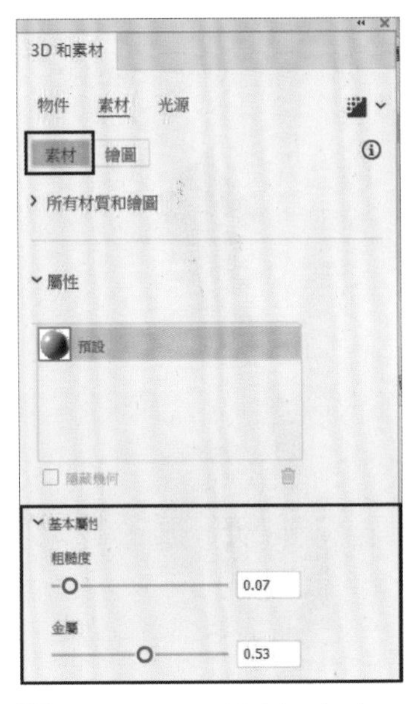

8 選取瓶蓋西洋棋騎物件，在 3D 和素材面板中，點選「物件＞突出與斜角」，調整深度並開啟斜角。

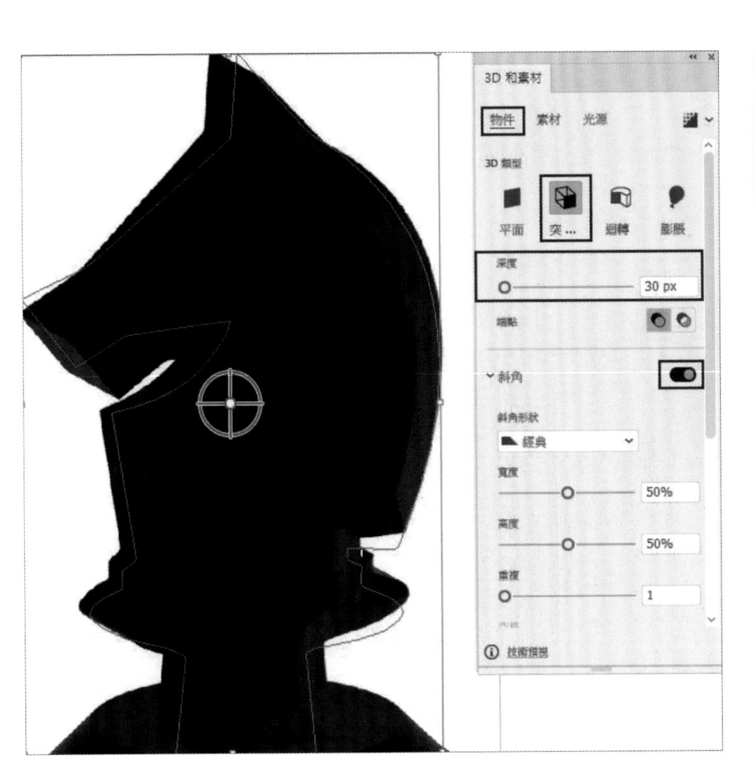

9 接著在 3D 和素材面板中，點選「素材＞基本屬性」，調整數值。

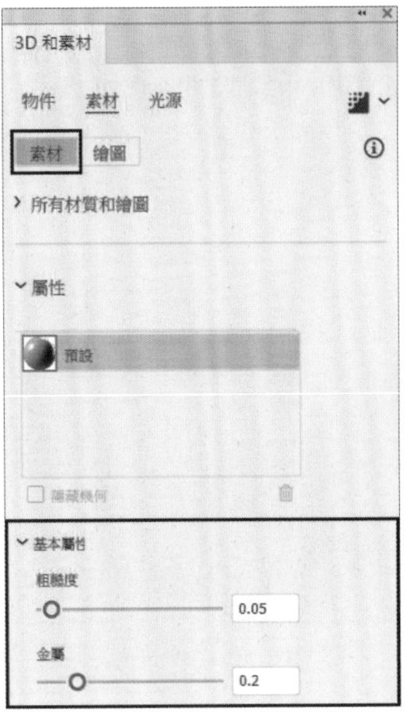

10 將標籤圖案縮放至合適大小，放置於瓶上示意。

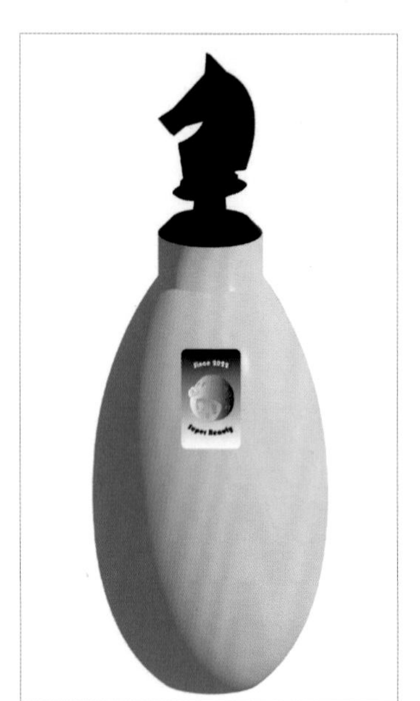

11 點選「檔案 >儲存」，Super Beauty 騎士香水立體瓶繪製完成。

檔案(F) 編輯(E) 物件(O) 文字(T) 選取(S) 效果(
新增(N)... Ctrl+N
從範本新增(T)... Shift+Ctrl+N
開啟舊檔(O)... Ctrl+O
打開最近使用過的檔案(F) >
在 Bridge 中瀏覽... Alt+Ctrl+O
關閉檔案(C) Ctrl+W
全部關閉 Alt+Ctrl+W
儲存(S) Ctrl+S

TIPS ▶ 替 3D 物件添加貼圖

Illustrator CC 2022（26.3）新版，新增添加貼圖功能，可將設計的圖案當做貼圖，疊加在 3D 物件上。

延伸練習

請自行設計創意的瓶子路徑曲線，設計標籤圖案，並可運用「視窗 > 透明度」，進行瓶子半透明的設計。運用 3D 迴轉、突出與斜角功能，設計立體圖形。

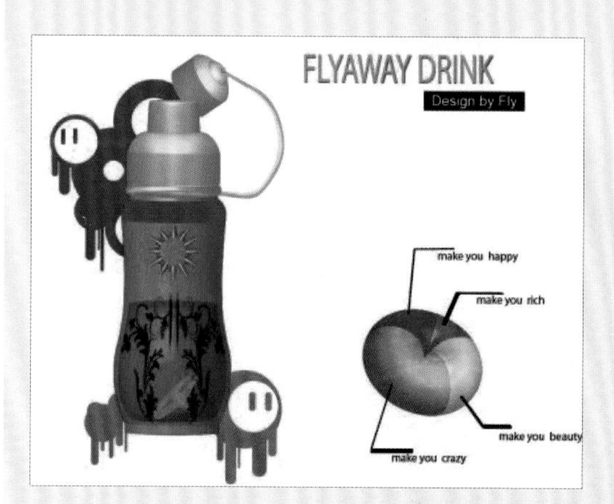

線上下載

CH02-5 > CH02-0504 延伸練習.ai、CH02-0505 延伸練習.ai、CH02-0504 延伸練習-CS3.ai、CH02-0505 延伸練習-CS3.ai

包裝設計

筆刷功能與包裝細節

2-6

透過本單元可以學會紙袋包裝製作需要注意的細節，並可延伸應用至紙盒、產品外觀的包裝印刷設計。運用筆刷功能設計創意圖形。

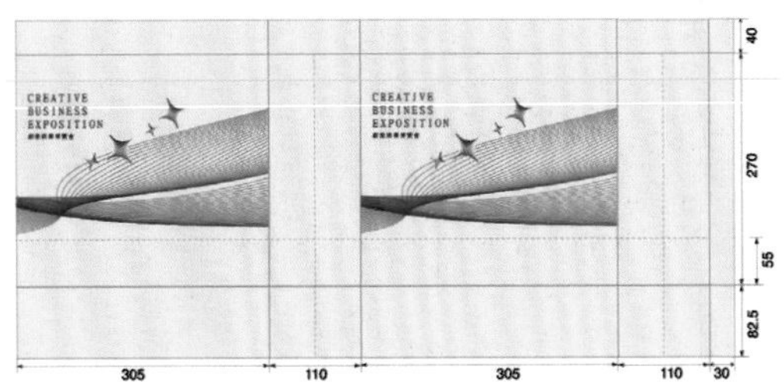

▼ 關鍵技巧

1 設計筆刷 > 以線條圖筆刷與散落筆刷製作創意圖形

2 設計紙袋包裝 > 瞭解紙盒紙袋完稿知識

線上下載

CH02-6 > CH02-06.ai、CH02-6source02.ai、CH02-6source.ai、CH02-06.pdf、CH02-06model.ai、CH02-06-CS3.ai、CH02-6source02-CS3.ai、CH02-6source-CS3.ai

設計實作

1. 設計創意圖形製作線條圖筆刷

1 點選「檔案 > 新增」，設定 A4 檔案規格。（此時製作的圖形將應用於紙袋之中，由於 Illustrator 創作的為向量圖形，尺寸可於要完稿的紙袋時再依構圖調整）

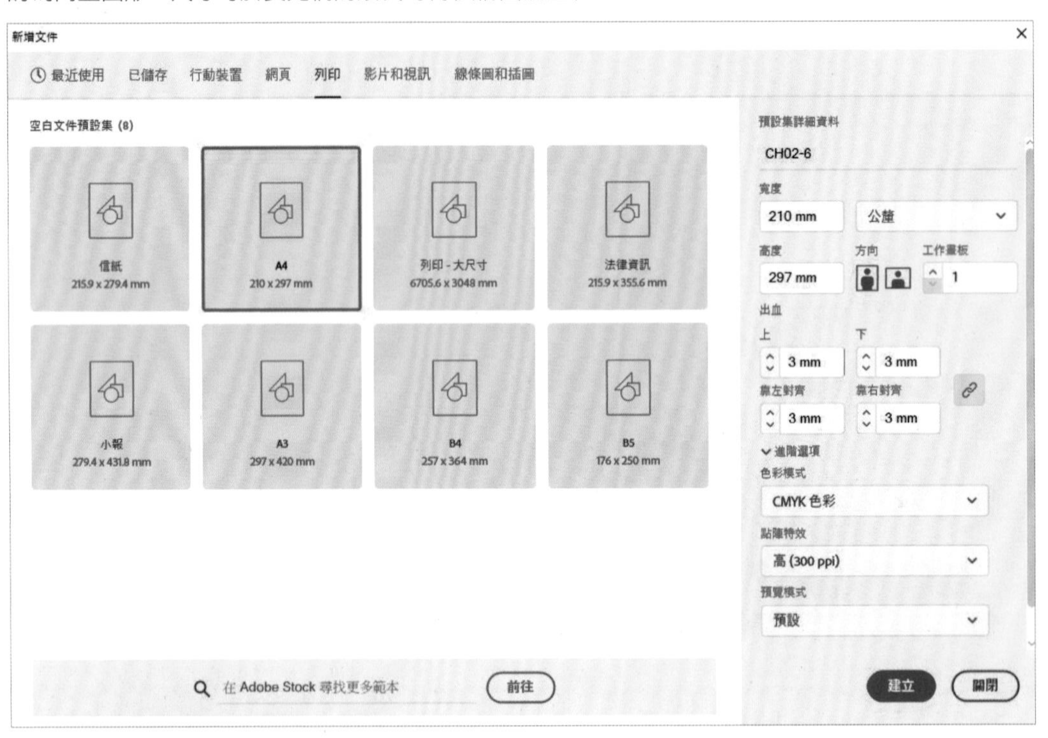

2 使用鋼筆工具，在畫面上繪製一道曲線，填色為「無」，筆畫為「深藍色」。

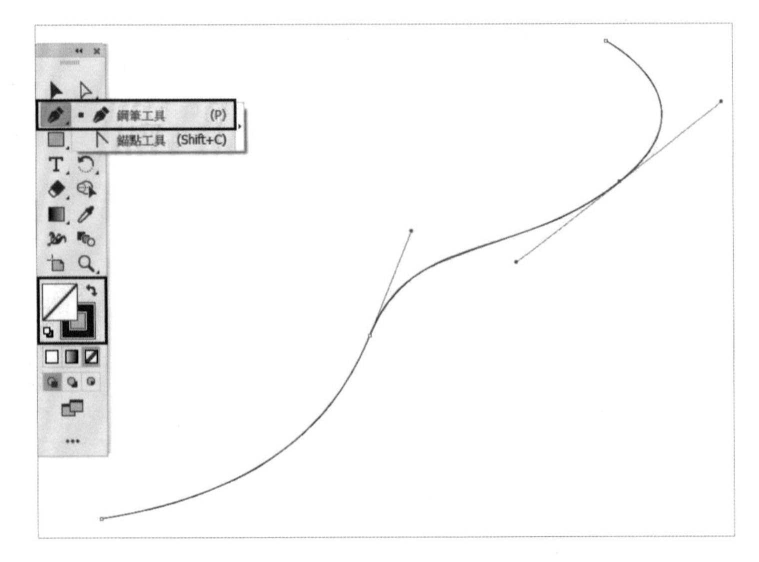

3 使用鋼筆工具，在畫面上繪製第二道曲線，填色為「無」，筆畫為「深藍色」。

4 使用漸變工具，在漸變工具上點選兩下，開啟漸變面板。

5 在漸變面板上選擇指定階數與對齊路徑，並填入指定階數 30，按下「確定」鈕。

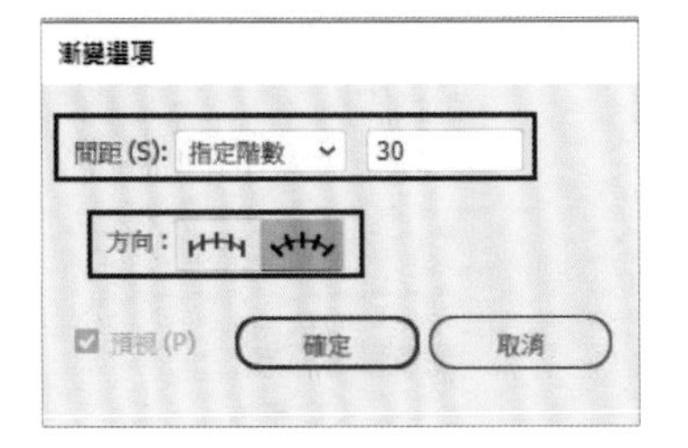

6 在第一條線上點選一下，在第二條線上點選一下，漸變功能自動完成。

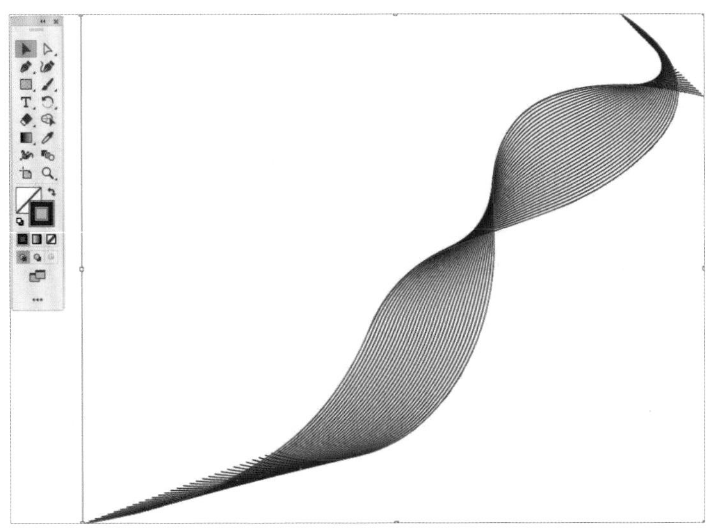

7 點選「視窗＞筆刷」，開啟筆刷面板。

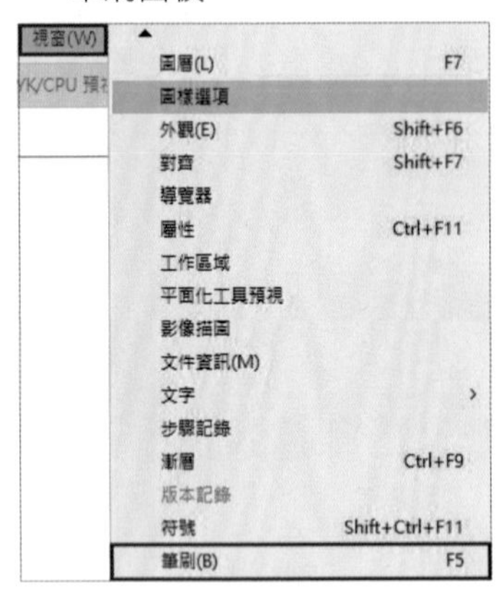

8 選取漸變物件，在筆刷面板中，點選選項列，選擇「新增筆刷」。

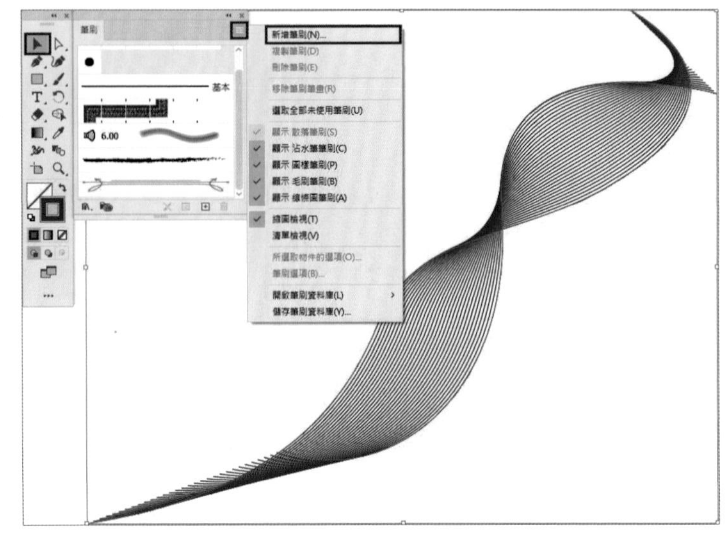

9 在新增筆刷面板中，選擇新增「線條圖筆刷」，按下「確定」鈕。

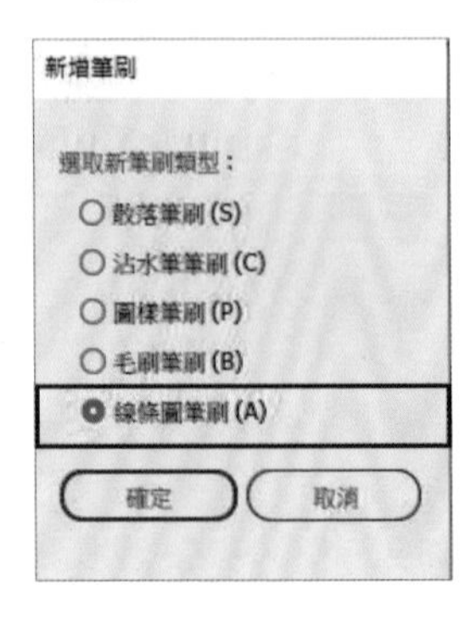

10 在線條圖筆刷選項面板中，按下「確定」鈕。

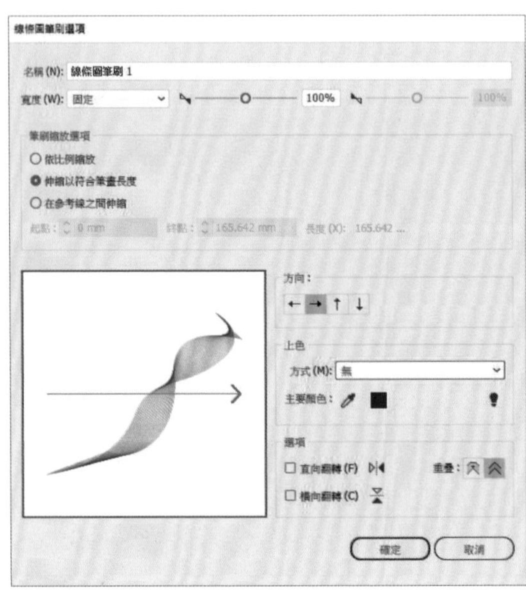

11 在筆刷面板中，顯示新增線條圖筆刷圖示，新增完成。

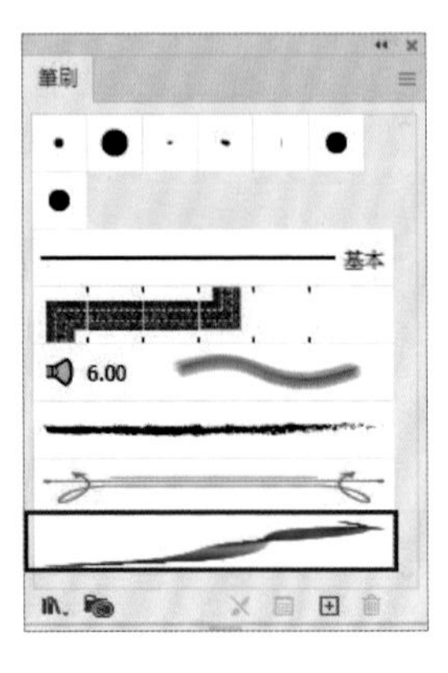

TIPS ▶ 漸變工具

在兩個或數個選取物件之間，建立一系列的中間物件，則該漸變物件即可當作物件來操作。

選取漸變工具，在其上點擊兩下，開啟漸變面板，調整漸變參數設定：

- 間距：決定漸變階數。
- 平滑顏色：Illustrator 自動計算最佳漸變的階數，建立平滑顏色轉換。
- 指定階數：漸變的開始和結束點之間的數量。
- 指定距離：漸變內階數以固定的距離參數增加漸變圖形。
- 方向：漸變物件生成的方向表現。
- 對齊物件：漸變方向與頁面的 x 軸成直角。
- 對齊路徑：漸變方向與路徑成直角。

2. 應用筆刷設計插圖

1 使用筆刷工具繪製線條路徑，應用製作好的線條圖筆刷。

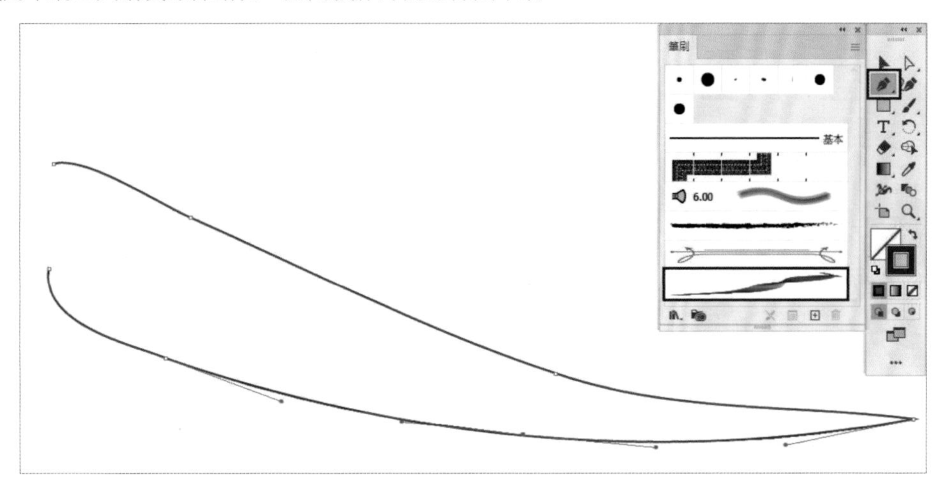

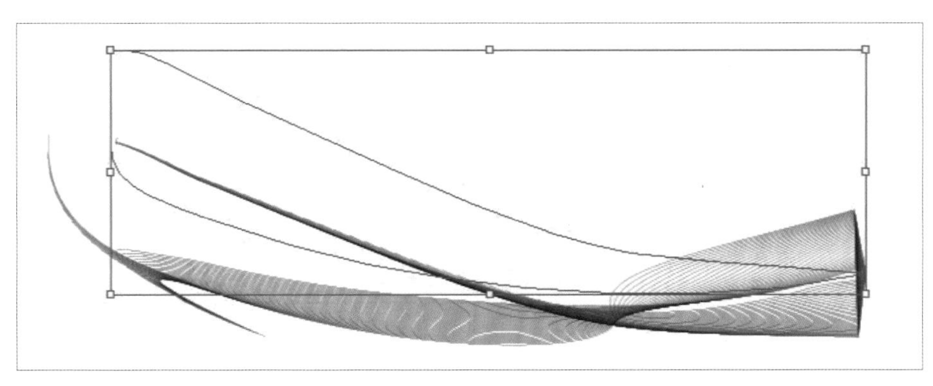

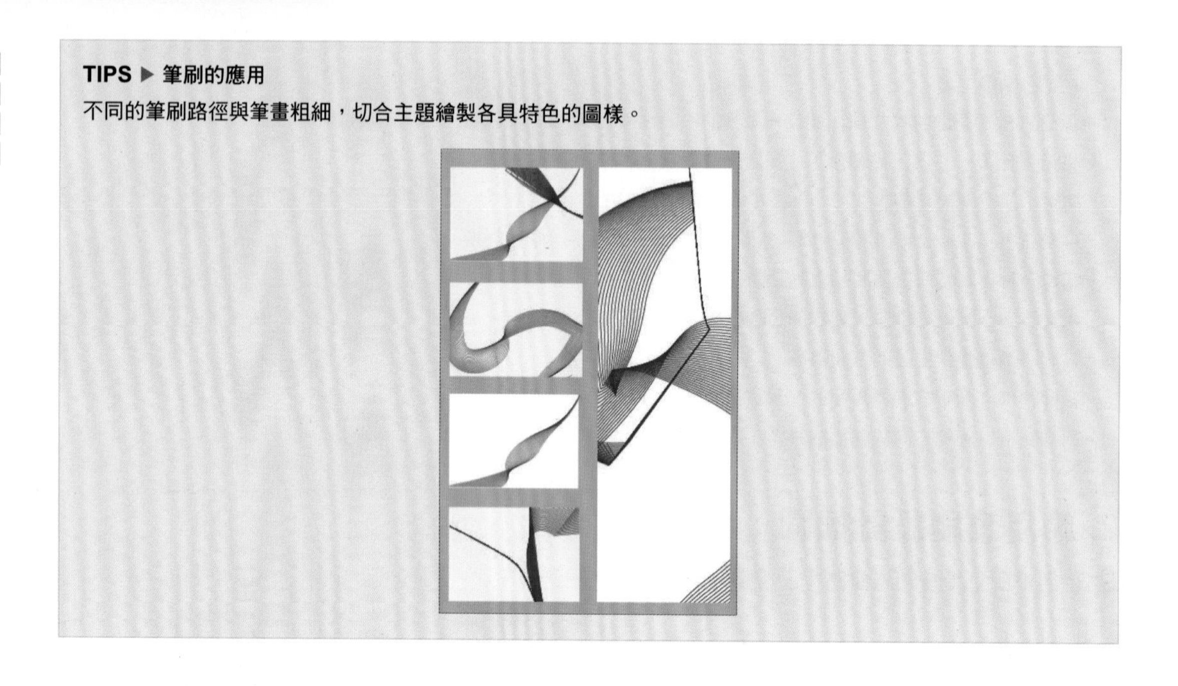

TIPS ▶ 筆刷的應用

不同的筆刷路徑與筆畫粗細，切合主題繪製各具特色的圖樣。

3. 設計創意圖形製作散落筆刷

1 使用鋼筆工具，在畫面上繪製一個弧形，填色為「無」，筆畫為「白色」。

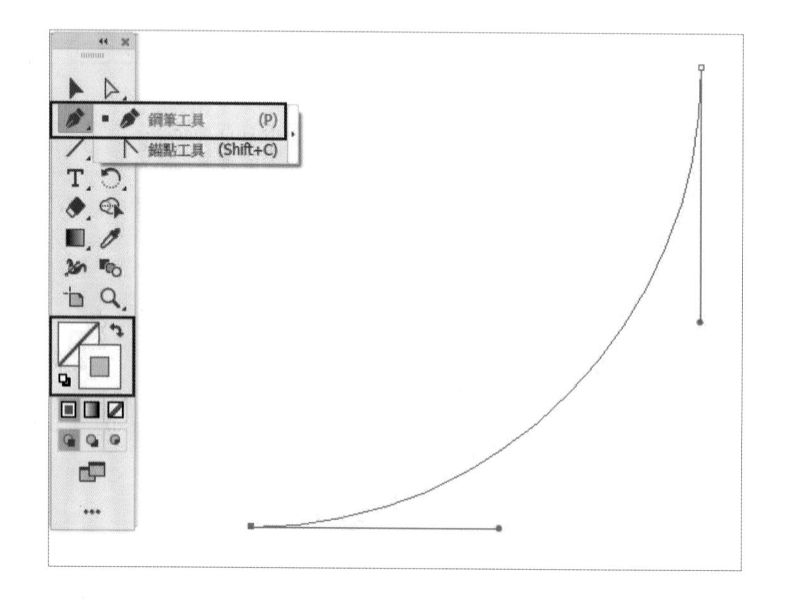

2 選取線條，使用鏡射工具，點選垂直，點選「拷貝」鈕複製。將拷貝線條設定筆畫為「深藍色」。

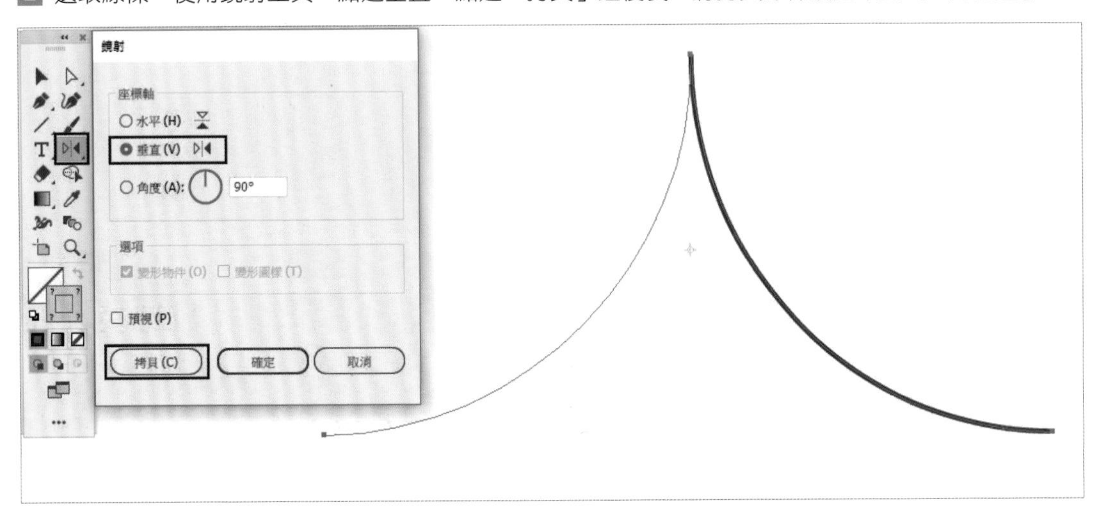

3 選取兩個線條，使用鏡射工具，點選水平，點選「拷貝」鈕。拷貝線條設定筆畫為「紅色與白色」。

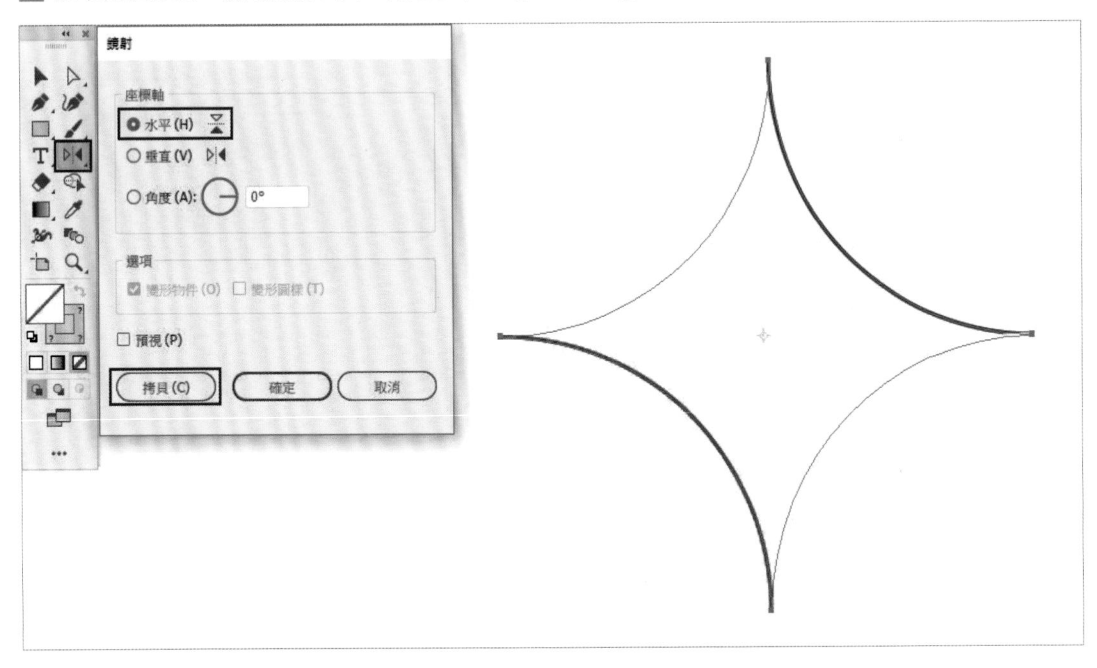

4 使用漸變工具，在漸變工具上點選兩下，開啟漸變面板。

5 在漸變面板上選擇指定階數與對齊物件，並填入指定階數 40，按下「確定」鈕。

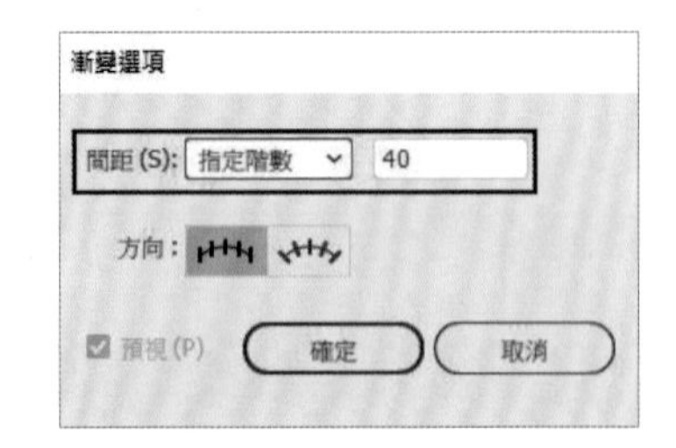

6 依序點選四個弧形，漸變自動完成。

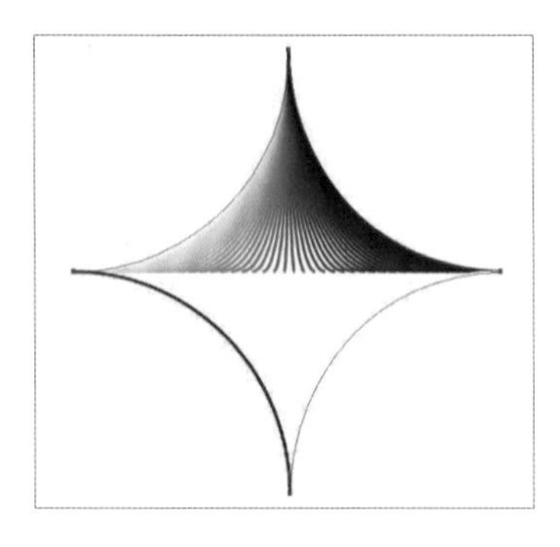
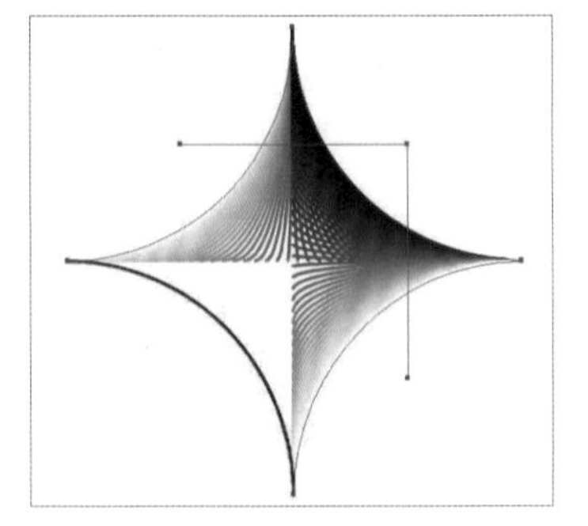
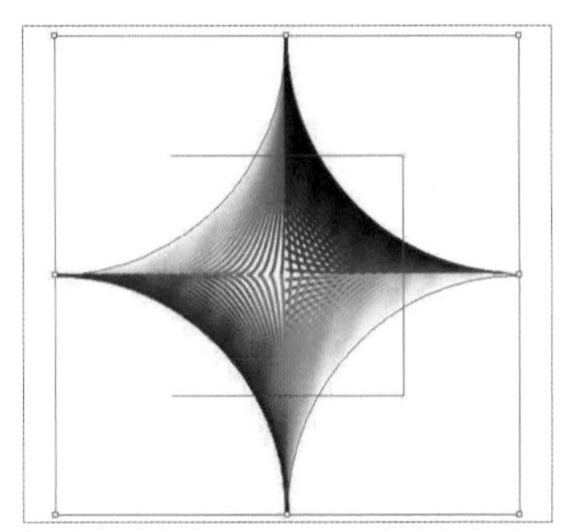

7 選取漸變物件，在筆刷視窗中，新增散落筆刷。

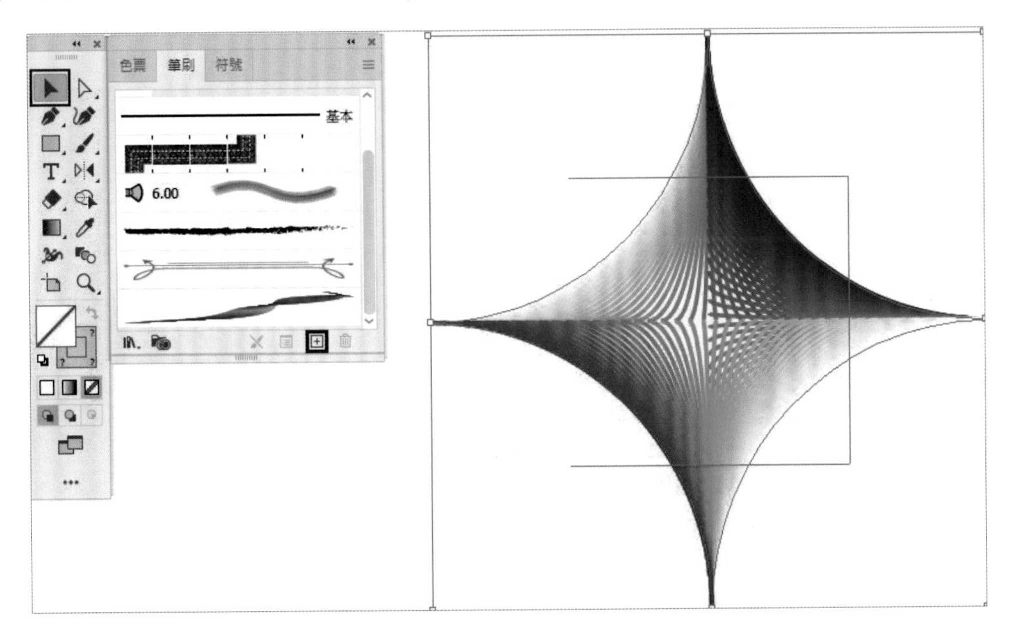

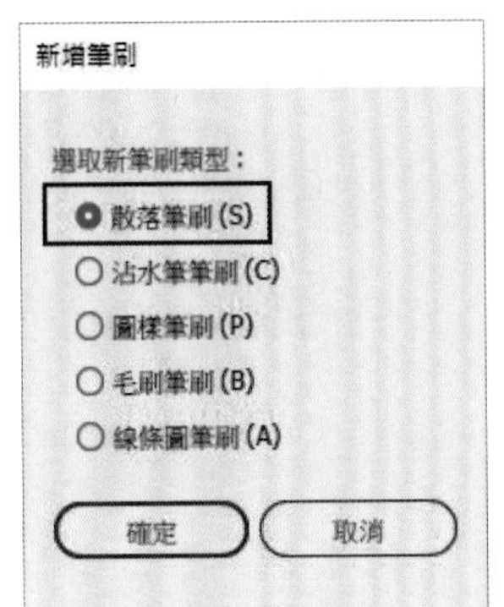

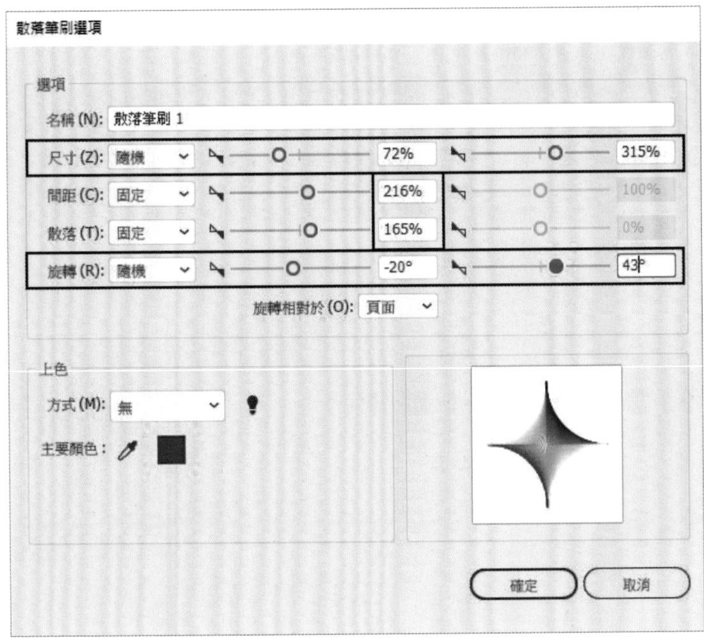

8 儲存檔案 CH02-06source02.ai。

4. 設計紙袋包裝

1 開啟紙盒刀模檔 CH02-06source.ai。

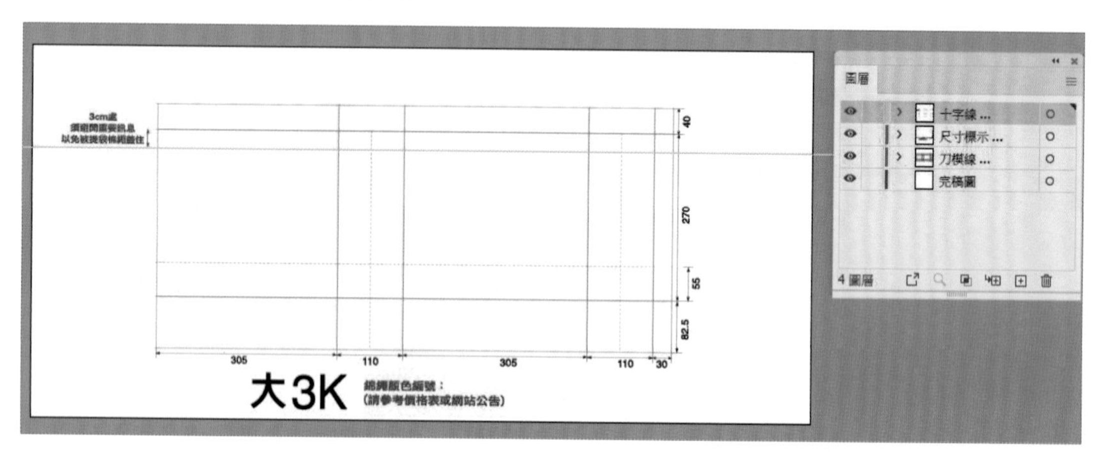

TIPS ▶ 印刷刀模檔案

印刷廠多有提供公用刀模檔，客戶進行設計製作時，若要節省成本，使用公用刀模可以降低版費。

若製作特殊規格的包裝設計，可與專業的紙袋、紙盒廠商討論規格與欲使用的紙張後，請對方製作刀模檔案，並提供打樣進行確認。

虛線是摺紙的位置，製作時，必須滿版製作，並且要考量四周接邊的色彩，若接邊色彩不同，有可能因為摺紙時的誤差露出邊緣色彩的狀況產生。

2 除完稿圖層外，將其他圖層鎖定。

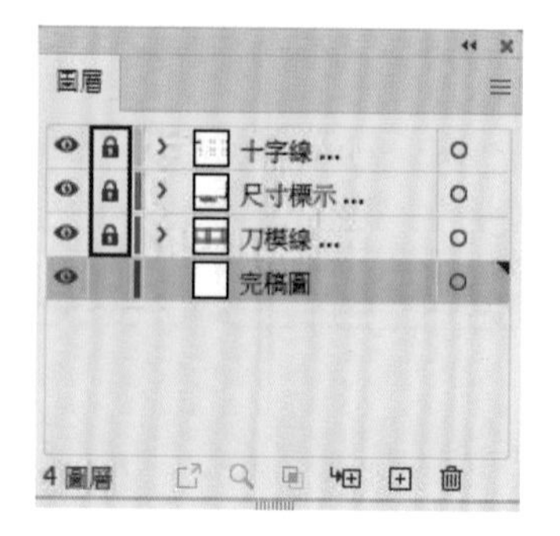

3 使用矩形工具繪製上方滿版的長方形，筆畫為「無」，填色「k=10」。

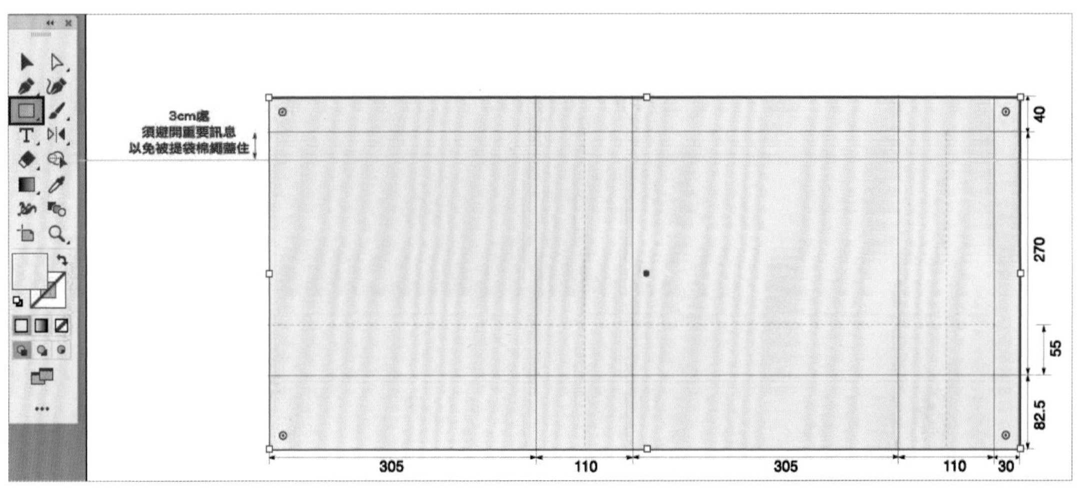

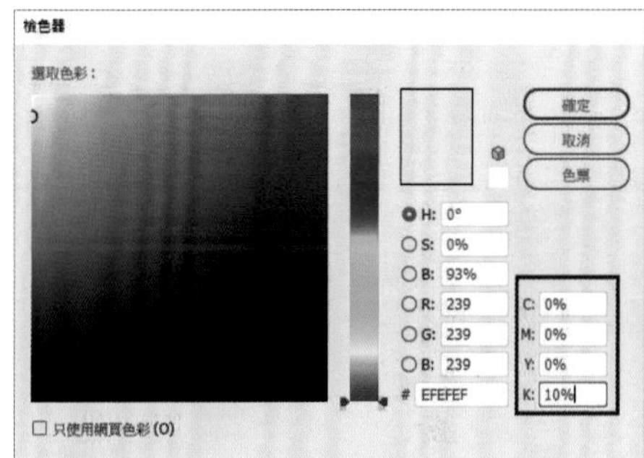

4 複製 CH02-06source02.ai 中製作好的創意流線圖形，放置到紙袋上。

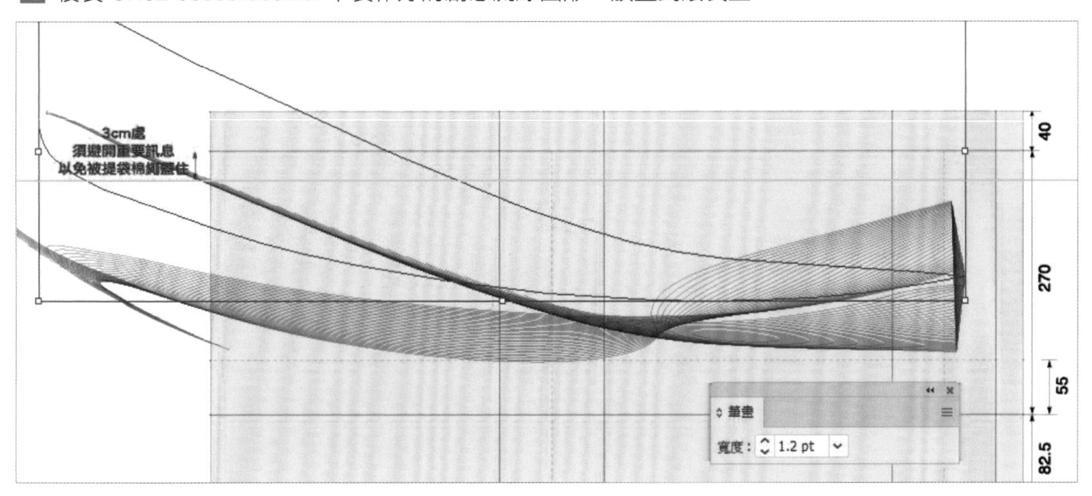

5 使用矩形工具，在流線圖形上根據版型參考線繪製一個矩形。

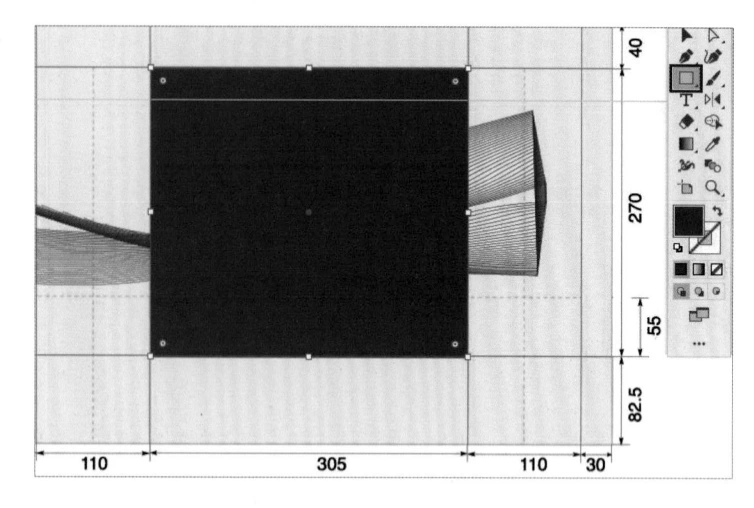

6 同時選取創意流線圖形與矩形，按下滑鼠右鍵，點選製作剪裁遮色片。

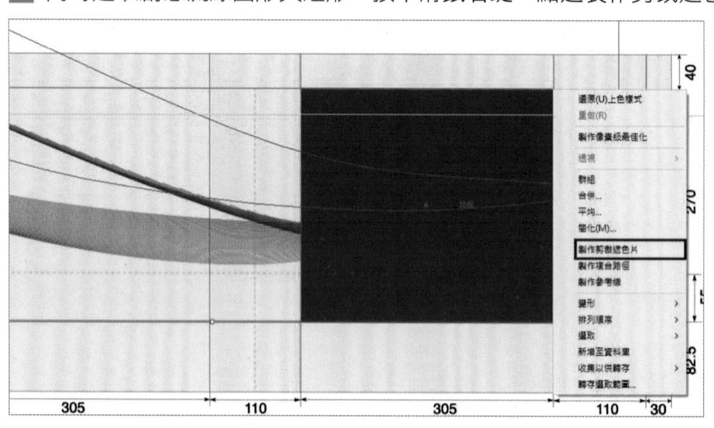

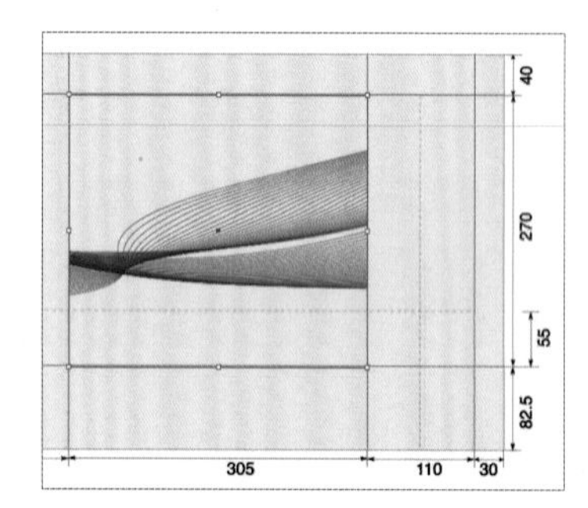

7 複製 CH02-6source02.ai 中製作好的創意菱形至紙袋檔案中，進行新增散落筆刷。

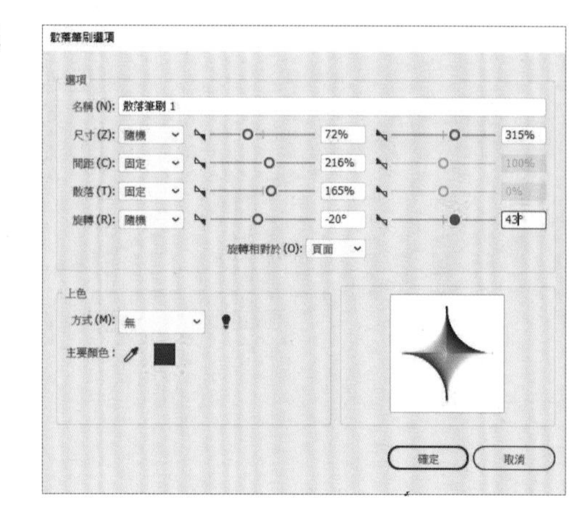

8 使用筆刷工具，在畫面上任意繪製一條曲線，設定填色「無」，筆畫為「菱形散落筆刷」。

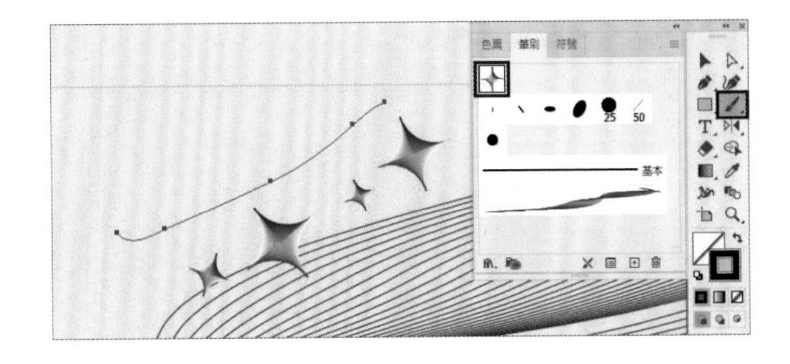

9 使用文字工具，設計文字字型與填色。

10 除底色以外，選取所有圖形進行「物件＞組成群組」。

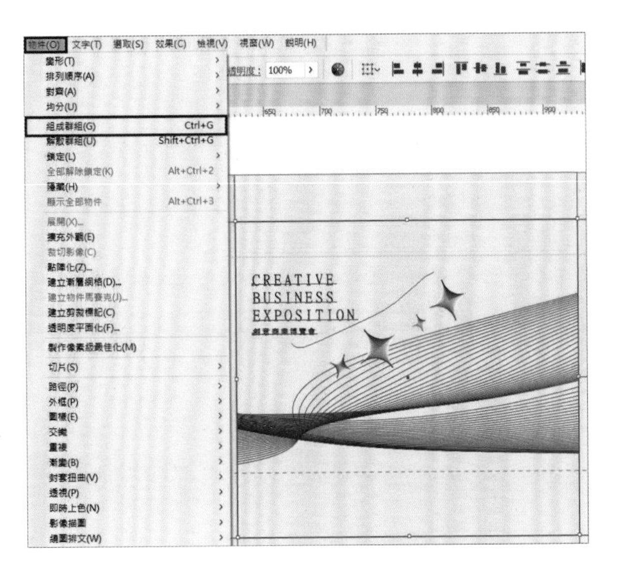

11 拷貝左側圖形至右側。

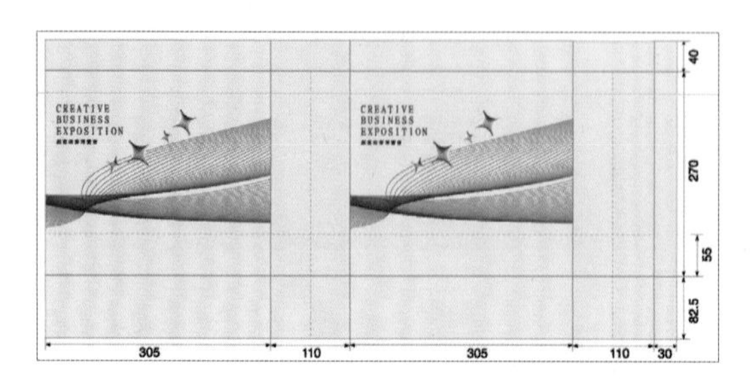

12 點選「檔案＞儲存」，儲存 CH02-06.ai，以方便修改編輯用。

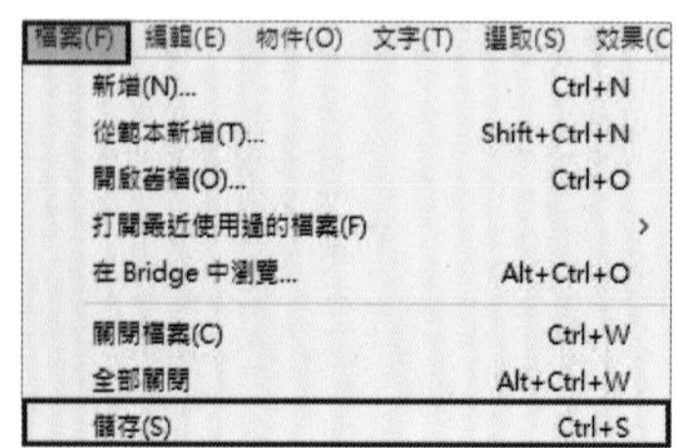

13 點選「選取＞全部」，再點選「文字＞建立外框」。

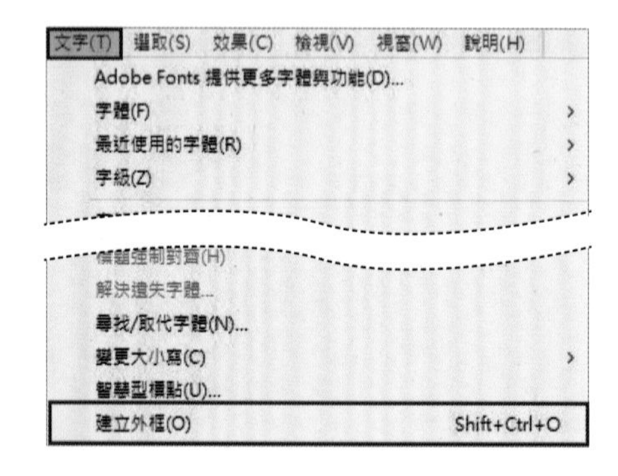

14 關閉尺寸標示與刀模圖層。點選「檔案＞另存新檔」，另存成 pdf 格式進行輸出。

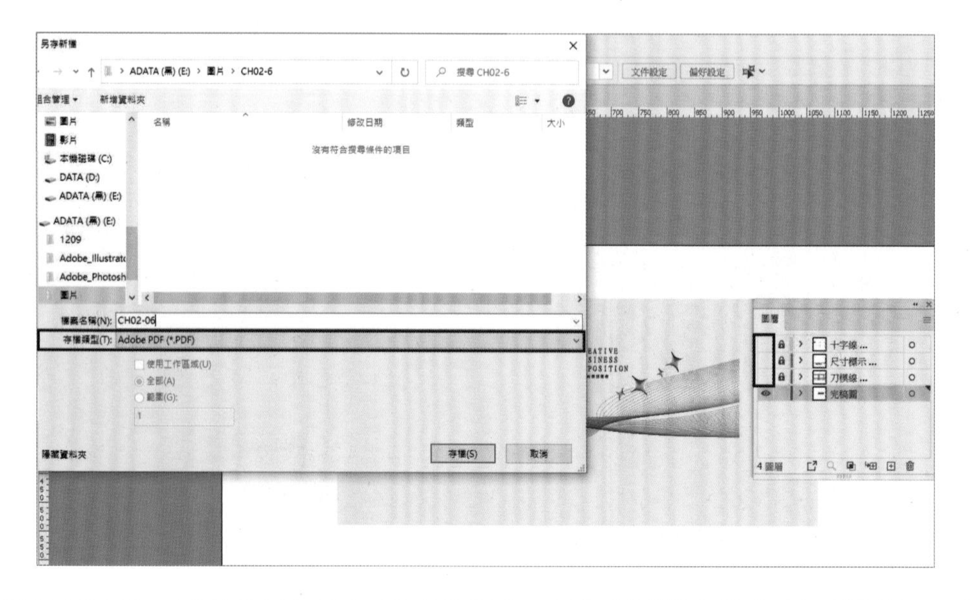

15 檔案製作完成。

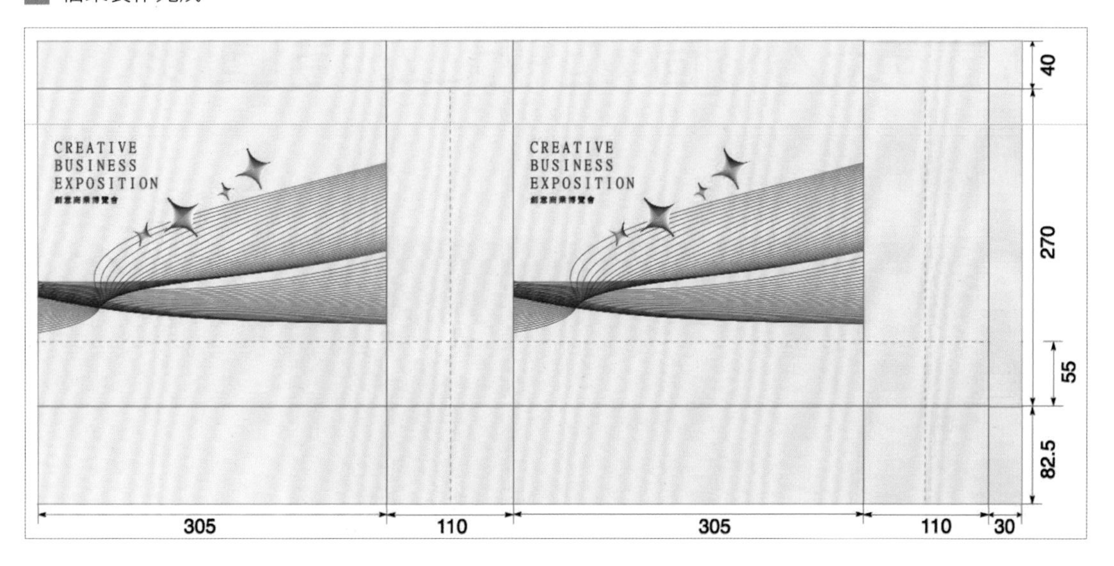

延伸練習

根據本章節學習到的技巧，運用提供的素材檔案設計製作紙箱完稿。

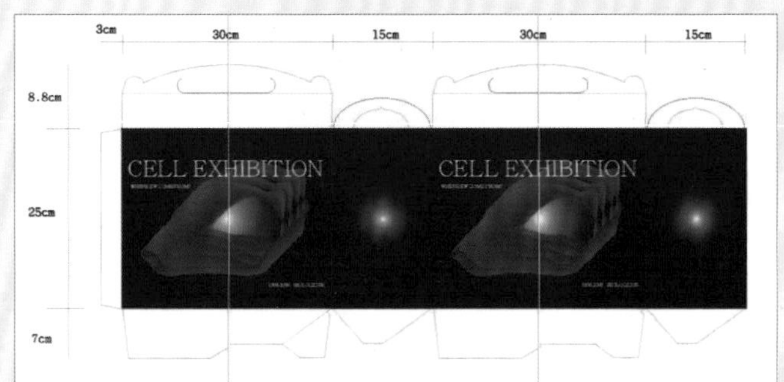

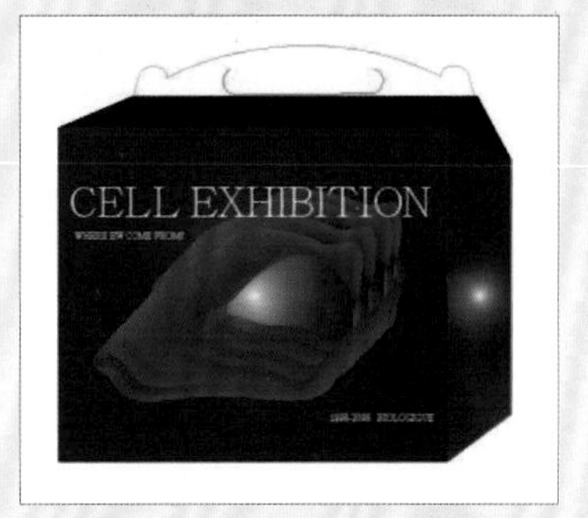

線上下載 CH02-6 > CH02-06 延伸練習.ai、CH02-06 筆刷延伸練習.ai、CH02-06 model 延伸練習.ai、CH02-06 延伸練習.pdf、CH02-06 延伸練習-CS3.ai、CH02-06 筆刷延伸練習-CS3.ai、CH02-06 model 延伸練習-CS3.ai

電子展示牆透明立體圖像

遮色片、網格與圖層設定

2-7

在 Illustrator 一樣能製作半透明的物件，藉由各種遮色片的方式，結合網格工具、漸層工具、透明度，製作精緻的立體圖像設計。

▼ 關鍵技巧

- 圖層與透明度＞適當設定可方便編輯
- 網格工具＞漸層填色可以更自由，適用於製作立體物件
- 漸層工具＞漸層編輯器的方便應用
- 遮色片＞針對外型的剪裁遮色片與針對圖形出現與否的不透明遮色片

CH02-7 > CH02-0701.jpg、CH02-07.ai、CH02-07-CS3.ai、CH02-0702.ai、CH02-0702-CS3.ai

1. 置入照片，繪製外型

1 點選「檔案＞新增」，設定 A4 檔案規格。

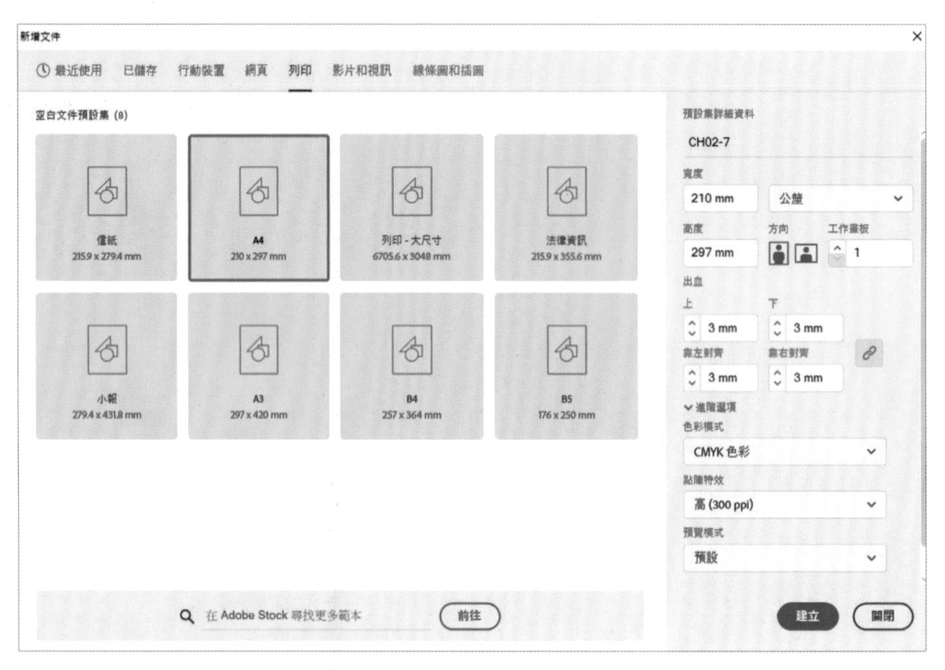

2 點選「檔案＞置入」。

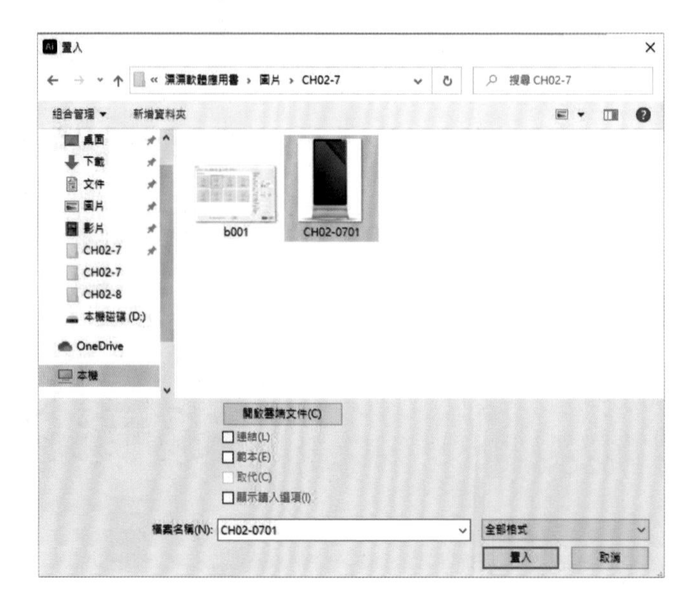

3 使用選取工具，同時按住「Shift」鍵，等比例縮放調整圖片大小。

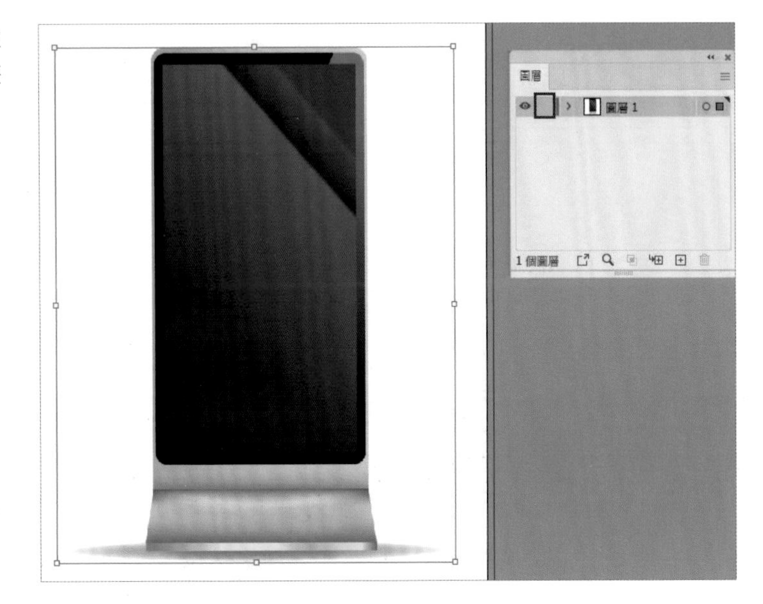

4 鎖定圖層 1，新增圖層 2，使用鋼筆工具繪製螢幕外框（亦可使用圓角矩形工具）。

5 設定圖層名稱。

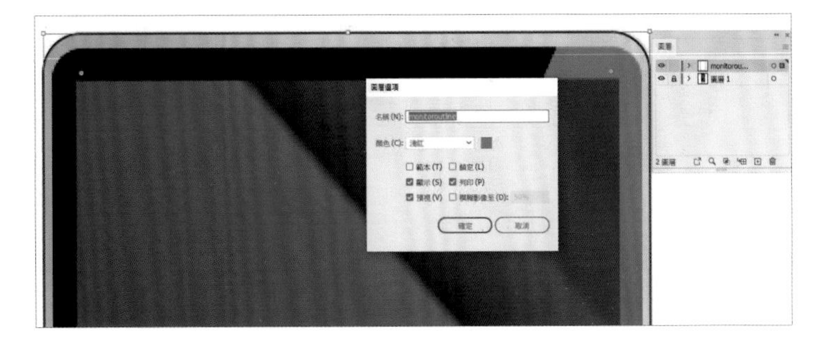

6 使用鋼筆工具，依序將螢幕外框線繪製不同圖層。

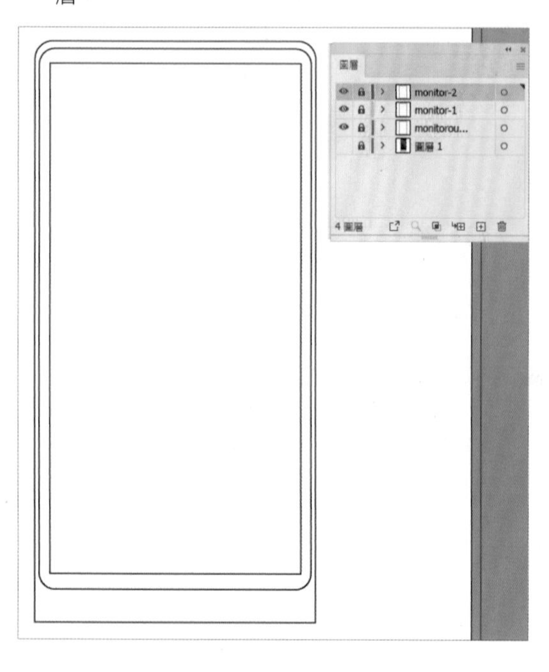

7 使用鋼筆工具，繪製螢幕底座在不同圖層。

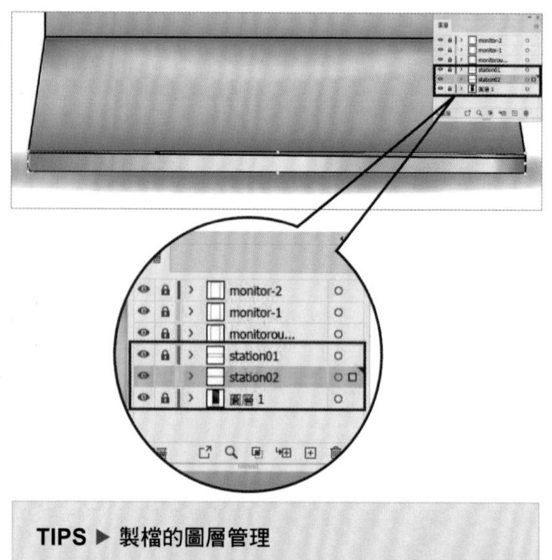

TIPS ▶ 製檔的圖層管理

針對圖層多的檔案進行圖層命名，可有效管理與編輯。

2. 網格工具

1 開啟 station01 圖層，選取底座路徑，使用網格工具，在路徑上點一下。

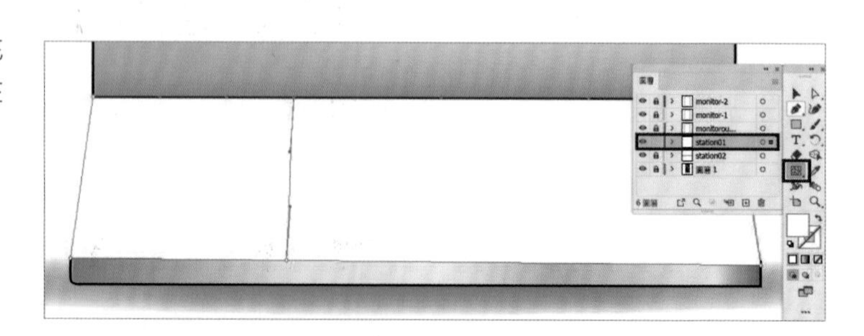

2 繼續在需要產生控制點的位置，點擊路徑。

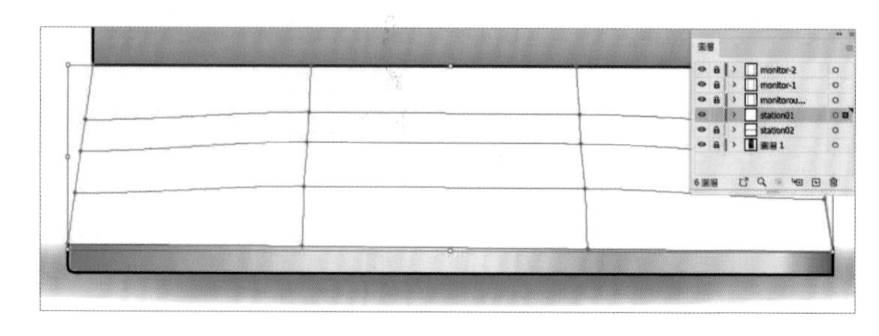

3 在控制點全選的狀態下，更改填色，設定底座基本色。

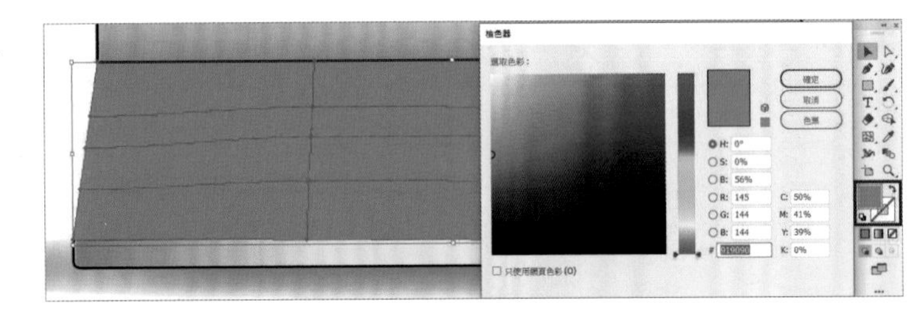

4 使用套索工具選取要同時修改顏色的控制點。

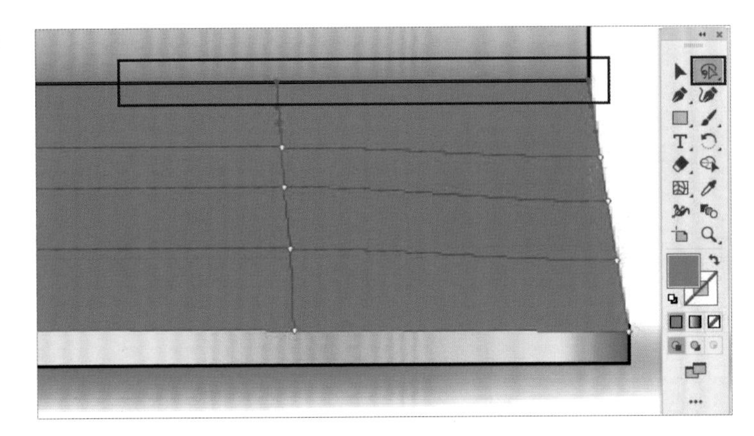

5 設定比較深的灰色，作為光影效果。

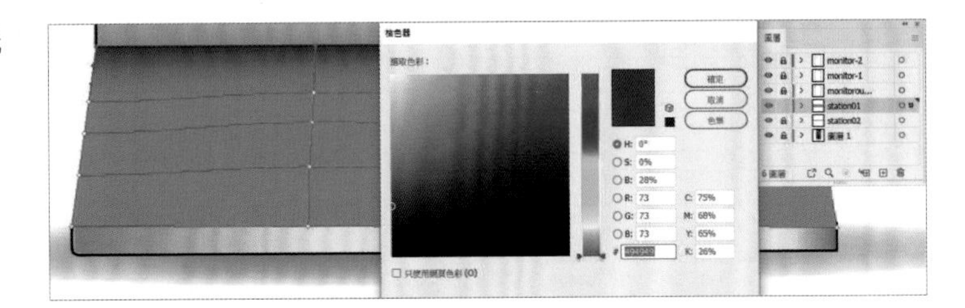

6 重複步驟 4 和 5 設定底座亮部的控制點顏色。

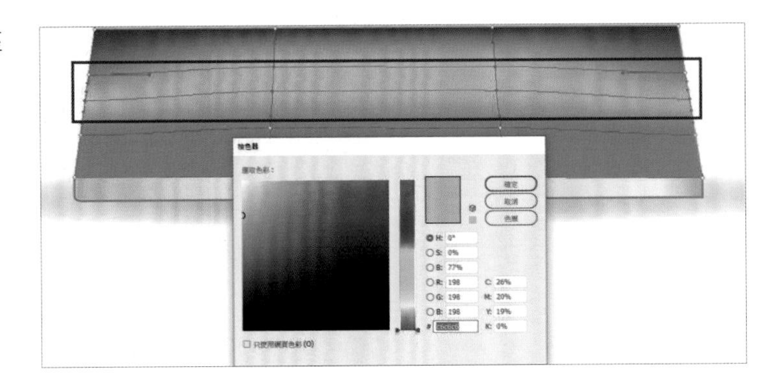

7 使用直接選取工具，調整控制點的貝茲曲線狀態。

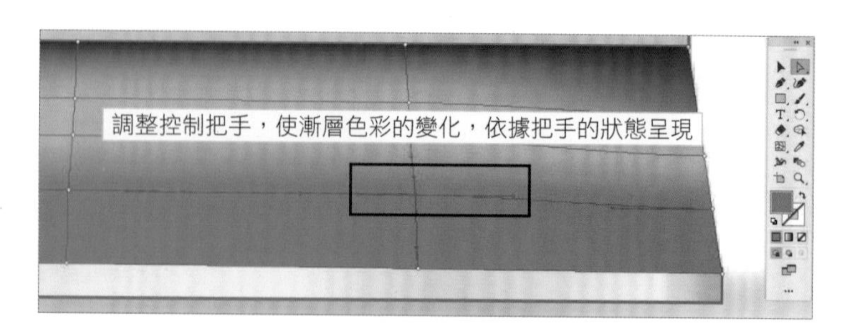

TIPS ▶ 使用網格工具調整顏色

網格工具將路徑的填色方式，修正為網格產生的控制點進行顏色控制，控制點的調整與路徑調整方式相同，以直接選取工具、套索工具，可以選擇控制點，並進行顏色調整，調整過的控制點色彩，會以控制點到控制點的顏色漸層作為色彩表現。以直接選取工具選擇控制點，按鍵盤的「Delete」鍵即可消除控制點。

8 重複步驟 **4**、**5**、**7**，設定底座暗部的控制點顏色與貝茲曲線弧度表現漸層。

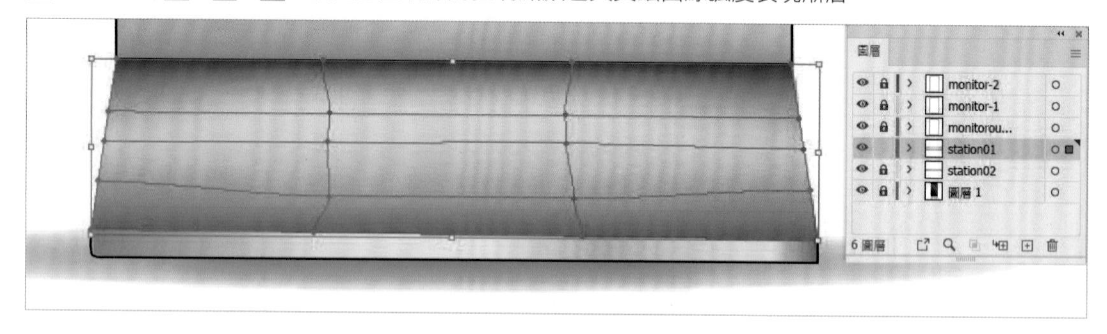

3. 漸層工具

1 鎖定 station01 圖層，開啟 station02 圖層編輯。

2 選取底座路徑，使用漸層工具，點選「視窗 > 漸層」。在漸層編輯器上增加控制漸層色的控制點，設定底座色彩漸層方式。

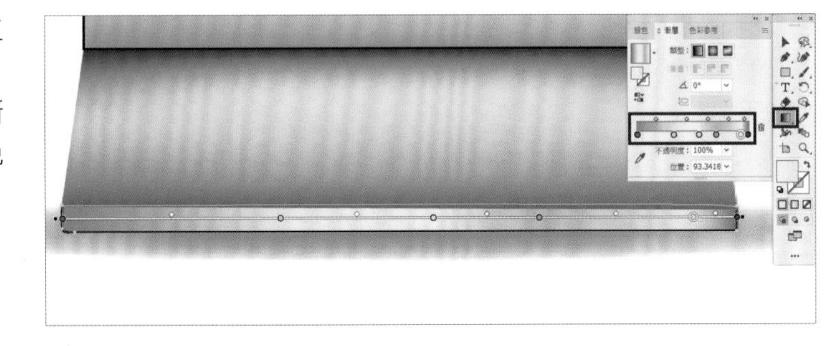

3 設定底座筆畫為「無」。

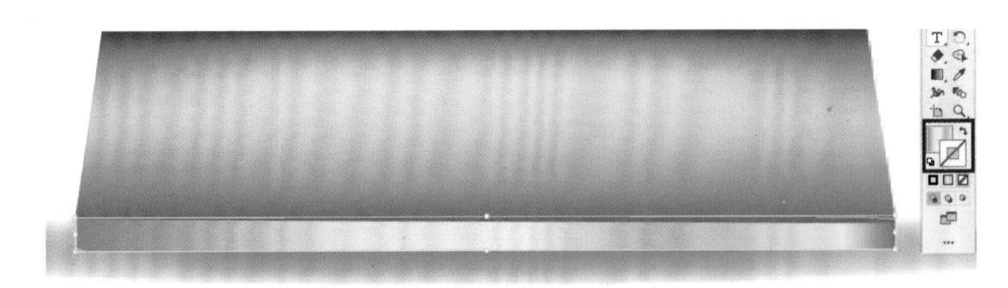

4. 剪裁遮色片工具

1 鎖定 station02 圖層，開啟 monitor-1 圖層編輯。製作螢幕右上角顏色變化位置的路徑。

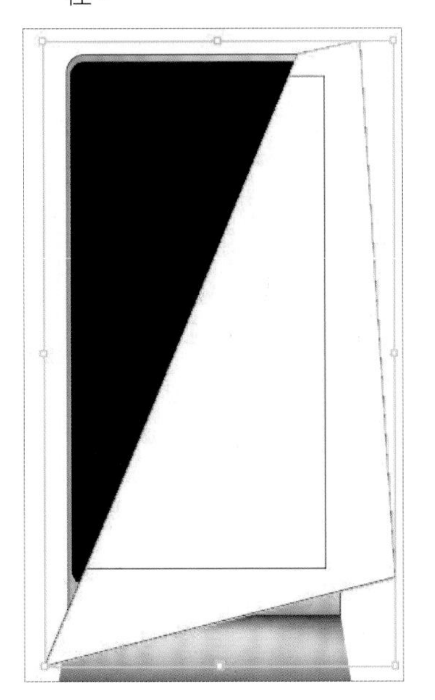

2 設定漸層填色，筆畫為「無」。

3 選擇螢幕邊緣的圓角矩形，設定填色「黑色」，筆畫為「無」。

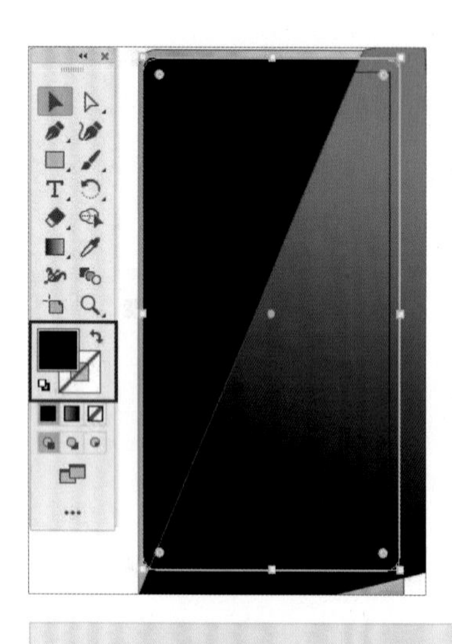

4 保持選取圓角矩形，點選「編輯 > 拷貝」，再點選「編輯 > 就地貼上」。

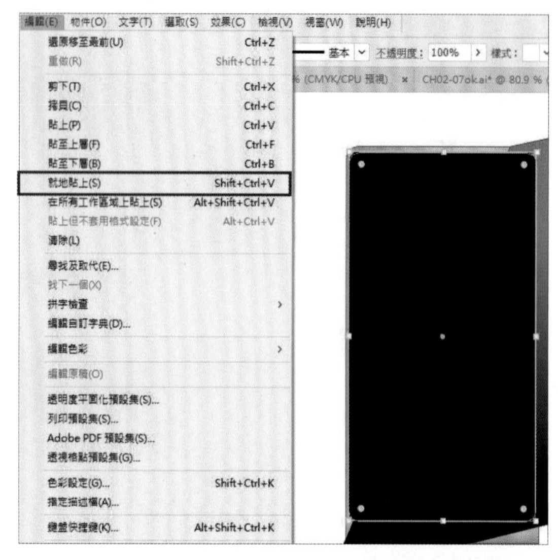

TIPS ▶ 就地貼上

「就地貼上」可以將物件直接貼到所有物件的同圖層的最上層，而「貼至上層」僅會將物件貼在原物件的上層。

5 以選取工具按住「Shift」鍵，加選斜邊螢幕形狀。點選「物件 > 剪裁遮色片 > 製作」。

6 鎖定 monitor-1 圖層，開啟 monitoroutline 圖層編輯填色的漸層表現方式。

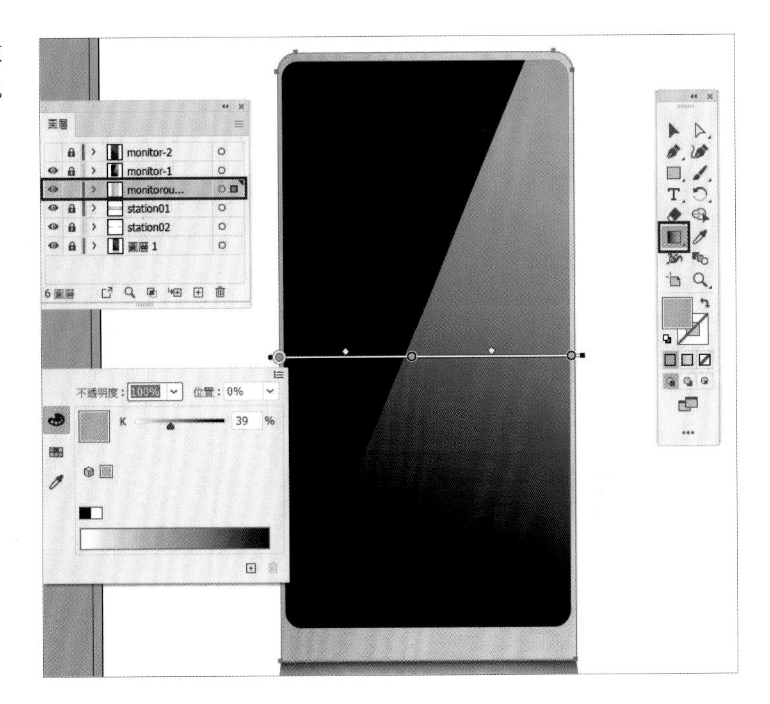

7 鎖定 monitoroutline 圖層，開啟 monitor-2 圖層編輯螢幕內部填色的漸層表現。

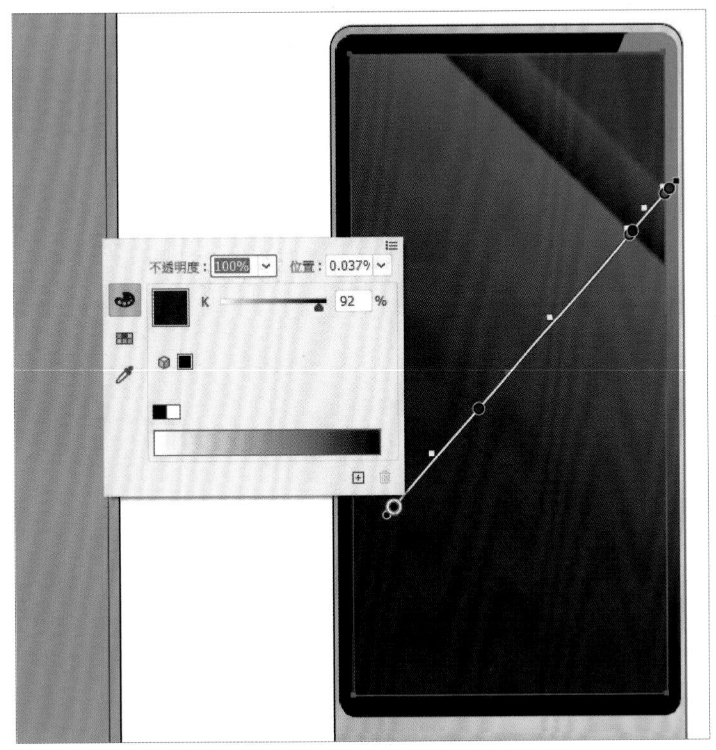

設計實作

5. 製作不透明遮色片

1 除圖片圖層外，開啟所有圖層。點選「選取 > 全部」(也可以按「Ctrl+A」鍵選取全部物件)，再點選「編輯 > 拷貝」。

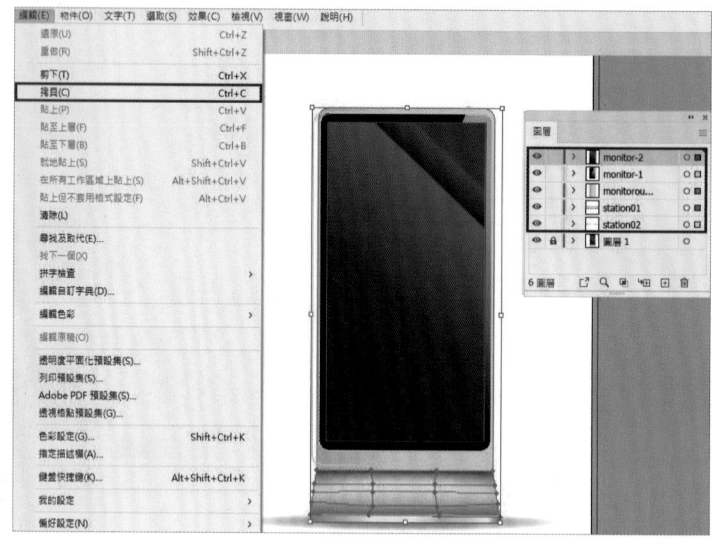

2 在圖片圖層上新增圖層，命名為 Shadow。

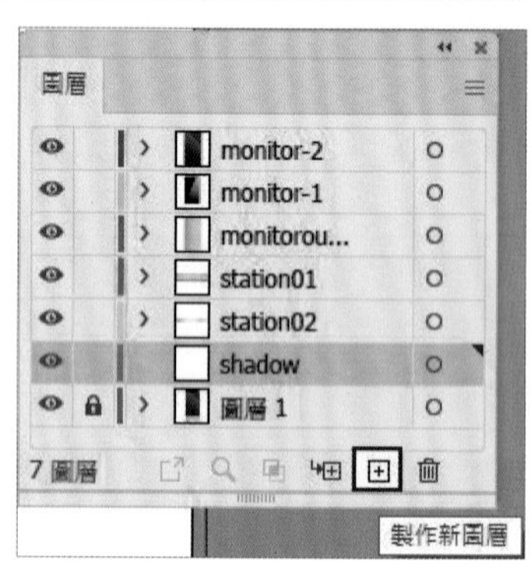

3 除 Shadow 圖層外，鎖定其餘圖層。

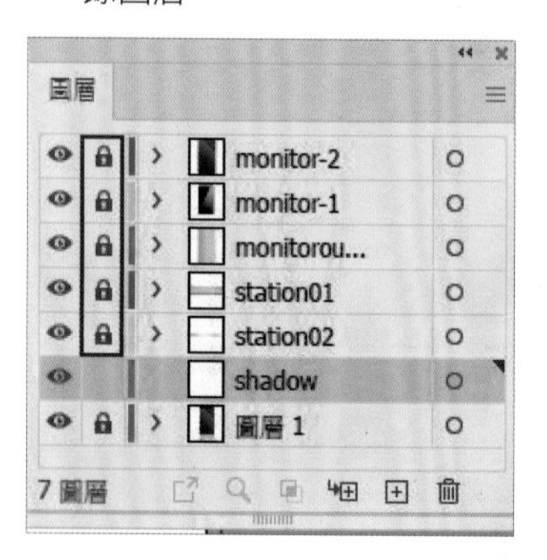

4 點選「編輯 > 就地貼上」，再點選「物件 > 組成群組」，將螢幕組為群組。

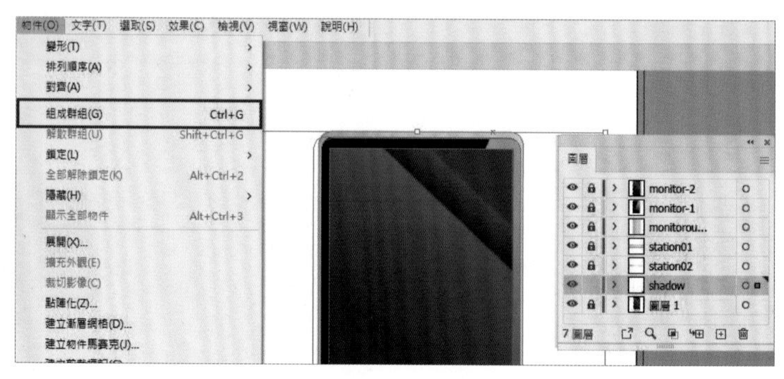

5 使用鏡射工具，在螢幕底部按住「Alt」鍵點擊一下。設定水平鏡射後按下「確定」鈕。

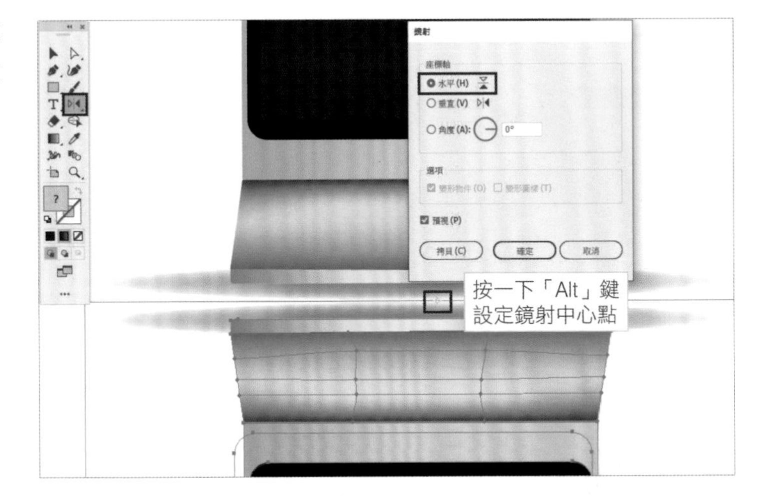

6 點選「效果＞扭曲與變形＞隨意扭曲」，將螢幕倒影變形。

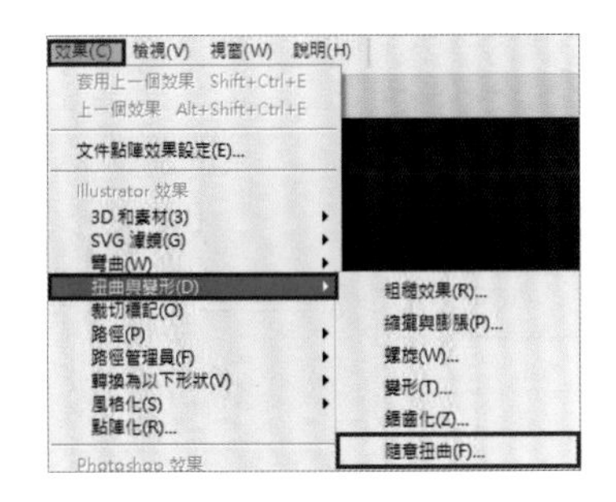

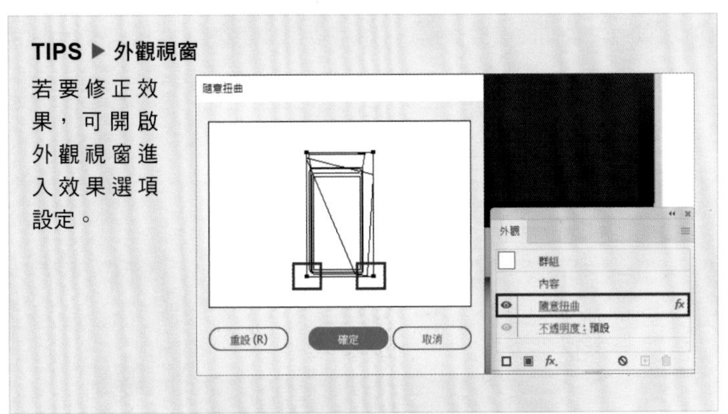

TIPS ▶ 外觀視窗

若要修正效果，可開啟外觀視窗進入效果選項設定。

7 在螢幕倒影上繪製黑白漸層填色的矩形。漸層色彩設定，白色由上往下至黑色。

8 點選「視窗＞透明度」，開啟透明視窗。

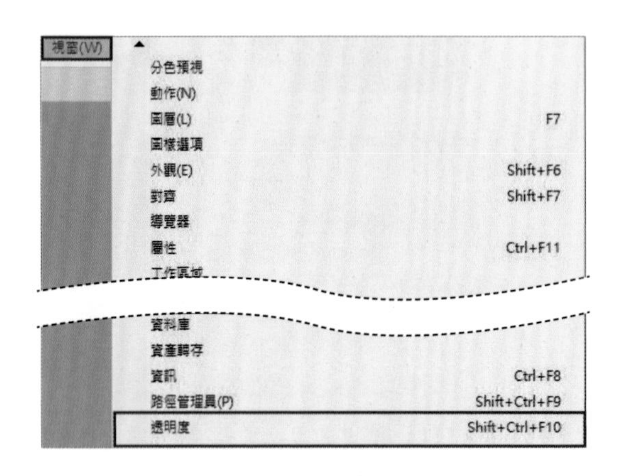

9 以選取工具同時選取漸層矩形與倒影螢幕圖形，在透明度視窗中設定，製作不透明度遮色片。

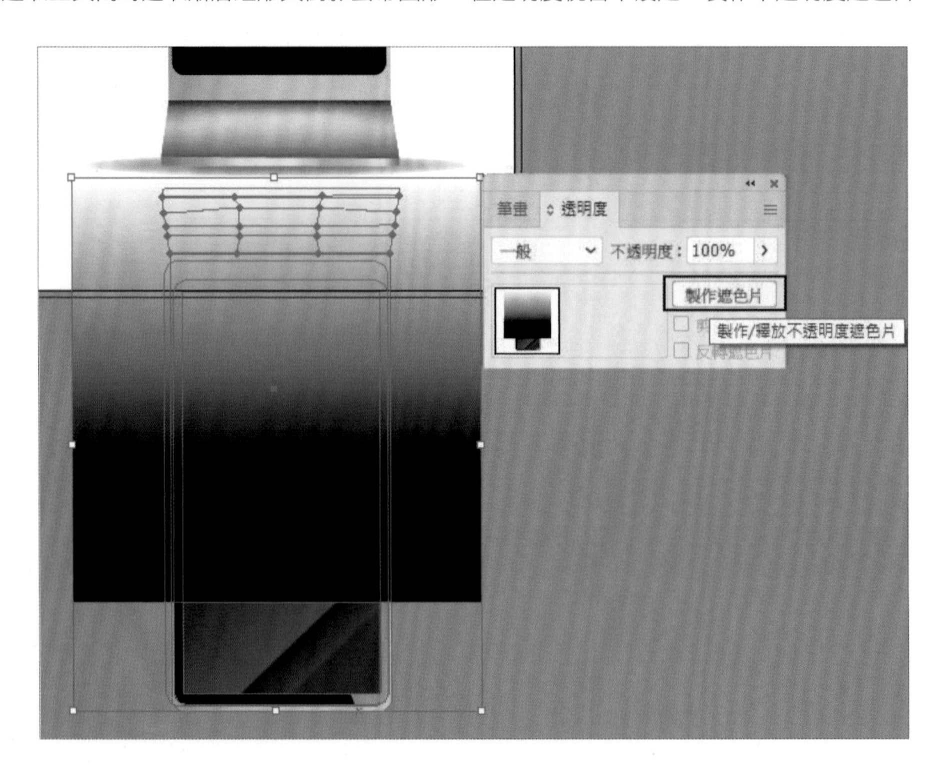

10 調整不透明度完成倒影設計。

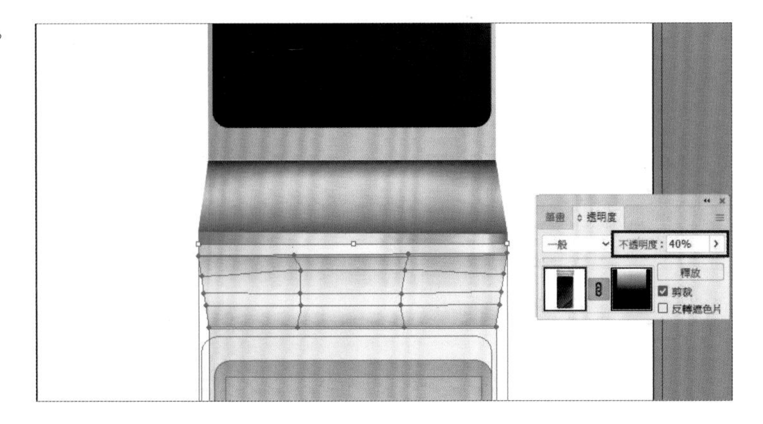

TIPS ▶ 不透明遮色片

不透明遮色片以黑白色彩控制物件出現與否，愈接近白色，物件愈明顯；愈接近黑色，物件便消失。建立不透明遮色片的物件，可經由透明度視窗切換編輯。

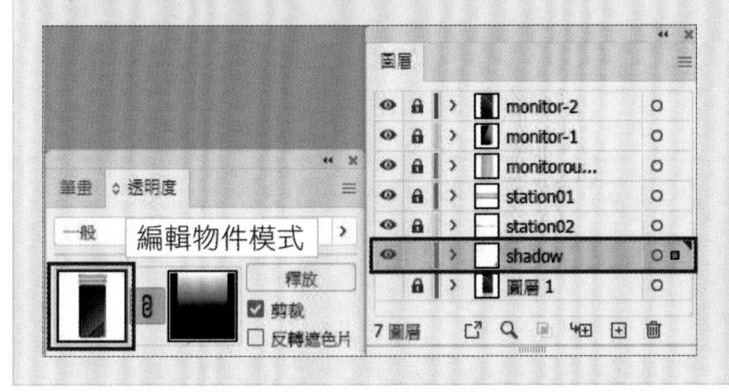

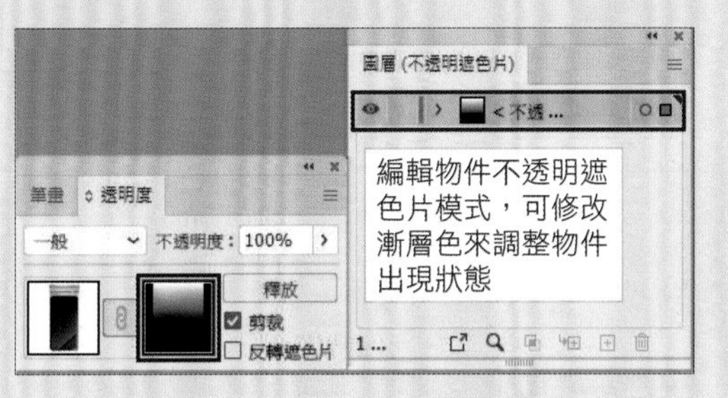

6. 製作剪裁遮色片放入影像

1 開啟 CH02-0702.ai 素材檔案，點選「選取＞全部」，再點選「編輯＞拷貝」，複製所有圖層。

2 回到螢幕製作檔案，新增 screen 圖層於最上層，點選「編輯>貼至上層」。

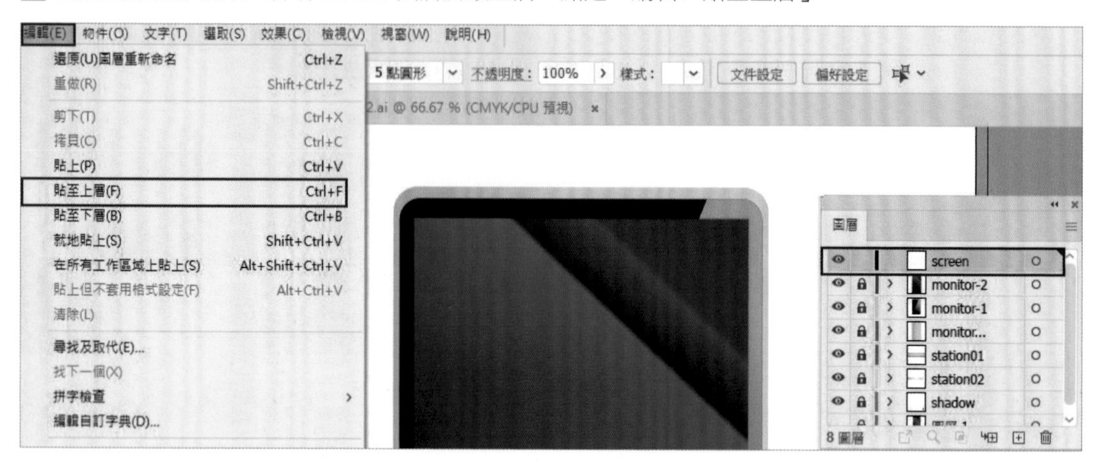

3 將素材物件組成群組。

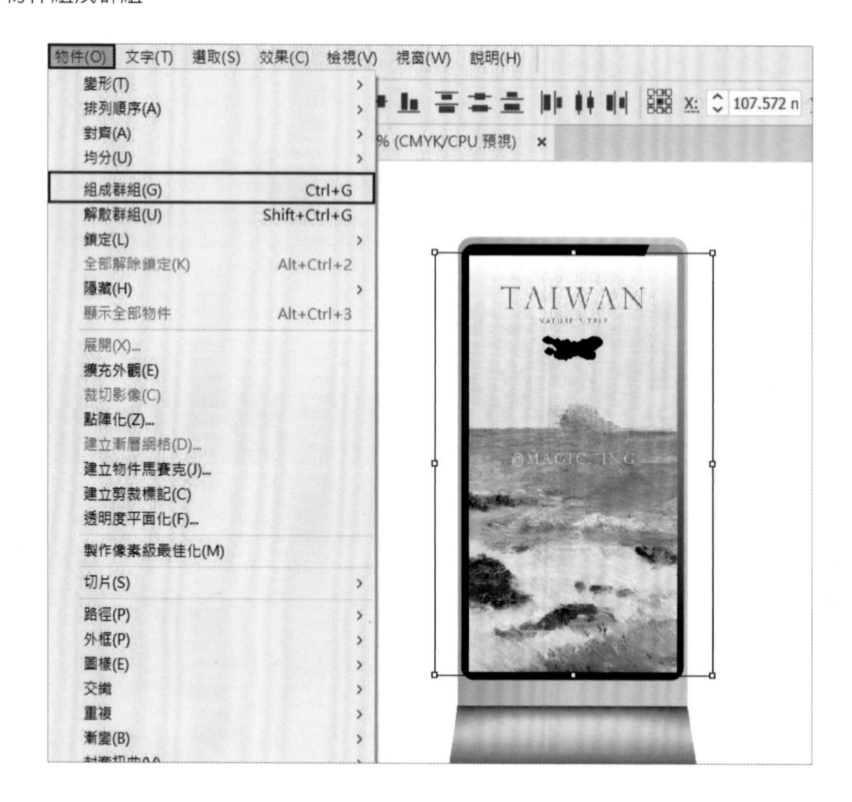

4 複製螢幕範圍，至 Screen 圖層貼至上層。

5 在 screen 圖層，同時選取拷貝的螢幕範圍的矩形與海島航空廣告圖片，點選「物件 > 剪裁遮色片 > 製作」，使廣告圖像出現在螢幕範圍中。

6 在圖層底層建立漸層背景。

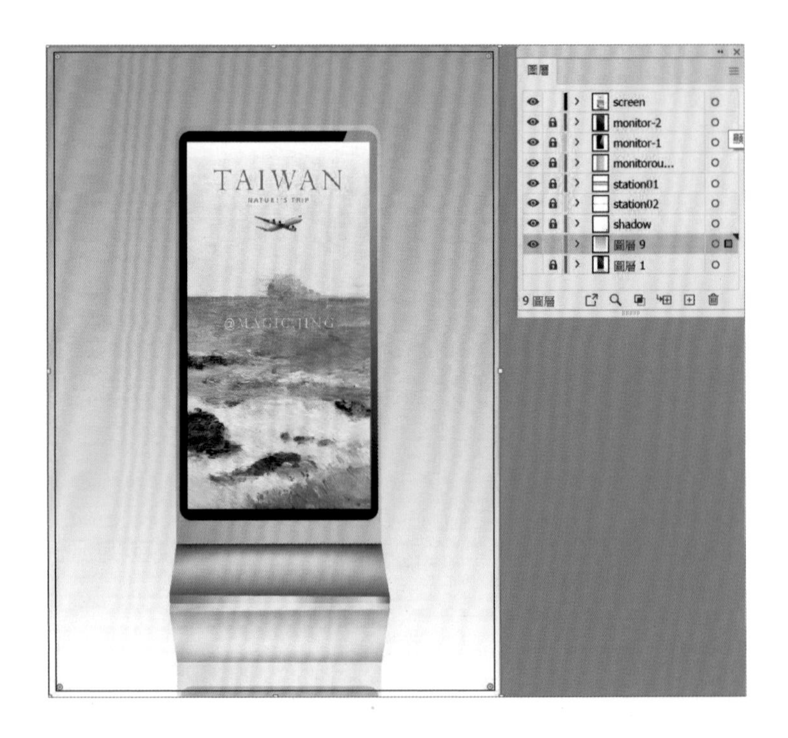

7 點選「檔案＞儲存」，直立式電子廣告屏幕檔案製作完成。

TIPS ▶
螢幕內素材可發揮創意，自行製作 Illustrator 的創意圖形。

延伸練習

請使用漸層、網格工具，結合遮色片功能進行汽車或 3C 產品的立體圖形繪製。

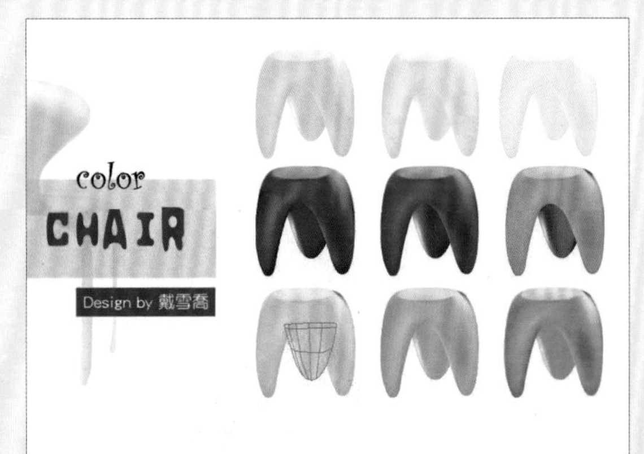

線上下載 CH02-7 > CH02-0703 延伸練習.ai、CH02-0704 延伸練習.ai、CH02-0705 延伸練習.ai、CH02-0703 延伸練習-CS3.ai、CH02-0704 延伸練習-CS3.ai、CH02-0705 延伸練習-CS3.ai

LINE 原創貼圖創作

圖層、工作區域與筆刷

2-8

透過本單元可以學會使用 Illustrator 的工作區域功能，進行 LINE 原創貼圖快速創作，並可延伸應用至動態貼圖、表情貼設計。運用工作區域並可設計雙面 DM 與多頁文件。

▼ 關鍵技巧

1 工作區域＞以多個工作區域管理設計製作

2 圖層＞妥善使用圖層進行設計的分層管理

3 筆刷＞繪圖筆刷與點滴筆刷的應用

4 輸出＞網頁用檔案的輸出方式

線上下載 CH02-8 ＞ CH02-08.ai、CH02-08-CS3.ai

1. 設定工作區域

1 點選「檔案＞新增」，設定預設集「網頁」（ 帶入單位與色彩模式 ），再設定貼圖製作規格。（預定製作 8 張貼圖以及 1 張主圖、1 張聊天室標籤圖，共 10 個工作區域）

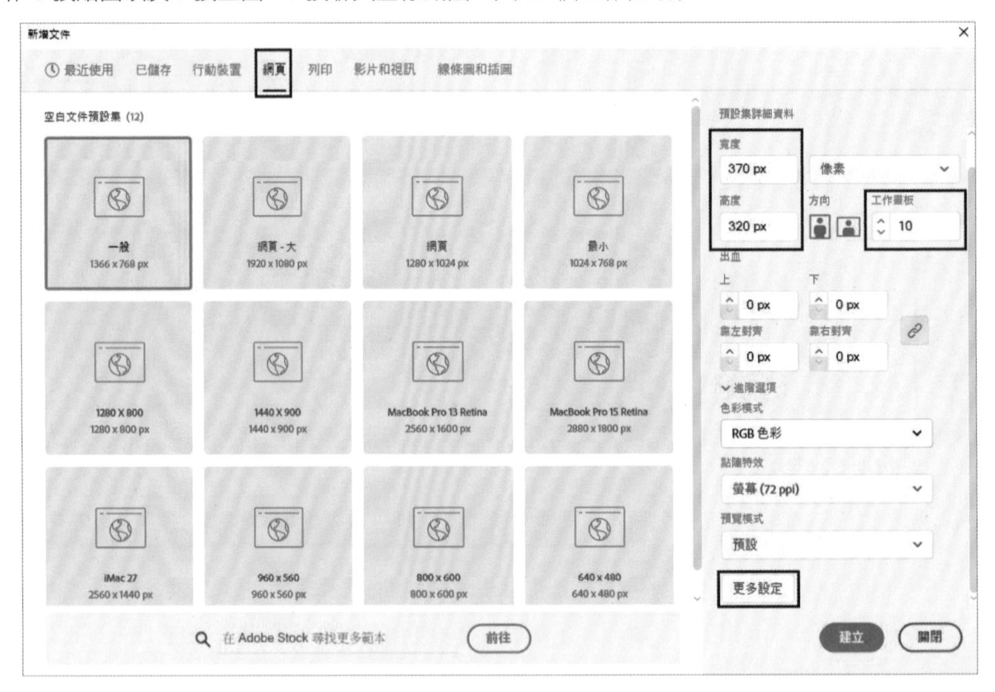

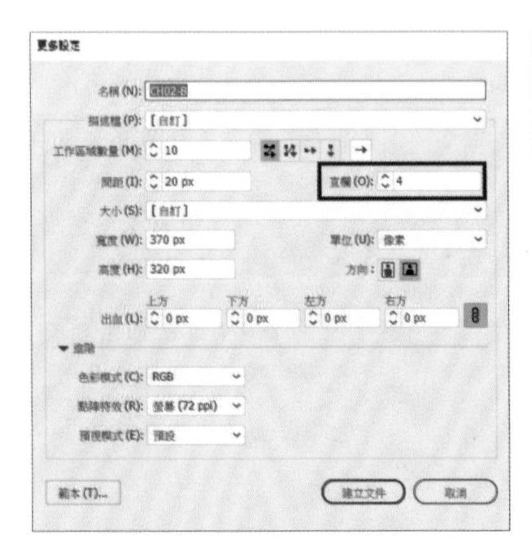

TIPS ▶ 貼圖製作規格官方參考來源

貼圖製作規格可參考 LINE Creators Market 官方網站：https://creator.line.me/zh-hant/guideline/sticker/。

2 點選「視窗＞工作區域」，點擊工作區域 9 的選項進行設定。

TIPS ▶ 貼圖規格
貼圖主圖為 240X240 像素，聊天室標籤圖製作規格為 96X74 像素。

3 重複步驟 3，設定工作區域 10。

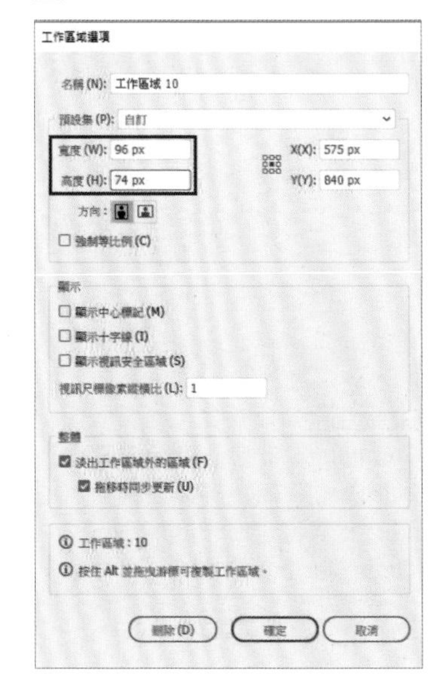

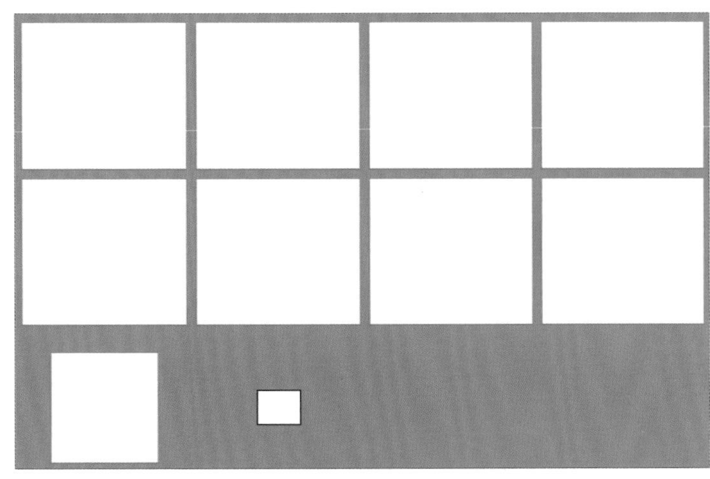

2. 使用圖層與繪圖筆刷

1 點選「視窗＞圖層」，在圖層 1 進行線稿繪製。

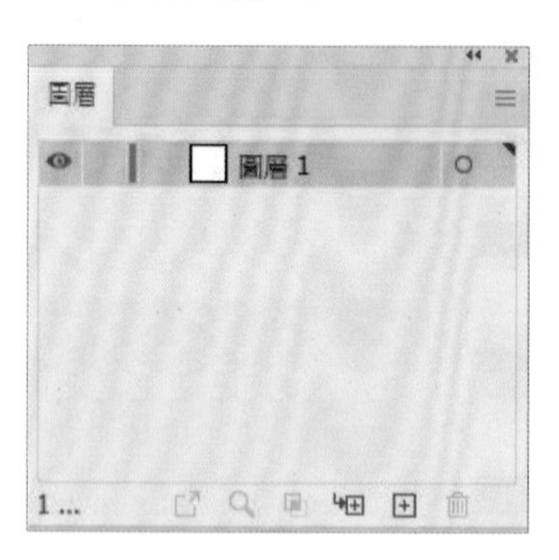

2 使用繪圖筆刷工具，設定筆畫「黑色」，在工作區域 1 繪製第一個線稿。（筆畫表現可使用筆刷視窗進行設定）

TIPS ▶ 使用工作區域

點選「視窗＞工作區域」，在工作區域 1 空白處點擊兩下，可快速切換工作區域。

工作區域　資產轉存

1	工作區域 1
2	工作區域 2
3	工作區域 3
4	工作區域 4
5	工作區域 5
6	工作區域 6
7	工作區域 7
8	工作區域 8
9	工作區域 9
10	工作區域 10

TIPS ▶ 新增筆刷

本範例可搭配繪圖板運用筆刷功能，繪圖板入門款可使用 Wacom Intuos 系列，使用方式與購買優惠可參考「漂漂老師 LINE 原創貼圖自己畫」Facebook 社團之檔案區介紹：https://www.facebook.com/groups/ LinePiaoPiao/

3 使用選取工具，選取欲擦除的線條。

4 使用橡皮擦工具，擦除不必要的位置。

> **TIPS ▶ 橡皮擦工具與選取工具**
> 使用選取工具可以限定擦除範圍，如未使用選取功能就進行橡皮擦工具，畫面上有擦除的地方皆會擦除。

> **TIPS ▶ 橡皮擦工具選項**
> 於橡皮擦工具快速點擊兩下，可進行設定選項。

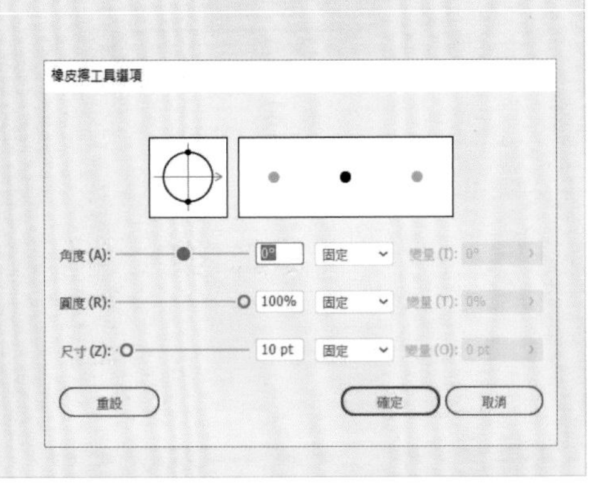

3. 圖層與點滴筆刷

1 點選「視窗 > 圖層」，鎖定圖層 1，並新增圖層 2。

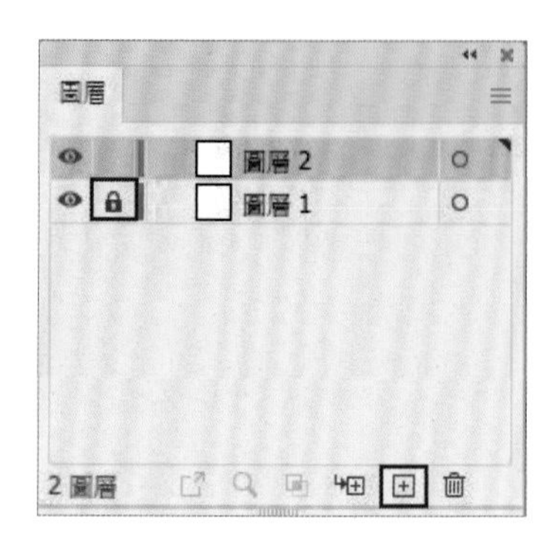

2 將圖層 2 往下拖曳，使圖層 2 位於圖層 1 之下。

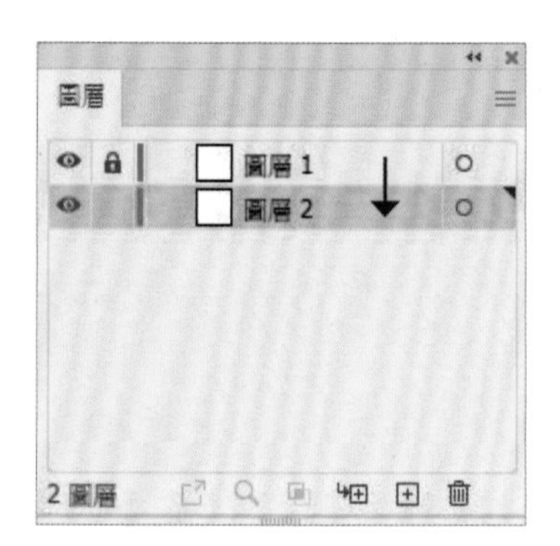

3 將筆刷切換為點滴筆刷工具，並在工具上點擊兩下，開啟點滴筆刷工具進行設定。

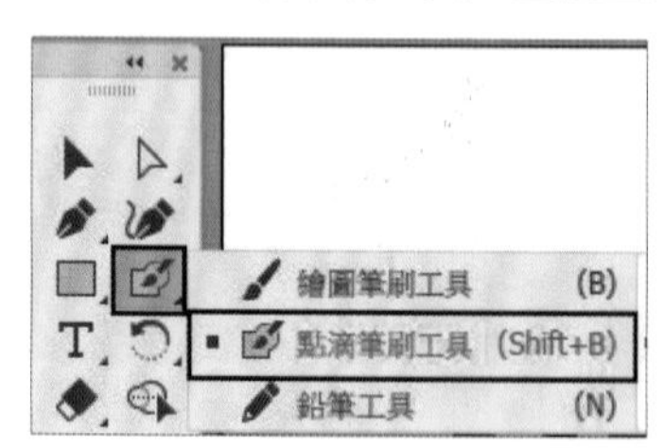

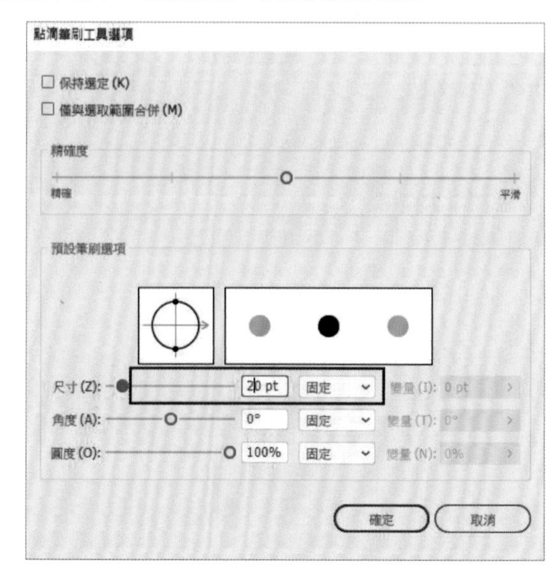

4 設定筆畫色彩，進行上色。

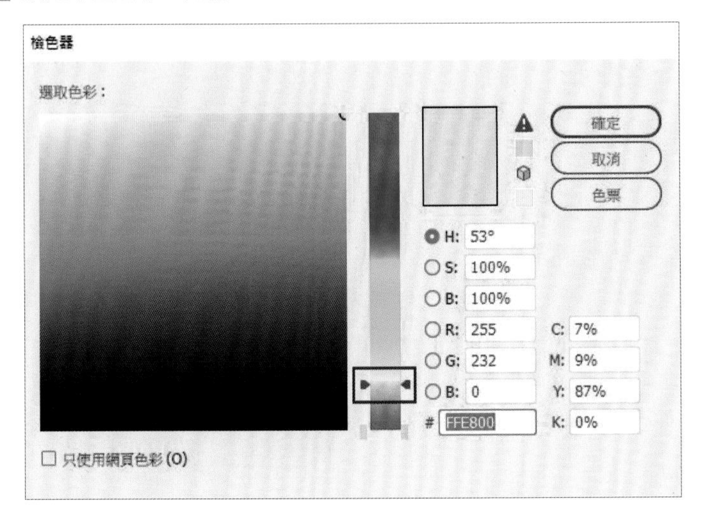

TIPS ▶ 點滴筆刷

點滴筆刷在繪製時，是以工具箱中筆畫的色彩進行顏色定義，繪製完成後，使用選取工具調整，則是呈現為填色的屬性，進行設定。在繪製時，畫面上如沒有出現筆刷尺寸，可注意是否開啟了「Caps Lock」大寫鎖定鍵。

5 重複設定點滴筆刷尺寸與筆畫色彩，完成上色。

TIPS ▶ 點滴筆刷填色調整

點滴筆刷繪製的區域範圍，相同色彩的會自動成為同一個區域，如果要修改顏色，使用選取工具選取後，可以填色的形式，進行顏色的調整。

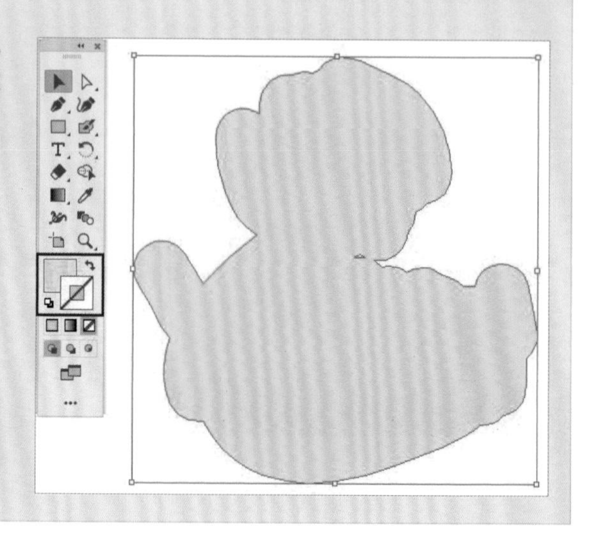

6 開啟圖層視窗，鎖定圖層 2，切換回圖層 1，並設定繪圖筆刷與筆畫色彩，繪製第二張貼圖線稿。

7 重複繪製剩下六張貼圖的線稿，可使用工作區域切換圖面。

8 鎖定圖層 1，切換回圖層 2，設定點滴筆刷與筆畫色彩，完成所有貼圖的上色。

TIPS ▶ 新增色票群組

在第一張貼圖完成時，可點選「選取＞全部」，再點選「視窗＞色票」，將已使用的顏色加入色票群組中，方便後續貼圖的上色選取使用。

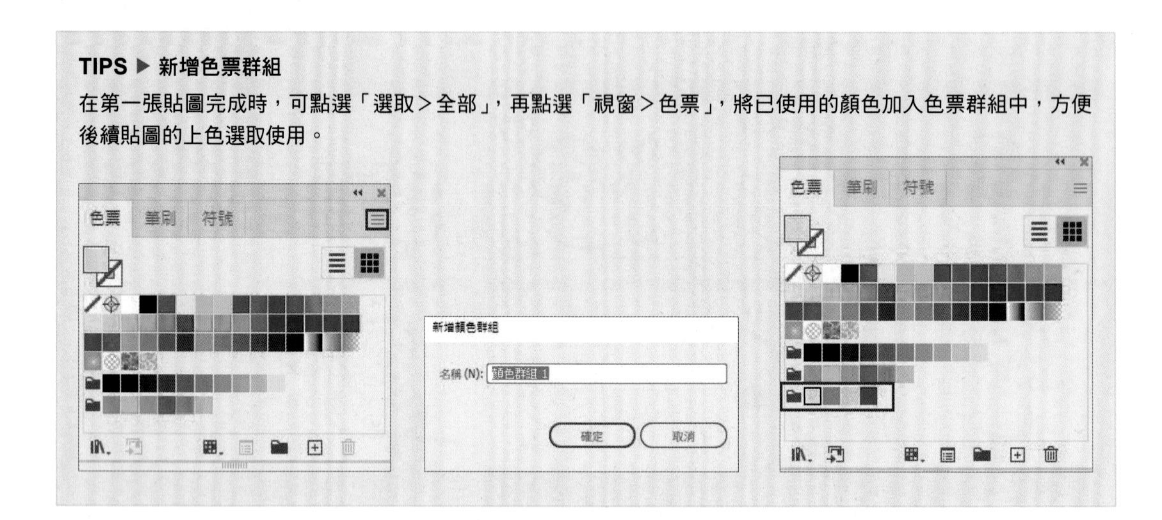

4. 主圖與標籤圖的尺寸縮放

1 將圖層解除鎖定，使用選取工具，選取預定作為主圖的內容，點選「編輯＞拷貝」。

2 切換到工作區域 9，點選「編輯＞貼上」。

工作區域　資產轉存

1 工作區域 1
2 工作區域 2
3 工作區域 3
4 工作區域 4
5 工作區域 5
6 工作區域 6
7 工作區域 7
8 工作區域 8
9 工作區域 9
10 工作區域 10

3 點選「物件＞變形＞縮放」，開啟縮放選項，勾選「縮放圓角」、「縮放筆畫和效果」，按下「確定」鈕後，選取物件再按住「Shift」鍵，可等比例連同筆畫線條一併縮小。

縮放
縮放
一致 (U): 100%
非一致 (N)
水平 (H): 100%
垂直 (V): 100%
選項
縮放圓角 (S)
縮放筆畫和效果 (E)
變形物件 (O)　變形圖樣 (T)
預視 (P)
拷貝 (C)　確定　取消

4 重複步驟 1~ 步驟 3，完成工作區域 10，聊天室標籤圖的圖像製作。

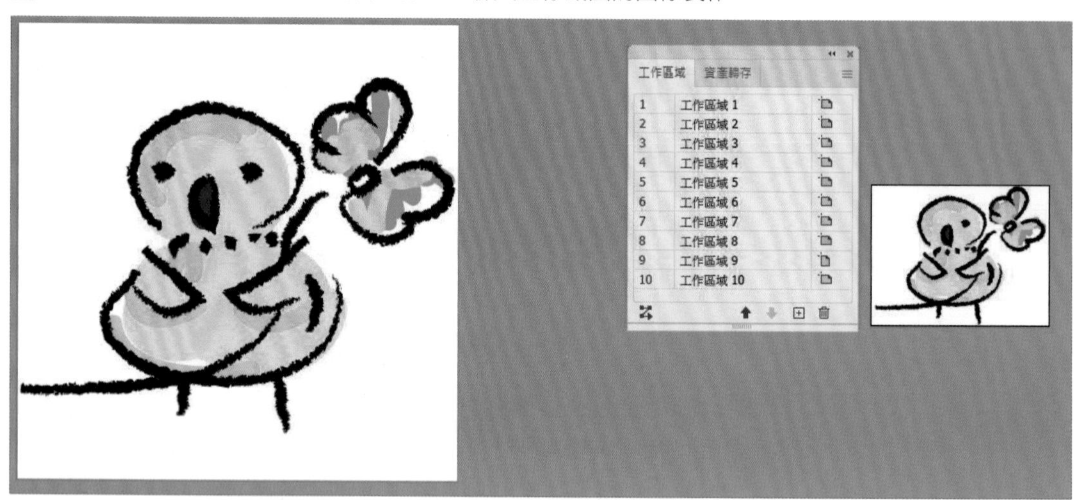

5. 輸出為網頁用檔案

1 點選「檔案 > 儲存」，將製作完成的檔案儲存命名為 CH02-08.ai。

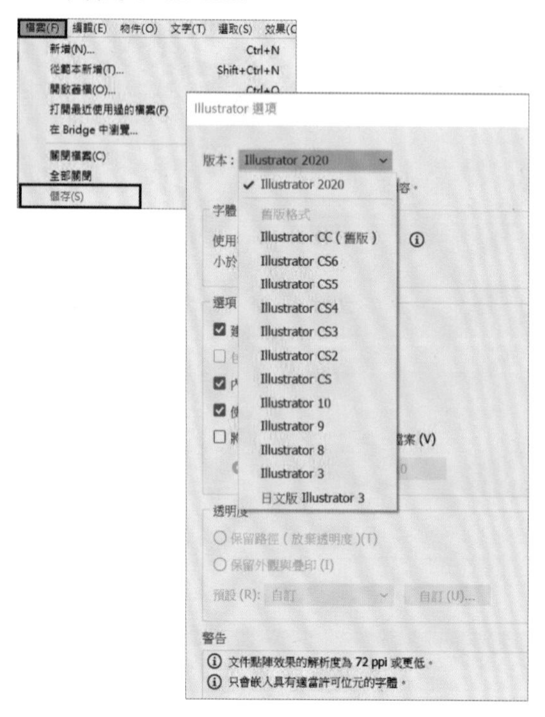

TIPS ▶ 儲存 Illustrator 舊版本

如果檔案未來會在其他更舊的 Illustrator 版本編輯，可在版本選項中，設定較舊版本儲存。

2 切換工作區域 1，點選「檔案 > 轉存 > 儲存為網頁用（舊版）」設定為 PNG-24，儲存為 01.png。

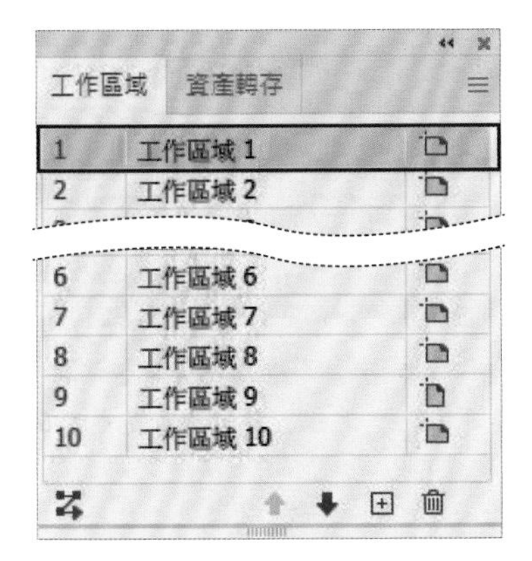

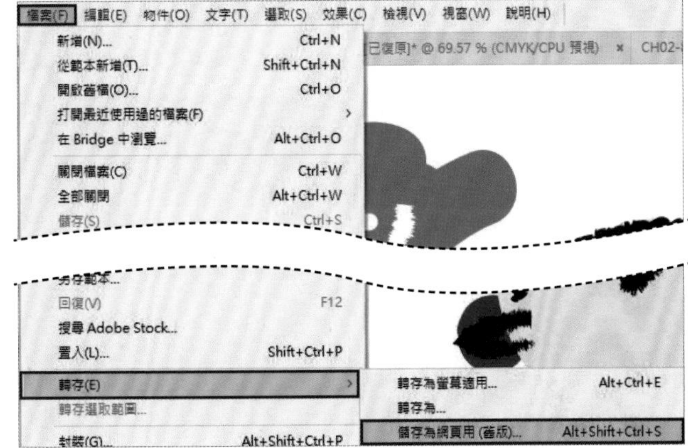

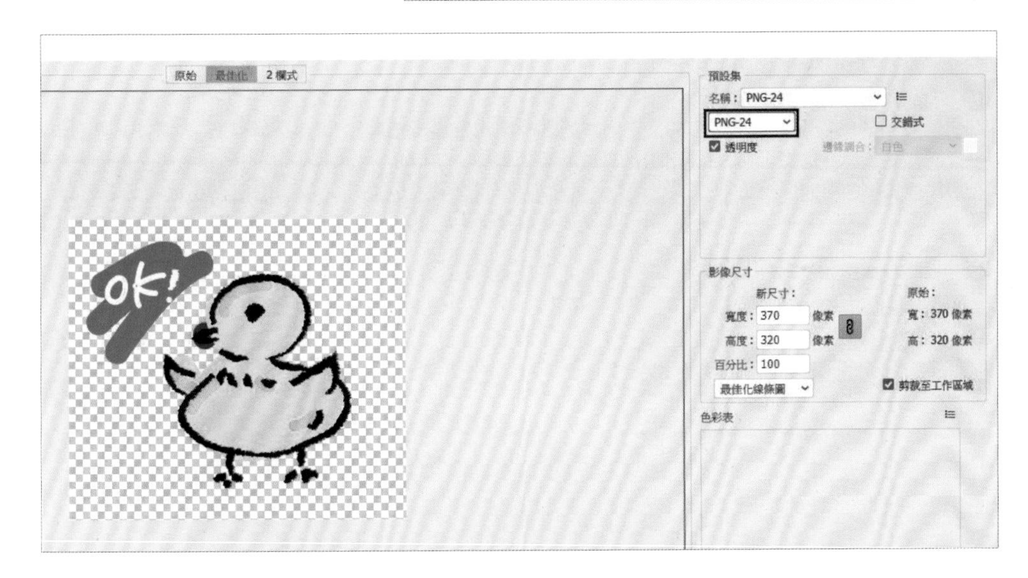

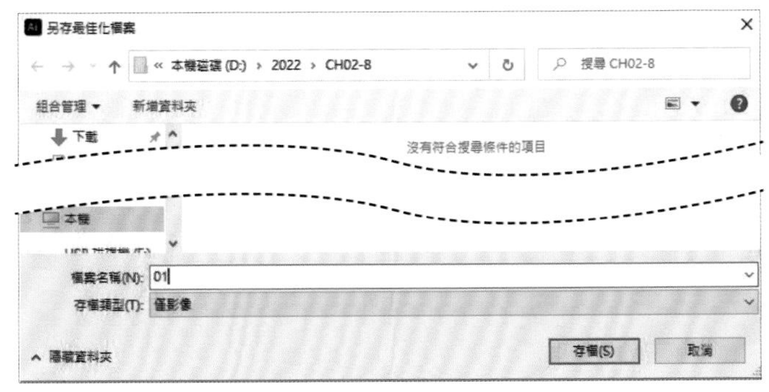

3 重複步驟 2，分別將剩下的九個工作區域轉存成 PNG 檔，製作完成。

TIPS ▶

1. 檔名設定

   貼圖規格工作區域 1~8，檔名分別為 01~08，工作區域 9 的主圖，設定檔名為 main.png，工作區域 10 的聊天室標籤圖，設定檔名為 tab.png

2. 轉存

   如果繪製的圖像都沒有超出各自的工作區域範圍，則可點選「檔案 > 轉存 > 轉存為」，將 10 個工作區域一次轉存成 PNG 格式。（如有超出工作區域範圍的圖像，使用此方式轉存，有可能會造成上傳官方貼圖平台，尺寸錯誤的問題）。

3. 轉存為螢幕用

亦可執行 CC 新功能轉存檔案，點選「檔案 > 轉存 > 轉存為螢幕適用」，將 10 個工作區域一次轉存成 PNG 格式。

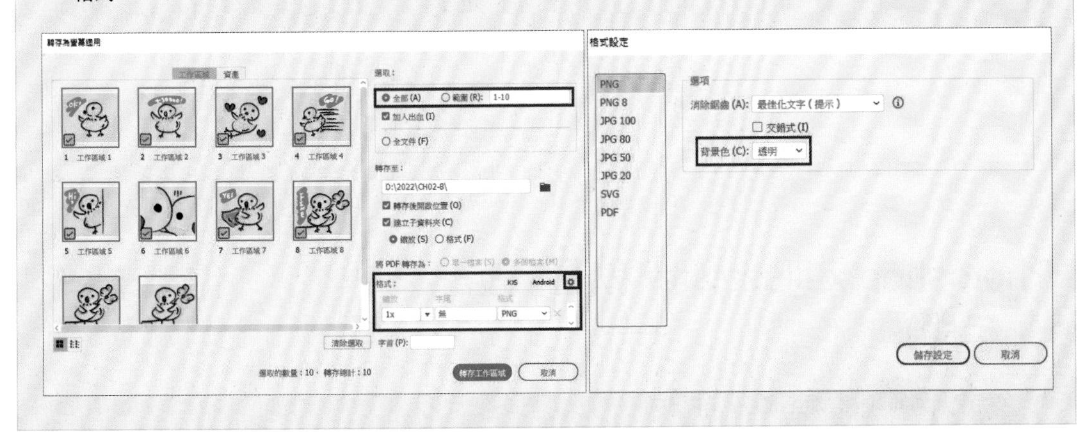

延伸練習

請自行設定預定創作的貼圖數量，設計角色後，綜合本書學習到的功能，創作屬於自己的貼圖

線上下載 CH02-8 > CH02-08 延伸練習.ai、CH02-08 延伸練習-CS3.ai

Photoshop x Illustrator 就是 i 設計(第二版)

作　　者：蔡雅琦(漂漂老師) / 林珊如
企劃編輯：石辰蓁
文字編輯：王雅雯
設計裝幀：張寶莉
發 行 人：廖文良

發 行 所：碁峰資訊股份有限公司
地　　址：台北市南港區三重路 66 號 7 樓之 6
電　　話：(02)2788-2408
傳　　真：(02)8192-4433
網　　站：www.gotop.com.tw
書　　號：AEU017200
版　　次：2023 年 04 月二版
　　　　　2024 年 08 月二版二刷
建議售價：NT$480

國家圖書館出版品預行編目資料

Photoshop x Illustrator 就是 i 設計 / 蔡雅琦(漂漂老師), 林珊如著.
-- 二版. -- 臺北市：碁峰資訊, 2023.04
面；　公分
ISBN 978-626-324-470-2(平裝)
1.CST：數位影像處理　2.CST：Illustrator(電腦程式)
312.837　　112004348

本書是根據寫作當時的資料撰寫而成，日後若因資料更新導致與書籍內容有所差異，敬請見諒。若是軟、硬體問題，請您直接與軟、硬體廠商聯絡。